DIE TALSPERREN ÖSTERREICHS

Österreichische Beiträge zum Talsperrenkongreß Montreal

R. Fenz, O. Ganser, H. Kießling, K. Klemen, J. Kobilka
F. Kropatschek, H. Kropatschek, H. Lauffer,
E. Magnet, F. Makovec, R. Mußnig, H. Petzny, K. Rienößl,
W. Schober, E. Tremmel, R. Widmann, A. Wogrin

WIEN 1970 · IM SELBSTVERLAG
DES ÖSTERREICHISCHEN WASSERWIRTSCHAFTSVERBANDES

ISBN-13: 978-3-211-80960-0   e-ISBN-13: 978-3-7091-5753-4
DOI: 10.1007/ 978-3-7091-5753-4

INHALT

KURZE INHALTSANGABEN DER FOLGENDEN 13 BERICHTE

FRAGE 36

Neue Entwicklungen in der Planung und im Bau
von Erd- und Steinschüttdämmen

36/1 DIE INNENDICHTUNG DES ERDDAMMES EBERLASTE DER ZEMMKRAFTWERKE MIT EINEM VERTIKALEN ASPHALTBETONKERN

H. Kropatschek und K. Rienößl, Tauernkraftwerke AG

Im Zuge des Ausbaues der Zemmkraftwerke wurde im Stilluptal ein 26 m hoher Erddamm hergestellt. Die Innendichtung dieses Dammes wurde mit einer vertikalen Asphaltbetonkernmembrane von 25 m Höhe und einer Breite von 40 − 50 cm ausgeführt. Da der Damm auf einer über 100 m mächtigen Talauffüllung gegründet ist, war mit großen Setzungen des Untergrundes zu rechnen. In Vorversuchen wurde daher die Verformbarkeit des Asphaltbetons im Zusammenhang mit seinen sonstigen Festigkeitseigenschaften unter besonderer Berücksichtigung der sich aus den vorliegenden Gründungsverhältnissen ergebenden Beanspruchungen des Kerns überprüft. Auf Grund der Vorversuche wurde die Zusammensetzung des Asphaltbetons aus Zuschlagstoffen 0 − 25 mm und einem Bitumenanteil von 7,5 Gew. - % B 300 gewählt.

Im vorliegenden Artikel wird über die Vorarbeiten für die Dammschüttung, über jene für den Asphaltbeton und in Abschnitt 4.3 über dessen Einbau berichtet.

36/2 DER INNERE SPANNUNGSZUSTAND DES STEINSCHÜTTDAMMES GEPATSCH

W. Schober, Tiroler Wasserkraftwerke AG (TIWAG), Innsbruck

Bei dem in den Jahren 1961 − 1964 errichteten 153 m hohen Steinschüttdamm Gepatsch der Tiroler Wasserkraftwerke AG (TIWAG) wurden umfangreiche und zum Teil neuartige Messungen der Verformungen, Porenwasserdrücke und Erddrücke durchgeführt. Diese Messungen sind ausführlich im Bericht R 39 zu Frage Q 34 (4) beschrieben. Im vorliegenden Bericht wurden die Spannungsmessungen zur Ermittlung des ebenen inneren Spannungszustandes weiter ausgewertet. Als Grundlage diente dabei die Annahme, daß sich der Damm nach 5 Betriebsjahren einem elastischen Endzustand angenähert hat.

Der Spannungszustand wird durch ungewöhnliche Lastumlagerungen zwischen den einzelnen Dammzonen bestimmt. So lasten die zentralen Kernzonen etwa 50% ihres Gewichtes an die angrenzenden Übergangszonen ab. Unter Zugrundelegung der gemessenen Spannungen in vertikaler Richtung wurden mit Hilfe der Gleichgewichtsbedingungen auch die Schub- und Horizontalspannungen bestimmt und in Isobarendarstellung für die Lastfälle I "Eigengewicht" und II "Eigengewicht − Höchststau" ausgewertet (Abb. 4 u. 5). In Abb. 6 sind die Isobaren der Porenwasserdrücke dargestellt.

Als Nutzanwendung wurden die Sicherheitszahlen f_1 und f_2 ermittelt, von denen f_1 die punktweise Materialausnützung und f_2 die Sicherheit potentieller Bruchkörper charakterisiert. Durch die Sicherheit f_1 wurde festgestellt, daß der Damm ein inhomogenes Tragverhalten mit hochbeanspruchten Zonen im Inneren des Dammes und im Untergrund aufweist (Abb. 7). Die Werte der Sicherheit f_2 stimmen mit denen der konventionellen Methoden gut überein (Abb. 8).

FRAGE 37

Neue Entwicklungen in der Planung und im Bau von
Talsperren und Staubecken auf schwierigem Untergrund,
wie tiefe Alluvionen, Karst u. dgl.

37/3 STAUMAUER LÜNERSEE. ABDICHTUNG DER SEEBARRE

O. Ganser, Vorarlberger Illwerke AG

Der Lünersee als einer der größten Hochgebirgsspeicher liegt in Vorarlberg an der Grenze zwischen Österreich und der Schweiz.

In seinem natürlichen Zustand war der See rund 1,1 km² groß und hatte bei einer größten Tiefe von etwa 105 m einen Umfang von 4,5 km. Der Seespiegel lag auf Höhe 1943 m ü. M.

Die den Nordabschluß des Sees bildende relativ schmale Felsbarre aus festem und hartem Hauptdolomit fällt gegen den See zu außerordentlich steil ab. An der Luftseite ist der Steilabsturz etwa 350 m tief.

Der See hatte in seinem natürlichen Zustand keinen oberirdischen Abfluß. Das vom See abgehende Wasser trat in einer großen Anzahl von Quellen an der Luftseite der Felsbarre aus und stürzte dann über die steile Wand zu Tal.

Die Vorarbeiten zur Nutzung des Sees als Wasserkraftspeicher begannen bereits 1920. Der See wurde durch einen rund 50 m unter dem Spiegel gelegenen Stollen angezapft. Im Anschluß an die Absenkung begannen die Abdichtungsarbeiten. Durch Zementinjektionen und Betonpfropfen konnte die Felsschwelle so weit abgedichtet werden, daß die Verluste von ursprünglich 350 l/s auf rund 30 l/s zurückgingen.

Im Zuge des Baues des Lünerseewerkes durch die Vorarlberger Illwerke Aktiengesellschaft wurde auf der Felsbarre eine langgestreckte Gewichtsmauer von 28 m größter Höhe und einem Inhalt von 41.000 m³ errichtet. Durch diese Erhöhung vergrößerte sich der nutzbare Speicherinhalt des Sees von 41 auf 76 Mio m³.

Das Stauziel liegt auf Kote 1970 m ü. M. Der Höherstau des Lünersees um ca. 30 m bedingte eine über die in den früheren Jahren erfolgten Maßnahmen weit hinausgehende Abdichtung der Felsbarre.

Nach Entfernung des losen Materials und Säuberung der Felsfläche mittels Druckwassers wurden umfangreiche, zum Teil tiefreichende

Zementinjektionen vorgenommen. Bei breiten Klüften und Spalten kamen Betonplomben zur Ausführung. Mit Ausnahme von offensichtlich dichten kompakten Felspartien wurde der größte Teil der unterhalb des Staumauerfußes bis zum tiefstmöglichen Wasserspiegel reichenden Felsfläche mit einer durchgehenden, im Mittel 5 cm starken Spritzbetonverkleidung versehen. Die gesamte Fläche des Belages ist rund 20.000 m² groß.

Nach dem Aufstau des Sees in den Jahren 1957 und 1958 zeigte es sich, daß die Wasserverluste durch die Abdichtungsarbeiten auf den Betrag von wenigen l/s zurückgegangen sind.

Nach 10jährigem Betrieb wies der Spritzbetonbelag an vielen Stellen Risse und Abplatzungen auf. Sie wurden durch die starke Temperaturschwankung und Frosteinwirkung verursacht. Diese Schäden traten vor allem an jenen Stellen auf, wo der Belag auf wenig kompakten Fels aufgebracht worden war. In Zeitabständen von 5—10 Jahren sind daher Ausbesserungen erforderlich.

37/4 DIE WIRKSAMKEIT DES INJEKTIONSSCHIRMES BEIM DURLASSBODENDAMM UND DIE AUSFÜHRUNG EINER TIEFEN SCHLITZWAND BEIM ERDDAMM EBERLASTE DER ZEMMKRAFTWERKE

H. Kropatschek und K. Rienößl, Tauernkraftwerke AG

In der vorliegenden Arbeit wird über Untergrunddichtungen, und zwar den Injektionsschirm unter dem Durlaßbodendamm und die Schlitzwand unter dem Erddamm Eberlaste, berichtet. In beiden Fällen konnte die Untergrunddichtung nicht bis zum gewachsenen Fels geführt werden.

Im ersten Teil des Berichtes werden die während des Aufstaues des Durlaßbodenspeichers durchgeführten Beobachtungen erläutert. Die in Piezometern, Entspannungsbrunnen und Drainagestollen erfolgten Messungen zeigten, daß die Injektionsschürze, deren größte Tiefe 65 m und deren Fläche 10.600 m² beträgt, den gestellten Erwartungen voll entspricht. Für die Beurteilung waren hiebei die Messungen in den aus dem Kontrollgang unmittelbar vor und hinter die Dichtungsschürze reichenden Piezometern besonders wertvoll.

Der zweite Teil des Artikels befaßt sich mit den geologischen Erkundungen und der Herstellung der Schlitzwand unter dem Erddamm Eberlaste. An Vorarbeiten wurde eine große Anzahl von Bohrungen, die zum Teil als Beobachtungsbrunnen ausgebaut wurden, durchgeführt. An Hand der Beobachtungsergebnisse wurde festgestellt, daß sich im Dammbereich zwei Grundwasserhorizonte in verschiedenen Höhenlagen ausgebildet haben. Für die eine Fläche von 14.700 m² umfassende Abdichtung wurde eine Schlitzwand gewählt, die in den Randbereichen bis 53 m und in der Talmitte 23 m tief reicht und die, um den zu erwartenden großen Setzungen des Untergrundes ohne Schäden folgen zu können, mit einem plastischen Beton verfüllt wurde. Die Zusammensetzung und Prüfung dieses Betons wird näher beschrieben. Weiters wird über die rechneri-

schen Untersuchungen bezüglich der Beanspruchung der Schlitzwand
infolge der im Untergrund festgestellten Setzungen von rund 2 m berichtet.

37/5   DIE AUSFÜHRUNG UND WIRKSAMKEIT DER UNTERGRUNDDICHTUNG
BEI DEN STAUDÄMMEN DER DRAUKRAFTWERKE EDLING UND
FEISTRITZ

E. Magnet und R. Mußnig, Österreichische Draukraftwerke AG

Dieser Bericht behandelt die Abdichtung durchlässiger Bodenschich-
ten unter den Begleitdämmen für die Stauseen der Draukraftwerke. Die
Dämme wurden zur Gänze auf durchlässigen Böden gegründet. Für die
Abdichtung der durchlässigen Bodenschichten wurden Dichtungswände
abgeteuft, welche bis zu 10 m als "Schmalwände" durch Einpressen
eines Dichtungsgemisches aus Zement, Bentonit, Flugasche und Sand
(Verfahren ETF und Soletanche) und von 10 – 47 m als "Schlitzwände"
(Verfahren Rodio Marconi) ausgeführt wurden. Für die Dämme des
KW Edling wurde mit den Schmalwänden nahezu durchwegs der Anschluß
an den dichten Untergrund gefunden, so daß sich die Problematik nur
auf die technisch einwandfreie und ökonomische Herstellung der Wände
bezog.

In Feistritz hingegen, wo die durchlässigen Schichten in Tiefen von
20 – 42 m in weniger durchlässige Sande übergehen, war die Aufgabe
gestellt, mit der Dichtwand die oberen sehr durchlässigen Bodenschichten so abzudichten, daß der Abbau des Stauwasserdruckes in den tiefer-
liegenden Sandschichten vor sich geht. Die Tiefe der Wand mußte unter
Beachtung der Wirtschaftlichkeit so tief ausgeführt werden, daß jede
Gefahr von Erosion vermieden wird und daß die Sickerwassermenge in
erträglichen Grenzen gehalten werden kann.

Für die Bestimmung der Erosionssicherheit und die Berechnung der
Sickerwassermenge wurden genügend Bodenaufschlüsse gemacht und die
für die Berechnung erforderlichen Kennziffern, besonders die Durchlässigkeitskoeffizienten und die Kornverteilungskurven bestimmt.

Es wurde erstmalig mit Erfolg ein natürlicher Schwebstoffteppich
benutzt, um eine zusätzliche Abdichtung der Sohle des Stauraumes längs
des Dammes zu erreichen. Zu diesem Zweck wurde im letzten Jahr der
Baudurchführung ein Vorstau von 5 – 7 m Tiefe erzeugt. Es ist damit
gelungen, einen durchgehenden Dichtungsteppich von 50 – 60 cm Stärke
mit einer Durchlässigkeit von 2,10 – 7 m/s zu erreichen. Messungen
haben ergeben, daß dieser Dichtungsteppich die Sickerwassermenge von
7,5 m³/s auf 3,2 m³/s reduziert.

Die während des Aufstaues durchgeführten Messungen haben die
Richtigkeit dieser Betrachtungen und der Ergebnisse bestätigt.

Auf diese Weise war es möglich, eine ausreichende und wirtschaft-
liche Dichtung zu erzielen. Ohne mit der Dichtwand den undurchlässigen
Untergrund erreicht zu haben, waren die Wasserverluste klein und jede
Erosionsgefahr vermieden.

Diese Erkenntnisse werden beim Bau der noch auszuführenden Kraftwerksstufen angewendet und werden dadurch einen Beitrag zu einer verbesserten Wirtschaftlichkeit erbringen können.

37/6 GRÜNDUNGSPROBLEME BEI DEN AUF SCHLIER GEGRÜNDETEN KRAFTWERKEN WALLSEE UND OTTENSHEIM

R.Fenz, J.G.Kobilka, F.F.Makovec, Österreichische Donaukraftwerke AG

Die Errichtung von Wasserkraftwerken an der Doanu ist speziell
im österreichischen Abschnitt durch den Mehrzweckcharakter gekennzeichnet. Diese Speicherprojekte dienen nicht allein der Erzeugung von
elektrischem Strom, sondern auch der Verbesserung der Schiffahrtsbedingungen und der Flußregulierung, um nur die Hauptzwecke zu erwähnen. In Verbindung mit dem Rhein-Main-Donau-Kanal wird eine transversale europäische Wasserstraße errichtet, auf der die Schiffahrt mit
einem 1350 t Boot (Europakahn) möglich sein wird.

Um die oben erwähnten Aufgaben durchführen zu können, hat die
Österreichische Donaukraftwerke AG die Kraftwerke Ybbs-Persenbeug,
Aschach, Wallsee-Mitterkirchen erbaut und in Betrieb genommen, sowie
mit der Errichtung des Kraftwerkes Ottensheim begonnen.

Der gegenständliche Bericht behandelt die besonders schwierigen
Gründungsverhältnisse, die bei den zwei letztgenannten Kraftwerken
auftraten, und beschreibt die Baumaßnahmen, die ergriffen wurden, um
sie zu überwinden. Diese beiden Kraftwerke sind auf Schlier (Schiefer),
der eine verstärkte Gleitungstendenz hat, gegründet, was eine besondere
Technologie bei der Untersuchung und der Erbauung erforderte. Bei
den geologischen und bodenmechanischen Untersuchungen wurde besonders auf die Untersuchungen in situ Wert gelegt, um über die Gründungsbedingungen für die Planung und die Konstruktion Auskunft zu erhalten.
Die Untersuchungsergebnisse und die baulichen Lösungen, die angewandt
wurden, sind beschrieben. Die Konstruktion und die Beobachtungen,
die während der Bauzeit gemacht wurden, bestätigten die Versuchsergebnisse.

37/7 DAS VERHALTEN DES KUNSTSPEICHERBECKENS INNERFRAGANT AUF SETZUNGSEMPFINDLICHEM UNTERGRUND

H. Kießling, Kärntner Elektrizitäts-AG

Im Mittelhorizont einer mehrstufigen Kraftwerksgruppe mußten in
einem Talkessel nicht nur die Hauptkraftstation, sondern auch ein zugeordnetes Kunstspeicherbecken (27.400 m², 175.000 m³ Inhalt) und vier
Triebwasserleitungen situiert werden. Dieser Talkessel im Hochgebirge
wird von Lawinen und Muren bedroht, hat daher nur wenige sichere
Bereiche und hat verschiedenartige, teils schwierige Gründungsverhältnisse. Da die Kraftstation den besten Platz für sich beanspruchte, kam
das Kunstspeicherbecken auf den schlechteren Bereich zu liegen.

Es wird gezeigt, welche konstruktiven Maßnahmen sich diesem Sachverhalt anpaßten, und es wird berichtet, wie sich die Setzungen aus verschiedener Ursache überlagerten, ohne indessen ein tragbares Ausmaß zu überschreiten. Besondere Sorgfalt erforderten die anschließenden heiklen Triebwasserführungen. Die Gründung eines Fernleitungsmastes in der Nähe des Speicherbeckens verursachte eine zusätzliche Setzung im Talkessel.

FRAGE 38

Laufende Überwachung von Talsperren und Staubecken in Betrieb

38/8 DIE AMTLICHE ÜBERWACHUNG DER TALSPERREN UND STAUBECKEN ÖSTERREICHS

F. Kropatschek und E. Tremmel

Nach einem Rückblick auf die Entstehung und Zielsetzung der in Österreich für die Überwachung von Talsperren in den vergangenen Jahren geschaffenen gesetzlichen Grundlagen werden die mit der Überwachung betrauten Körperschaften angeführt und ihre Aufgaben umrissen. Daran schließt eine Aufzählung der in Österreich für die Beobachtung der Anlagen angewandten technischen Methoden und Meßeinrichtungen mit Hinweisen auf die hier verfolgten Tendenzen. Auszüge aus den vom Sperrenüberwachungsausschuß alljährlich auf Grund der eingegangenen Berichte sowie der durchgeführten Begehungen abgegebenen Stellungnahmen sollen ein Bild der Tätigkeit dieses Ausschusses geben. Den Abschluß des Beitrages bilden Betrachtungen über die wirtschaftliche Seite des Problems der Sperrenüberwachung und die seit ihrer Einführung in Österreich gewonnenen Erfahrungen.

38/9 STAUMAUER KOPS, MESSEINRICHTUNGEN, BEOBACHTUNGSMETHODEN UND AUSWERTUNG DER MESSERGEBNISSE

O. Ganser, Vorarlberger Illwerke AG

Die Staumauer Kops der Vorarlberger Illwerke Aktiengesellschaft wurde 1965 fertiggestellt. Sie besteht aus einer Gewölbemauer mit künstlichem Widerlager als Hauptabschlußbauwerk und einer als Gewichtsmauer ausgebildeten Seitenmauer. Der erste Vollstau wurde im Herbst 1967 erreicht.

Die Staumauer und die Felswiderlager sind mit umfangreichen Meß- und Beobachtungseinrichtungen ausgestattet. In der Hauptsache werden Bewegungsgrößen gemessen. Zu den wichtigsten geodätischen Meßmethoden zählen die Alignementmessungen von Punkten der Mauerkrone, Nivellementmessungen der Mauergänge und des Fußes der Mauer sowie Polygonzugsmessungen im obersten Mauergang. Die Beobachtung der Deformation von Mauer und Untergrund erfolgt durch zahlreiche Lotanlagen. Diese sind in der Hauptsache als Schwimmlote ausgebildet.

Da aus den ersten Betriebsjahren keine Erfahrungswerte über die Größe des Einflusses der Temperaturänderungen des Betons auf die Verformung der Mauer vorliegen, wurde eine Methode angewandt, welche es gestattet, die Größe dieses Einflusses auf Grund der gemessenen Temperaturschwankungen bereits während der ersten Stauperioden zu erfassen. Damit ist von Anfang an ein guter Vergleich zwischen den gemessenen Deformationen und den aus statischer Berechnung und Modellversuchen ermittelten Werten möglich.

Die Felsdehnungsmessungen (Telerocmetermessungen) in den Widerlagern zählen zu den wichtigsten Sicherheitsmessungen. Die Meßergebnisse zeigen, daß die Fesldeformationen zum größten Teil elastisch sind und sehr rasch mit der Tiefe abnehmen.

Die Beobachtung des zur Erfassung absoluter Deformationen angeordneten Triangulationspfeilernetzes ist umständlich und teuer. Die Messungen können nur von hochqualifiziertem Personal in der schneefreien Jahreszeit durchgeführt werden. Es wird der Vorschlag gemacht, die üblichen Triangulationsmessungen durch die Anlage tief in den Untergrund reichender Telerocmeter zu ersetzen.

Für die Überwachung der Talsperre sind ferner die Spannungsmessungen von großer Bedeutung. Die 40 meist paarweise größtenteils in 1,5 m Abstand von der Maueroberfläche im Beton eingebetteten Geräte (Telepreßmeter Bauart Carlson) funktionieren einwandfrei und geben ein gutes Bild der Betonspannungen in Abhängigkeit von der Stauhöhe. Die Übereinstimmung der gemessenen Spannungen mit den aus Berechnung und Modellversuch ermittelten Werten ist größtenteils sehr zufriedenstellend.

Die wichtigsten Ergebnisse der Lot-, Telerocmeter- und Spannungsmessungen werden ins Wärterhaus fernübertragen und automatisch aufgezeichnet.

Alle Ergebnisse der umfangreichen Messungen und Beobachtungen bestätigen das gute Verhalten von Staumauer und Untergrund.

38/10 ÜBERWACHUNG VON STAURAUMSPÜLUNGEN MITTELS GLEICHZEITIGER WASSERSPIEGELBEOBACHTUNGEN

H. Lauffer und K. Rudolf, Tiroler Wasserkraftwerke AG, Innsbruck

Die beim Aufstau von geschiebeführenden Flüssen im Stauraum entstehenden Anlandungen und Sohlenhebungen verursachen Wasserspiegelhebungen, die bei niederen Ufern schädliche Auswirkungen haben können. Die Beseitigung unerwünschter Anlandungen kann durch Baggerungen oder durch Stauraumspülungen durchgeführt werden, bei welchen ein Kraftwerks- oder Schiffahrtsbetrieb meist nicht möglich ist. Um die Zeit der Spülungen möglichst kurz zu halten, wurde von der Tiroler Wasserkraftwerke AG (TIWAG) bei den Innkraftwerken Kirchbichl und Prutz-Imst ein Verfahren eingeführt, mit dem die Wirkung der Stauraumspülungen durch gleichzeitig ausgeführte Wasserspiegelbeobachtungen laufend kontrolliert werden kann.

Bei dieser Methode wird während der Spülungen in mehreren Meßprofilen entlang des Rückstaubereiches periodisch die Wasserspiegelhöhe festgestellt und gleichzeitig durch Ablesen eines Bezugspegels die
Durchflußmenge bestimmt. Die Auftragung der Wasserspiegelhöhen in
Abhängigkeit vom jeweiligen Durchfluß zeigt durch den Vergleich mit
einer aus früheren Messungen ermittelten unteren Grenzkurve für die
Wasserspiegellage die jeweilige Überhöhung des Wasserspiegels über
dem anzustrebenden Grenzwert an. Die Verminderung der Wasserspiegelhöhe im Verlauf der Spülung ergibt die erreichte Wasserspiegelabsenkung, die ungefähr der Sohleintiefung entspricht. Zur Feststellung
der Wasserspiegelhöhe in den Meßprofilen werden einfache Lattenpegel
verwendet, die durch einen mit einem Fahrzeug versehenen Beobachter
turnusweise abgelesen werden, worauf sofort die Auswertung erfolgt.

Die ausführliche Darstellung der Anwendung des Verfahrens beim
Innkraftwerk Kirchbichl während einer ausgeführten Stauraumspülung
läßt die gute Kontrollmöglichkeit erkennen. Da die Spülungen hiedurch
auf das unbedingt notwendige Ausmaß beschränkt werden können, beträgt
der Energieentgang nur 2 − 3% der Jahreserzeugung.

FRAGE 39

Neue Entwicklungen in der Planung und im Bau von Betonstaumauern

39/11 DIE BETONENTWICKLUNG FÜR DIE SPERRE SCHLEGEIS

R. Widmann und A. Wogrin

Dieser Bericht befaßt sich mit der Entwicklung eines Zementes mit
möglichst geringer Abbindewärme und etwa 50% Hochofenschlacke für die
Schlegeissperre. Die Resultate der Versuche über die Abbindezeit mit
Zement und Beton werden dargestellt. Die Ergebnisse werden mit den
durch die Hydrationswärme ausgelösten Spannungen in Beziehung gebracht. Abschließend wird die Verbesserung der Sicherheit gegen Temperaturrisse dargestellt.

39/12 DIE PLATTENVERKLEIDUNG DER SPERRE GROSSER MÜHLDORFER-
SEE DES WINTERSPEICHERWERKES REISSECK-KREUZECK

E. Magnet und K. Klemen, Österreichische Draukraftwerke AG, Klagenfurt

Beim Bau der Sperren für die Speicherstufe des Kraftwerkes Reißeck-
Kreuzeck wurden zwei neue Wege beschritten. Bedingt durch die Trans-
portschwierigkeiten wurden erstens zur Kubaturersparnis Gewichtsmauern mit großen Hohlräumen entwickelt, die bereits bei anderen
Kraftwerksanlagen, wie z. B. bei der Sperre Bemposta am Rio Douro
(Spanien/Portugal), Nachahmung gefunden haben. Die Vorteile dieser
Sperrenart liegen nicht nur auf wirtschaftlichem und statischem Gebiet,
es ist damit auch eine bessere Überwachungsmöglichkeit des Bauwerkes
gegeben.

Zweitens wurde der Versuch unternommen, Betonfertigteile gleichzeitig als dichte Außenhaut und als Schalungselemente einzubauen. Es zeigt sich dabei, daß die Vorteile bei der Bauausführung, zumindest in dieser Höhenlage mit den großen Temperaturschwankungen, die späteren Nachteile bei der Erhaltung des Bauwerkes nicht aufwiegen können. Wenn es auch gelungen ist, durch Verwendung eines geeigneten Materials die Dichtungsschwierigkeiten bei den Plattenfugen zu überwinden, so blieb immer noch das Problem der Spannungsrisse in den Platten selbst. Die sorgfältige Beobachtung der Auswirkungen dieser Außenhautbeschädigungen wird für die verantwortlichen Bauingenieure eine noch länger andauernde Aufgabe bleiben.

GENERALBERICHT
verfaßt von
H. Petzny und R. Widmann

Der vorliegende Bericht schildert die Meßmethoden und Meßverfahren an österreichischen Talsperren. In den Schlußfolgerungen wird auf verschiedene offene Probleme des Talsperrenbaues hingewiesen und betont, daß die Lösung dieser Probleme nur durch zahlreiche, umfassende systematische Messungen an ausgeführten Bauwerken möglich ist.

 DIE INNENDICHTUNG DES ERDDAMMES EBERLASTE DER
ZEMMKRAFTWERKE MIT EINEM VERTIKALEN ASPHALTBETONKERN

H. Kropatschek und K. Rienößl
Tauernkraftwerke Aktiengesellschaft

1. Allgemeines und Wahl der Sperrenstelle

Durch die in Bau befindlichen Zemmkraftwerke werden die Abflüsse aus den Einzugsgebieten der Nordabdachung der Zillertaler Alpen zur Energieerzeugung in einer zweistufigen Hochdruckanlage genützt. Im Schlegeisgrund wird durch die Errichtung einer Gewölbesperre ein Speicher von 127,4 hm^3 geschaffen. Im Krafthaus Roßhag der Oberstufe werden 4 Maschinensätze zu je 57,5 MW, aus Francis-Turbine, Pumpe und Generator bestehend, installiert.

Vom Krafthaus Roßhag führt ein 8,5 km langer Druckstollen zu dem durch den 26 m hohen Erddamm Eberlaste gebildeten Stillupspeicher. Dieser Speicher ermöglicht den Ausgleich der unterschiedlichen Betriebswassermengen der Kraftwerke der Ober- und Unterstufe und stellt gleichzeitig den Speicher für den im Krafthaus Roßhag vorgesehenen Pumpenbetrieb dar. Im Krafthaus Mayrhofen der Unterstufe gelangen vorerst 5 Maschinensätze mit je 57,5 MW Leistung zur Aufstellung.

In den Zemmkraftwerken mit einer gesamten installierten Maschinenleistung von 517,5 MW können im Regeljahr 710 GWh, hievon 58% im Winter, und im Pumpspeicherbetrieb zusätzlich etwa 150 GWh erzeugt werden. Die Inbetriebnahme der Unterstufe mit dem Stillupspeicher erfolgte im Sommer 1969. Das Krafthaus Roßhag wird mit einem Teilstau im Speicher Schlegeis im Herbst 1970 in Betrieb gehen. Die Fertigstellung der Kraftwerksanlage ist mit Ende 1971 geplant. Die Situierung des Stillupspeichers mußte mit der Höhenlage des Krafthauses Roßhag koordiniert werden. Damit kam für den Speicher nur ein höhenmäßig eng begrenzter Bereich in Frage. Für die Wahl der Abschlußstelle waren folgende Gesichtspunkte maßgebend:
a) Obwohl in der Talsohle kein Anschluß der Dichtungsschürze an den Fels erreicht werden konnte, sollte das Bauwerk doch in die seitlichen Felshänge eingebunden werden.
b) Das Abschlußbauwerk mußte so situiert werden, daß es gegen Beschädigungen durch Lawinen, Murgänge und Felsstürze gesichert ist.

Die in den Jahren 1956-1961 durchgeführten Vorarbeiten, über die im Beitrag "Die Wirksamkeit des Injektionsschirmes beim Durlaßbodendamm und die Ausführung einer tiefen Schlitzwand beim Erddamm Eberlaste der Zemmkraftwerke" näher berichtet wird, zeigten, daß sich die Steilheit der seitlichen Felswände auch unter dem Talboden fortsetzt, so daß der gesamte Talbereich von mächtigen Lockermassen überdeckt ist. Als Abschlußbauwerk kam somit nur ein geschütteter Damm in Betracht (Abb. 1).

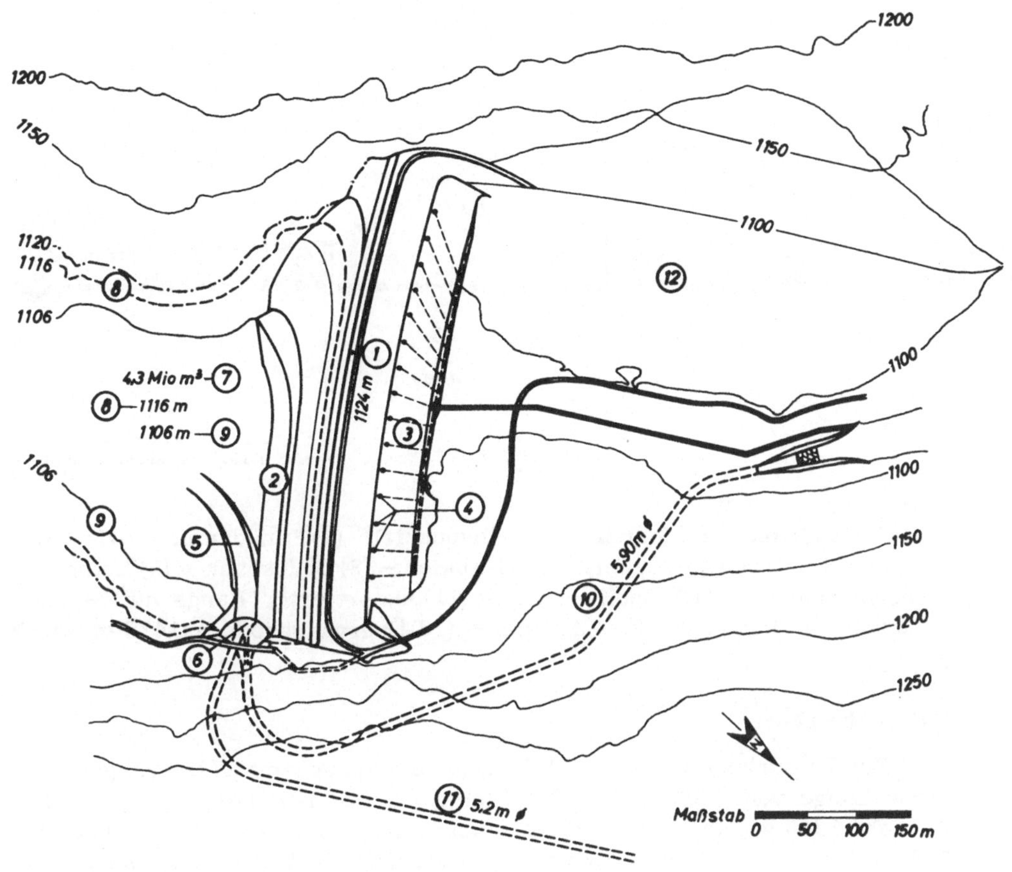

Abb. 1: Lageplan
(1) Dammkrone — (2) Fangdamm — (3) Druckbank — (4) Entspannungsbrunnen — (5) Einlauf — (6) Hochwasserüberfall — (7) Nutzinhalt — (8) Stauziel — (9) Absenkziel — (10) Grundablaßstollen — (11) Triebwasserstollen — (12) Entnahmegebiet für Dammschüttmaterial

Das Abschlußbauwerk wurde als Erddamm hergestellt, dessen wasser- und luftseitiger Stützkörper keinerlei Besonderheiten aufweisen. Die Innenkerndichtung des Dammes wurde aus Asphaltbeton ausgeführt.

Für den Stillupspeicher, der bei einem Stauziel auf Kote 1116,00 m einen Nutzinhalt von 4,3 hm³ aufweist, ist eine spätere Erhöhung des Stauzieles um 4 m entsprechend einer Vergrößerung des Nutzinhaltes auf 6,5 hm³ geplant. Bei der Schüttung des Dammes wurde die beabsichtigte Stauzielerhöhung bereits berücksichtigt. Die Kronenhöhe des Dammes liegt auf Kote 1124 m und damit 4 m über dem endgültigen Stauziel. Die Dammkubatur beträgt 790.000 m³ (Abb. 2).

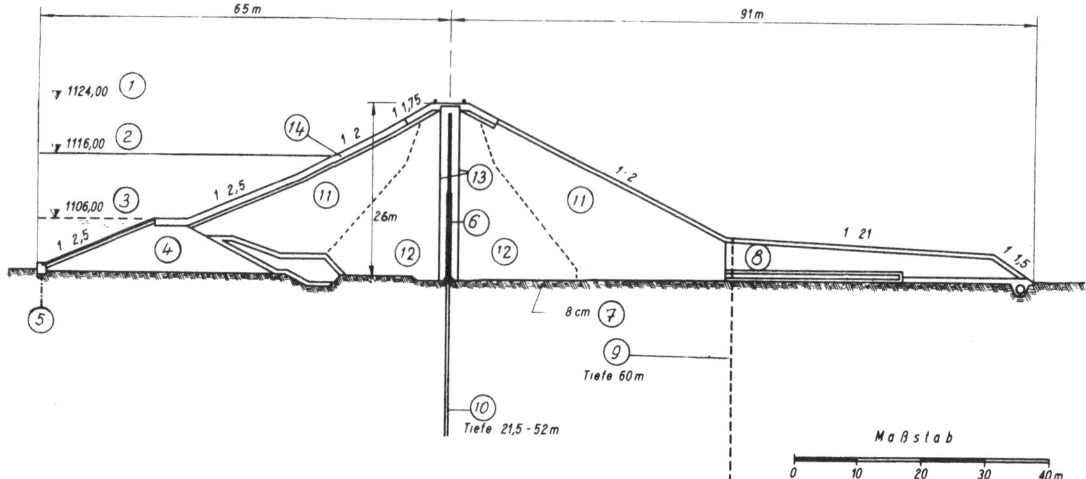

Abb. 2: Dammquerschnitt

(1) Dammkrone – (2) Stauziel – (3) Absenkziel – (4) Fangdamm – (5) Spundwand – (6) Asphaltbetonkern – (7) Bitukies – (8) Druckbank – (9) Entspannungsbrunnen – (10) Schlitzwand – (11) unsortierter Hangschutt – (12) sortierter Hangschutt $\emptyset$ 0-200 mm – (13) Übergangszone – (14) Steinwurf

2. Vorarbeiten

Zur Erkundung der Talauffüllung wurden insgesamt 27 Bohrungen mit einer Länge von 1.209 m und 2 Schächte mit je 11 m Länge hergestellt. Im Jahr 1966 wurden noch zur Erkundung der oberflächennahen Talauffüllung 7 seichte Aufschlußbohrungen (Maximaltiefe 15 m) im wasserseitigen Vorfeld des Dammes abgeteuft.

Unmittelbar luftseits der ausgewählten Dammstelle wurden am linken Hang in einem Schuttkegel 3 Sondierstollen mit 120, 80 und 30 m Länge zur Erkundung eines geeigneten Schüttmaterials ausgeführt. In mehr als 90 entnommenen Proben wurden der Wassergehalt, der Steinanteil größer als 200 mm, die Kornverteilung und der Feinkornanteil bestimmt. Die Wassergehalte lagen zwischen 10 und 20%, die Steinanteile wechselten sehr stark und betrugen im Durchschnitt ca. 50%. Der Hangschutt enthielt vom Schluffkorn bis zum großen Stein alle Korngrößen. Der Anteil des Schlämmkorns (kleiner 0,06 mm) lag im allgemeinen unter 10 Gew.-%. Das Schlämmkorn ist unplastisch, seine Fließgrenze wurde mit 21,5, die Plastizitätszahl mit 2 ermittelt. Mit diesem festgestellten gemischten Kornaufbau ließ sich der Hangschutt sehr gut zu einer standfesten Schüttung verdichten, deren Reibungswinkel auf Grund von Erfahrungen mit 35° angenommen werden kann. Das Material unter 80 mm wäre nach Bentonitbeigabe auch für einen vergüteten Erdkern verwendbar gewesen. Bei 8% Wassergehalt wurden ein Trockenraumgewicht von 2,04 t/m³ und eine Durchlässigkeit von 1 x 10⁻⁹ m/s ermittelt. Bedingt durch die große Eigenfeuchtigkeit, im Mittel 15%, hätte mit hohen Trocknungskosten ge-

rechnet werden müssen, da ein Einbauwassergehalt von 8% erreicht werden
sollte. Es war daher naheliegend, eine andere Art der Dichtung des Dammes ins Auge zu fassen (1).

3.   Der Dammbau

Nachdem auf Grund der im Abschnitt 4 erwähnten Untersuchungen
und Kenntnis der Eigenschaften des Asphaltbetons die Ausführbarkeit
einer Asphaltkerndichtung als gegeben angesehen wurde, mußte der
Dammaufbau diesem Dichtungselement Rechnung tragen. Es war notwendig, sowohl im luft- als auch wasserseitigen Stützkörper den inneren
Teil des Stützkörpers mit einem mechanischen Verdichtungsgerät zu verdichten. Durch diese Maßnahme wurde für die Verdichtung des Asphaltbetonkerns und der benachbarten Übergangszonen eine entsprechende Abstützung gewährleistet. Für die Übergangszonen wurde auf Grund der
Filterversuche (Abschnitt 4) das Größtkorn mit 150 mm (6 x Größtkorn
des Asphaltbetons) festgelegt. Weitere Vorschriften für den Kornaufbau
der Übergangsschichten waren nicht nötig. An der Wasserseite wurde das
reichlich vorhandene Überkorn geschüttet, wobei im äußersten Meter ein
Grobsteinwurf ausgeführt wurde. Die Böschungsneigungen des Dammes
betragen wasserseits 1 : 1,75 bis 1 : 2,5 und auf der Luftseite 1 : 1,75 bis
1 : 2. Die Krone wurde mit 6 m Breite ausgeführt. Unmittelbar vor dem
wasserseitigen Stützkörper wurde als Teil der Dammschüttung ein Fangdamm hergestellt, dessen Krone auf 1106 m angeordnet ist und der
während der Bauzeit auf der wasserseitigen Böschung eine einlagige
Asphaltbetondichtung erhielt. Diese Dichtung bindet in der Sohle in einen
auf einer 5 m tiefen Spundwand sitzenden Betonholm ein. Um die unter
dem Damm vorhandenen Sickerwassermengen schadlos abführen zu können,
wurden an der Luftseite des Dammes 15 Entspannungsbrunnen mit je 60 m
Tiefe angeordnet. Um die horizontale Anströmung der Entspannungsbrunnen sicherzustellen und eine Erosion des luftseitigen Stützkörpers durch
nach aufwärts gerichtete Sickerströmungen zu vermeiden, wurde unter
dem luftseitigen Stützkörper eine Bitukiesschicht von 8 cm Stärke angeordnet. Die Standsicherheit des Dammes wird nicht von den Eigenschaften
der Dammschüttmaterialien, sondern von jenen der hochliegenden Schluffsande bestimmt. Für den wasserseitigen Stützkörper ergibt sich die mini-
male Gleitsicherheit bei Annahme einer kreiszylindrischen Gleitfläche von
1,305, wobei zufolge der raschen Spiegelsenkung in dem Wochenspeicher der
wasserseitige Stützkörper im inneren Teil, soweit er nicht aus durchlässi-
gem Überkorn geschüttet ist, als voll wassergesättigt angenommen wurde.
Für die Ermittlung der Beanspruchungen, die durch den Asphaltbetonkern auf die Stützkörper ausgeübt werden, war eine Reihe von Untersuchungen erforderlich. Es konnte festgestellt werden, daß der Ruhedruck,
d. h. jene Beanspruchung, die der Asphaltkern auf seine lotrechte Begren-
zungswand bei verhinderter Querverformung ausübt, 60—70% der Vertikalspannung beträgt. Bei Dreiachsialversuchen wurde der Seitendruck mit 30%

der Vertikalspannungen ermittelt, wobei in diesem Fall aber eine Querverformung erfolgte, durch die die innere Reibung der Korngerüstung
aktiviert wurde. Für den Bauzustand wurde idealisiert mit einem Seitendruck des Asphaltbetons in der Größe von 60% der Vertikalspannung gerechnet, damit ergibt sich für die ebene Gleitfläche unter dem luftseitigen
Stützkörper, die in den Schluffsanden mit einem Reibungswinkel von 27,5°
liegt, eine Sicherheit von 1,94. Der Reibungswinkel der Bitukiesschicht
ist nach den Voruntersuchungen größer als jener der Schluffschicht.
Zufolge des größeren Volumens des wasserseitigen Stützkörpers liegt dort
die Gleitsicherheit noch etwas höher. Durch Querverformungen im Stützkörper wird der Seitendruck des Asphaltbetonkerns so weit absinken, bis
er dem Ruhedruck der umgebenden Erdschüttung, das sind 40% der Vertikalspannungen, gleicht. Dies stimmt ungefähr mit dem im Labor ermittelten Seitendruck von 30% überein. Für den wasserseitigen Stützkörper
ergibt sich für die ebene Gleitfläche in den Schluffsanden bei rascher
Spiegelsenkung die Beanspruchung des Stützkörpers mit einem Seitendruck
des Asphaltbetonkerns von 40% eine Sicherheit von 1,39. Für die luftseitigen Stützkörper beträgt die Sicherheit bei Vollstau und der gleichen
Beanspruchung durch den Asphaltbetonkern 1,49.

4.   Asphaltbetonkern

4.1   Grundsätzliches

Die Entwicklung auf dem Gebiete der Herstellung des Asphaltbetons
führte in den letzten Jahren dazu, daß bei einigen Erd- und Steinschütt-
dämmen auf Fels gegründete, bituminöse Innendichtungen ausgeführt
wurden (z.B. Dhünntalsperre, Wupperverband, 36 m hoch, Bremgesperre,
Ruhrtalsperrenverein, 22 m hoch). Die Vorteile einer Innendichtung, z.B.
Schutz gegen gewaltsame Angriffe, günstige Anschlußmöglichkeit an die
Untergrunddichtungen, gefahrlose Aufnahme von Bewegungen des Untergrundes oder des Dammes, sind hinlänglich bekannt. Es war daher nur
ein logischer Schritt, eine Asphaltkerndichtung auch für den Fall einer
Fundierung auf setzungsfähigem Untergrund (Lockermassen) ins Auge zu
fassen, da die plastischen Eigenschaften einer entsprechend hergestellten
Asphaltmischung jenen eines bentonitvergüteten Erdkernes bestimmt
gleichwertig, wenn nicht sogar überlegen sind.

Grundsätzlich waren und sind dafür zwei Probleme zu lösen.

a) Der eingebaute, bituminöse Kern muß wasserdicht, erosionsfest und
   entsprechend plastisch sein. Sein Aufbau bzw. jener der anschließenden Filterzonen muß gewährleisten, daß, auf Dauer gesehen, weder der
   Asphaltbetonkern noch das Bitumen in die benachbarten Stützkörper
   eingepreßt werden können.

b) Die von der Asphaltmasse auf die Stützkörper oder den Untergrund
   ausgeübte Beanspruchung muß in solchen Grenzen gehalten werden
   können, daß eine wirtschaftliche Dimensionierung des Dammquerschnittes möglich ist.

18

4.2 Untersuchungen und Eigenschaften des Asphaltbetons

4.21 Wasserdichtheit

Wenn es gelingt, die Kornverteilung der Zuschlagstoffe und eine Bindemittelmenge so aufeinander abzustimmen, daß nach der während des Einbaues möglichen Verdichtung der Hohlraumgehalt ca. 2-3% beträgt, so ist die Gewähr für die Wasserdichtheit gegeben. Da diese Frage auch für die bituminöse Außenhautdichtung wichtig ist, gibt es, entsprechend der großen Anzahl von Dichtungsbelägen, auch entsprechend viele Versuche und Veröffentlichungen darüber, so daß hier nicht näher darauf eingegangen werden muß.

4.22 Erosionsfestigkeit

Zur Klärung dieser Frage dienen sowohl rechnerische Überlegungen als auch Versuche (2). Der große Temperatureinfluß auf die Viskosität des Bitumens hilft bei der technischen Lösung dieser Frage entscheidend mit. Bei Temperaturen von 150°C stellen die gebräuchlichsten Bitumen praktisch Newton'sche Flüssigkeiten dar (die Viskosität liegt unter 10^4 cP), d.h., das Verhältnis von Schubspannung zur Fließgeschwindigkeit ist konstant. Die Verdichtungswilligkeit der Asphaltbetonmischung ist in diesem Zustand besonders gut. Bei Abkühlung der Mischung auf etwa 10°C steigt die Viskosität des Bitumens bereits so stark, daß mit den üblichen Laborgeräten eine Messung nicht mehr möglich ist. (Die Viskosität liegt über 10^{12} cP.) In diesem Zustand tritt quasi plastisches Fließen ein, d.h., es ist eine Schubspannung erforderlich (abhängig von der Bitumensorte), damit eine meßbare Bewegung (Fließen) beginnt. Dadurch wird das Herausdrücken des Bitumens aus der Mischung erschwert bzw. verhindert. Durchgeführte Rechnungen führen zu Bewegungsgrößen von 1 cm in vielen tausend Jahren, sind also für technische Belange bedeutungslos.

Unabhängig von theoretischen Überlegungen wurden auch Laborversuche durchgeführt. Bei einer Asphaltmischung Größtkorn 25 mm und einer Stützkorngröße von 150-200 mm wurde bei 10 atü und Zimmertemperatur eine Eindrückung des Asphaltbetons von 1 mm in das Steingerüst festgestellt. Diese Bewegung trat in den ersten 4 Wochen des Versuches ein. Anschließend konnte über einen Zeitraum von einem Jahr bei konstanter Temperatur keine weitere Veränderung festgestellt werden. Bei anderen Versuchen wurde versucht, Filtermaterial mit verschiedenen Korngrößen in eine reichlich mit Bitumenüberschuß hergestellte Asphaltmischung, Korngrößen 0-2 mm, mit 25 atü einzudrücken. Es war zu ersehen, daß ab einem Verhältnis von 1:6 für das Größtkorn der Asphaltmasse zum Filterkorn die bleibende Eindringung rasch ansteigt. Aus den vorangeführten Versuchen läßt sich daher für die Filterschichten ableiten, daß das Filterkorn höchstens 6 x so groß sein soll wie das Größtkorn des Asphaltbetons.

4.23 Festigkeitseigenschaften

Für die Festigkeitseigenschaften des aus Zuschlagstoffen, Bindemittel und Luft bestehenden Dreistoffgemisches Asphaltbeton sind die beiden Faktoren Zeit und Temperatur von viel entscheidenderer Bedeutung als etwa für die Wasserdichtheit. Für die Prüfung dieser Eigenschaften kommt erschwerend hinzu, daß es bis jetzt noch keine einheitlichen, genormten Versuche, wie etwa in der Bodenmechanik, gibt. Die bisher für den Asphaltbeton standardisierten Versuche beziehen sich auf den Straßenbau und sind auch auf die dort auftretenden Belastungen abgestimmt und daher nur schwer auf den Asphaltwasserbau anwendbar.

Die wichtigsten Festigkeitseigenschaften, wie Scherfestigkeit, Zusammendrückbarkeit und Ruhedruckziffer, werden in Anlehnung an die Bodenmechanik durch direkte Scherversuche und Triachsialversuche bestimmt, wobei beachtet werden muß, daß sich Asphaltbeton mit Bitumenüberschuß grundsätzlich anders verhält als Asphaltbeton mit einem Luftporengehalt von 1-3%.

a) Scherfestigkeiten

Die günstigsten Werte wurden bei einem der Fullerkurve entsprechenden Kornaufbau und mit dem in bezug auf die Wasserdichtheit geringsten möglichen Bitumenanteil erzielt. Es wurden Reibungswinkel bis $40°$ und Kohäsion bis 2 kp/cm² erreicht (2), wobei der Einfluß der Verformungsgeschwindigkeit, den schon Nijboer erkannte, zu beachten ist.

Direkte Scherversuche wurden auch für die Entwicklung eines Asphaltbetons für die Dichtungsmaßnahmen bei der Aggertalsperre durchgeführt (3). Die Asphaltmischung lag mit 20% Fülleranteil und 7% Bitumen an der Grenze zum Gußasphalt. Trotzdem konnte bei den Versuchen nachgewiesen werden, daß der Asphaltbeton ohne Auflast bei 20-25°C imstande ist, eine Scherspannung von 0,1 kp/cm² nach Überwindung eines Scherweges von nicht ganz 2 mm bei der Probengröße von 220 mm aufzunehmen. Die Bewegungen traten am Anfang sehr rasch auf, waren aber nach 14 Tagen nahezu abgeklungen.

b) Zusammendrückbarkeit

In Dreiachsialversuchen (Probendurchmesser 30 cm und größer) wurden Seitendrücke bis 30% der aufgebrachten Vertikalspannung festgestellt. Bei Versuchen mit verhinderter Querdehnung wurden Ruhedruckziffern von 60-70% der Vertikalspannung gemessen. Durch die bei Dreiachsialversuchen eintretende Querverformung wird die innere Reibung des Korngerüstes aktiviert und die Seitendrücke werden daher kleiner. Die entsprechenden Versuche gehen bis in das Jahr 1953 zurück (4). Eines der ersten konkreten untersuchten Beispiele mit Vergleich von errechnetem und tatsächlich gemessenem Verhalten des Asphaltbetonkerns war der Dichtungskern der Dhünntalsperre (5). In den Voruntersuchungen wurde für den Asphaltbeton ein Verformungsmodul von etwa 1000 kp/cm² ermittelt. Die Überprüfung des Kerns im fertigen Damm ergab, daß sich, wie nach den Voruntersuchungen zu erwarten war, der Kern und der aus gebrochenem Schiefer geschüttete und verdichtete Stützkörper gleichmäßig setzten und keine unzulässigen Querverformungen des Asphaltbetonkerns eintraten. Die Stützkörper waren imstande, den Asphaltbeton so zu stützen, daß seine dichte Struktur nicht zerstört wurde.

Bezüglich des Einflusses der Viskosität des Bindemittels auf den Verformungsmodul wurde bei Lastplattenversuchen festgestellt, daß der Verformungsmodul umso größer gewesen ist, je geringer die Viskosität des Bindemittels war. Niedrig viskose Bindemittel bilden dünnere Filme zwischen den Körnern, es kommt daher bei Belastung früher zu einer Berührung der Körner, und der Zusammendrückungsmodul wird dadurch größer.

c) Plastische Eigenschaften

Um den zu erwartenden Setzungen und Setzungsdifferenzen schadlos folgen zu können, muß der Asphaltbeton erhebliche Biege- und Scherverformungen mitmachen können, ohne daß seine Dichtheit darunter leidet. Eine Reihe von Probebalken mit verschiedenen Mischungen und Größen von 6/6 50 cm lang und 20/10 1 m lang wurde bei 9° C auf kreisförmig gebogene oder dachförmig (Neigungen 1:5 bis 1:2) ausgebildete Unterlagen gelegt. Bei der günstigsten Mischung, Korn 0-30 mm und ca. 8,5% Bitumen B 300, waren die Verformungen nach wenigen Tagen abgeschlossen. Die Probekörper lagen satt auf der Unterlage, ohne daß Risse oder Auflockerungen festgestellt werden konnten (6). Auch bei den Probekörpern mit weniger günstigen Mischungen waren die Bewegungen nach 13 Tagen ohne Rißbildungen oder Auflockerungen abgeschlossen.

4.3   Ausführung

Der Asphaltbetonkern wurde mit einer Höhe von 25 m und einer Stärke von 40 bzw. 50 cm ausgeführt. Auf Grund der Voruntersuchungen wurde ein Zuschlagstoffgemisch aus

        30% Kies   10/25 mm
        30% Kies   3/10 mm
        32% Sand   0-3   mm
        8% Kalksteinmehlfüller

ausgewählt. Die Kornverteilungskurve ohne Füller sollte folgendermaßen aufgebaut sein:

0,09	0,2	0,4	0,63	2	5	8	12,5	18	25 mm
12	18	26	33	44	66	73	87	97	100 %

Zu der Gesamtmenge der Zuschlagstoffe wurden 7,5 Gew.-% Bitumen B 300 beigemischt. Dies ergab 7% Bitumen in der fertigen Mischung. Die Zuschlagstoffe wurden an Ort und Stelle aus vorhandenem Material gebrochen. Der Sand wurde aus dem Talboden gebaggert. Die Mischung des Asphaltbetons erfolgte in einer vollautomatischen Aufbereitungs- und

Abb. 3: Spezialmaschine für die Einbringung von Asphaltbeton

Mischanlage. Der Einbau wurde mit einem speziell konstruierten Gerät, auf einem Raupenfahrwerk montiert, durchgeführt (Abb. 3). Die seitlich des Asphaltbetonkerns gleichzeitig mit dem Asphaltbeton eingebauten Überganszonen werden durch ein vor dem Gerät montiertes Schubschild, das über einem Abdecktunnel angeordnet ist, auf 30 cm Schichthöhe abgeschoben. Der Abdecktunnel, der gleich breit wie der Kern ist, hält die bereits eingebaute Kernfläche von dem Schüttmaterial für die Übergangszonen frei, weiters ist in diesem Tunnel eine Heizung eingebaut, welche die vorhergehend eingebaute Asphaltlage aufheizt. Das heiße Mischgut wird über einem Mischgutbehälter am hinteren Ende des Gerätes auf die aufgeheizte Kernoberfläche aufgebracht. Am Heck des Einbaugerätes ist eine Rüttelgruppe mit 3 Plattenrüttlern installiert, wobei der mittlere, der die Verdichtung des Asphaltbetonkerns auszuführen hat, mit Propangas beheizt wurde. Die Stärke einer verdichteten Schicht betrug 25 cm. Insgesamt wurden in 8 Monaten 16.496 t Asphaltmischgut in den Kern eingebaut. Die größte Monatsleistung von 4.200 t wurde im Juni 1968 erzielt. Bei den Arbeiten wurden sowohl die für die Mischung verwendeten Grundstoffe wie Zuschlagstoffe, Füller und Bitumen, als auch die fertige Mischung überprüft. Im wesentlichen erfolgten die Überprüfungen nach der einschlägigen DIN.

Von den Zuschlagstoffen wurden täglich Sieblinien überprüft (Abb. 4).

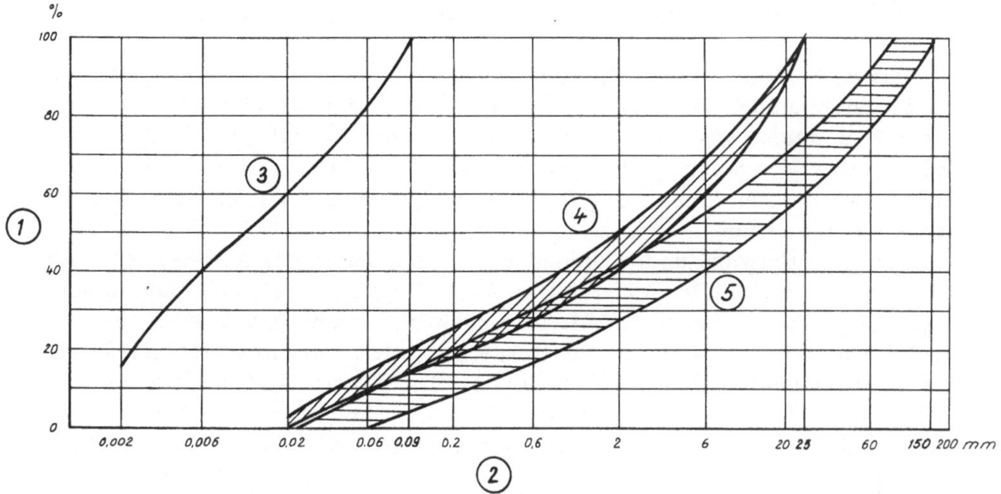

Abb. 4: Kornverteilungskurven
(1) Kornanteil — (2) Korndurchmesser — (3) Kalksteinmehlfüller — (4) Zuschlagstoffe für Asphaltbeton — (5) Übergangsschichten

Von jeder Lieferung des Füllers wurde der Anteil unter 20 μ bestimmt, er lag immer über dem vorgeschriebenen Wert von 30% und betrug im Mittel 58%.

Der Erweichungspunkt des Bitumens bei 72 durchgeführten Untersuchungen lag zwischen 34 und 36, 5°C, im Mittel bei 35, 4°C. Der Penetrationstest ergab Werte zwischen 265 und 268. Der Mittelwert aus 66 Versuchen beträgt 271, somit entsprach das Bitumen nach DIN 1995 einem B 300.

Das Mischgut wurde bei Verlassen der Mischanlage, beim Einbau und durch Entnahme von Bohrkernen überprüft.

Der Bitumengehalt im Mischgut lag zwischen 6, 8 und 7, 6%. Das Mittel aus 108 Versuchen betrug 7, 15%. In den Ausbaustücken lag der Bitumengehalt bie 51 Versuchen zwischen 7, 05 und 7, 10%. Es gab keinen Wert unter der vorgeschriebenen Grenze von 6, 8%.

Das Raumgewicht des Asphaltbetons, bestimmt in Probewürfeln und Ausbaustücken, lag bei 152 Untersuchungen zwischen 2, 31 und 2, 38 t/m³, im Mittel bei 2, 34 t/m³.

Das Porenvolumen wurde im Vakuum bestimmt und lag bei den Probewürfeln unter 0, 7% und bei den Ausbaustücken unter 1, 4%, somit unter der zulässigen Höchstgrenze von 2%.

Die Wasseraufnahme bei den Durchlässigkeitsversuchen lag immer unter 0, 06%. Die nach Extraktion bestimmten Kornverteilungskurven stimmten sehr gut mit der Soll-Linie überein.

Die Temperatur bei der Mischanlage wurde mit 297 Messungen überprüft. Der Mittelwert betrug 168°C. Alle Werte lagen im vorgeschriebe-

23

nen Bereich von 160-200°. Die Einbautemperatur im Kern lag immer zwischen 140 und 180°, der Mittelwert betrug 158°C.

Das Kriterium für den Einbau bei regnerischem Wetter war nicht die Asphalteinbringung, sondern die Befahrbarkeit der benachbarten Übergangszonen durch das Raupenfahrwerk. Durch kurzzeitige Schüttung von gebrochenem Überkorn in das gemischtkörnige Material (0-150 mm) der Übergangsschichten konnte der Einbau manchmal auch bei leichtem Regen durchgeführt werden.

Für den Entwurf und während der Ausführung war als Berater für dammbautechnische Fragen Herr o. Prof. Dr.-Ing. H. Breth, Darmstadt, tätig. Die geologischen Vorarbeiten wurden in Zusammenarbeit mit Herrn Dr. G. Horninger ausgeführt. Die Herstellung des Dammes erfolgte durch eine Arbeitsgemeinschaft, bestehend aus den Firmen R. Oberranzmeyer, Innsbruck, Beton u. Monierbau Ges. m. b. H., Innsbruck, C. Heinz Ges. m. b. H., Salzburg, Innerebner u. Mayer, Innsbruck, Strabag Baugesellschaft m. b. H. u. Co. KG, Linz, Wayss-Freytag "Simplexbau", Innsbruck. Die Voruntersuchungen für den Asphaltbetonkern sowie dessen Herstellung wurden von der Firma Strabag, Köln, durchgeführt.

LITERATURHINWEIS

(1) Breth H. / Günther K. "Die Dichtungselemente des Erddammes Eberlaste"
      Strabag Schriftenreihe 8. Folge, Heft 2
(2) Haas H. "Technische Eigenschaften von Asphaltbeton für Wasserbauzwecke"
      Strabag Schriftenreihe 4. Folge, Heft 4
(3) Feiner A. / Zichner G. "Abdichtung der Aggertalsperre"
      Strabag Schriftenreihe 8. Folge, Heft 2
(4) Feiner A. "Die Entwicklung der bituminösen Innendichtungen"
      Strabag Schriftenreihe 7, Folge, Heft 1
(5) Breth H. "Measurments on a Rockefill Dam with Bituminous Concrete Diaphragm"
      8th International Congress on Large Dams Edinburgh May 1964, Vol. II
(6) Zichner G. / Haas H. "Über die Entwicklung von Asphaltdichtungen für außergewöhnliche Beanspruchungen"
      Strabag Schriftenreihe 7. Folge, Heft 1

36/2 DER INNERE SPANNUNGSZUSTAND DES STEINSCHÜTTDAMMES
GEPATSCH

W. Schober
Tiroler Wasserkraftwerke AG (TIWAG), Innsbruck

1. Einleitung

Der 153 m hohe Steinschüttdamm Gepatsch wurde im Rahmen des
Kaunertalkraftwerkes in den Jahren 1961 bis 1964 von der Tiroler Wasserkraftwerke AG (TIWAG) errichtet. Die große Dammhöhe und teilweise
neuartige Baumethode waren der Anlaß, daß umfangreiche Meßeinrichtungen zum Einbau kamen. Die Messungen erfolgten bereits während der Bauzeit und wurden in den bisherigen 2 Teilstau- und 3 Vollstauperioden
fortgesetzt. Neben den üblichen Messungen der Porenwasserdrücke, Ober-
flächenverformungen und vertikalen Verformungen im Inneren des Dammes,
wurden erstmals in großem Umfang auch die horizontalen Verformungen im
Damminneren sowie die Erddrücke gemessen. Die Einrichtungen und Methoden für die beiden letztgenannten Messungen wurden auf der Baustelle
entwickelt und sind seither bei mehreren Dammbauten zur Anwendung gekommen.

Über den Entwurf und die Bauausführung des Dammes wurden der
Internationalen Talsperrenkommission seit Rom 1961 4 Berichte [1] [2] [3]
[4] und 3 Diskussionsbeiträge vorgelegt, von denen der Bericht [4] (R 39
zu Q 34 - Istanbul 1967) eingehend das Verhalten des Dammes auf Grund
der Meßergebnisse behandelt. Das Interesse, das den durchgeführten Messungen entgegengebracht wurde, ließ es gerechtfertigt erscheinen, insbesonders die Ergebnisse der Spannungsmessungen zur Gewinnung eines
Einblickes in den tatsächlichen inneren Spannungszustand weiter auszuwer-
ten. Der vorliegende Bericht versucht darüber hinaus auch den Einfluß des
Spannungszustandes auf die Sicherheit des Dammes zu ermitteln. Sein
Verständnis wird durch die Kenntnis des Berichtes [4] erleichtert.

Abb. 1 zeigt nochmals den Regelquerschnitt des Dammes mit den für
die Auswertung herangezogenen Druckgebern und die Kornverteilungskurven. Wie zu entnehmen, handelt es sich um einen Zentralkerndamm, dessen Kernzonen (1) und (1a) aus Hangschuttmaterial in filterartigem Aufbau
zu beiden Seiten durch Übergangszonen (2) und (2a) aus Kies und Stützkör-
perzonen (3) und (3a) aus Steinbruchmaterial fortgesetzt werden. Die weit-
gestuften Kornbereiche der Zonen sind gut aufeinander abgestimmt.

Für die Druckmessungen kamen ausschließlich die in Abb. 1 schematisch dargestellten Ventilgeber der Fa. Glötzl [5] zur Anwendung. Von den
eingebauten 32 Porenwasserdruckgebern sind bisher 8, von den 53 Erd-
druckgebern 15 infolge Schäden an den Meßleitungen ausgefallen.

In nachfolgender Tabelle sind die den Untersuchungen zugrundelie-
genden Bodenkennwerte zusammengestellt:

Dammzone	Feuchtraum-gewicht (t/m³)	gesättigtes Raumgewicht (t/m³)	innerer Reibungswinkel (Grad)
Kernzonen (1) und (1a)	2,41	2,45	35°
Überganszonen (2) und (2a)	2,46	2,53	40°
Stützkörperzonen (3) und (3a)	1,97	2,23	43°
Untergrund (4)	2,34	2,34	36°

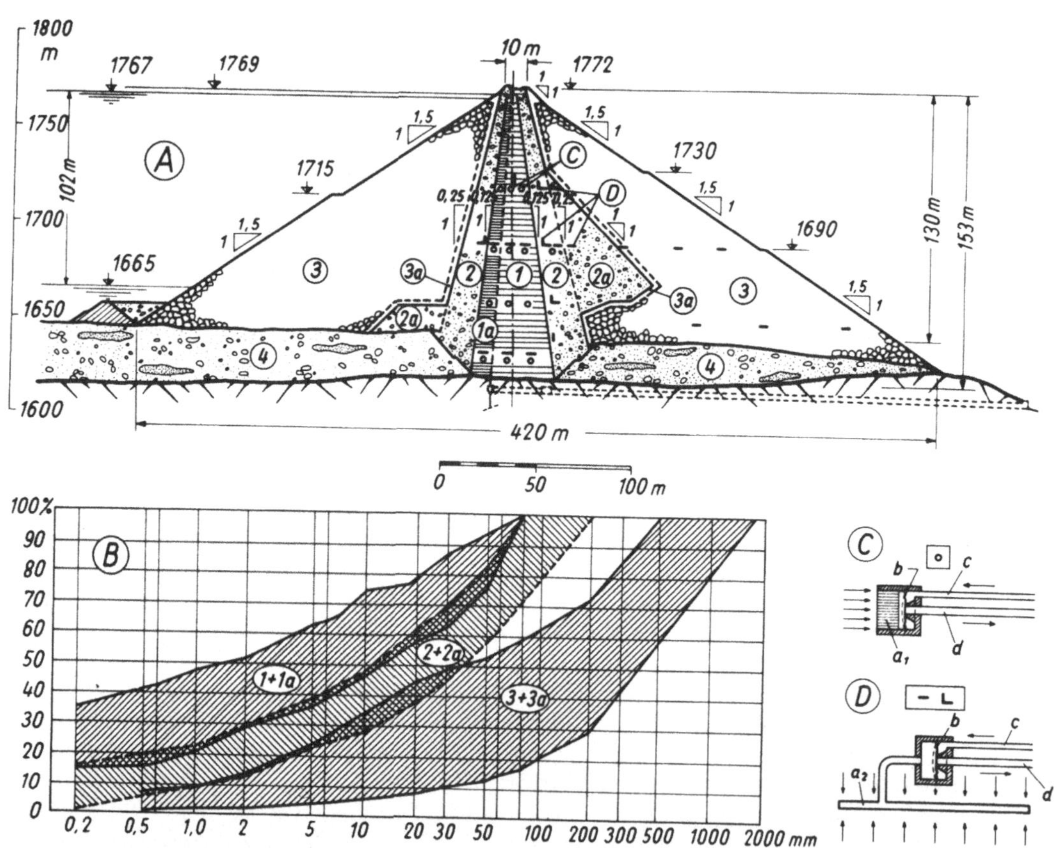

Abb. 1: (A) Regelquerschnitt mit Druckmeßeinrichtungen — (B) Kornverteilungs-kurven — (C) Porenwasserdruckgeber (Schema) — (D) Erddruckgeber (Schema) — (1) + (1a) Dichtungskern (Hangschutt u. Moräne, (1a) mit 1% Bentonit) — (2) + (2a) Übergangszonen (Kies) — (3) + (3a) Stützkör-perzonen (Steinbruchmaterial u. Überkorn, (3a) mit Kies gemischt) — (4) Flußablagerungen u. Hangschutt — a1 Keramikfilter Ø 3 cm — a2 Druck-kissen 20 x 30 cm — b Ventil — c Öl-Zuleitung Ø 6/3,15 mm — d Öl-Rück-leitung Ø 10/5 mm

2. Ermittlung des inneren Spannungszustandes

Der Aufbau des Dammquerschnittes mit setzungsempfindlichen Kernzonen im Zentralteil und flankierenden steiferen Kieszonen ließ von vornherein Spannungsumlagerungen von innen nach außen erwarten. Über das Verformungsverhalten der äußeren Steinschüttzonen war ursprünglich wenig bekannt, doch stellte sich bald heraus, daß in ihnen außerordentlich große Setzungen auftraten [4] und auf diese Weise ebenfalls Last auf die Kieszonen übertragen wurde. Andererseits mußten jedoch auch die Fußbereiche der Stützkörperzonen zusätzliche Last von innen übernehmen.

Die sich endgültig aus dem ungleichen Verformungsverhalten der Dammzonen nach Abklingen der Bewegungen ergebenden Vertikalspannungen $\sigma_{y(E)}$ sind zu den theoretischen Spannungen $\sigma'_{y(E)} = \gamma \cdot h$ (γ = Raumgewicht; h = Höhe des Dammes über dem betrachteten Punkt) stark verschieden. In den Kernzonen betragen z. B. die Unterschiede bis zu 50 %. Ein ähnliches Verhalten mit vermutlich noch größeren Unterschieden wurde auch bei anderen Zentralkerndämmen wie Geehi [6] und Hyttejuvet [7] festgestellt. Bei letzterem traten horizontale Risse im Kern auf, die durch nachträgliche Injektionen gedichtet werden mußten.

Den Ermittlungen des inneren Spannungszustandes liegen folgende allgemeine Annahmen zugrunde:
— Der erreichte Spannungs- und Verformungszustand des Dammes wird rein elastisch angenommen. Dies stimmt nur angenähert, da die plastischen Verformungen noch nicht vollständig abgeklungen sind.
— Infolge der zur Kernachse praktisch symmetrischen Dammböschungen sind auch die Spannungsumlagerungen im Zustand des Eigengewichtes (Lastfall I) symmetrisch. Diese Annahme mußte vor allem infolge der fehlenden Messungen im wasserseitigen Stützkörper getroffen werden.
— Die Spannungsumlagerungen erfolgen im Querschnitt von oben nach unten ähnlich. Dies wurde durch die Messungen in den Horizonten 1690 und 1650 annähernd bestätigt.
— Es wird nur der ebene elastische Spannungszustand für eine vertikale Dammscheibe von 1 m Stärke betrachtet. Räumliche Einflüsse sind nur indirekt durch die Heranziehung der Meßergebnisse enthalten.
— Die Lastübertragung erfolgt nur über Druck- und Schubspannungen. Zugspannungen werden ausgeschlossen und Momentenwirkungen, wie im Erdbau allemein üblich, nicht berücksichtigt.
Weitere Annahmen sind bei der jeweiligen Untersuchung angeführt.

2.1 Der innere Spannungszustand unter Eigengewicht (E): Lastfall I

Analytische Lösungen des ebenen Spannungszustandes wurden bereits mehrmals versucht [8] und für den Fall des elastischen, homogenen Dammes auch gefunden. Aber selbst bei diesen müssen noch vereinfachende Annahmen getroffen werden. Eine zuverlässige Behandlung von inhomogenen Zonendämmen dürfte zur Zeit noch wenig aussichtsreich sein.

Im Gegensatz zu den theoretischen Lösungen werden den nachfolgenden Ermittlungen Meßergebnisse zugrunde gelegt. Da in Gepatsch vorwiegend die Vertikalspannungen σ_y gemessen wurden, wird von diesen ausgegangen. Ein derartiges Vorgehen hat den Vorteil, daß in den gemessenen Spannungen bereits alle Einflüsse der Spannungs-Verformungsbeziehungen, Querdehnung, räumliche Wirkungen, Materialschwankungen, Baudurchführung usw. impliziert enthalten sind. Es ist naheliegend, daß eine rechnerische Erfassung einer derartigen Vielfalt von Einflüssen praktisch undurchführbar erscheint. Bei den Ermittlungen wurde schrittweise vorgegangen.

1. Schritt: $\Delta\sigma_{y(E)} \rightarrow \tau_{yx(E)}$ (Abb. 2, oben)

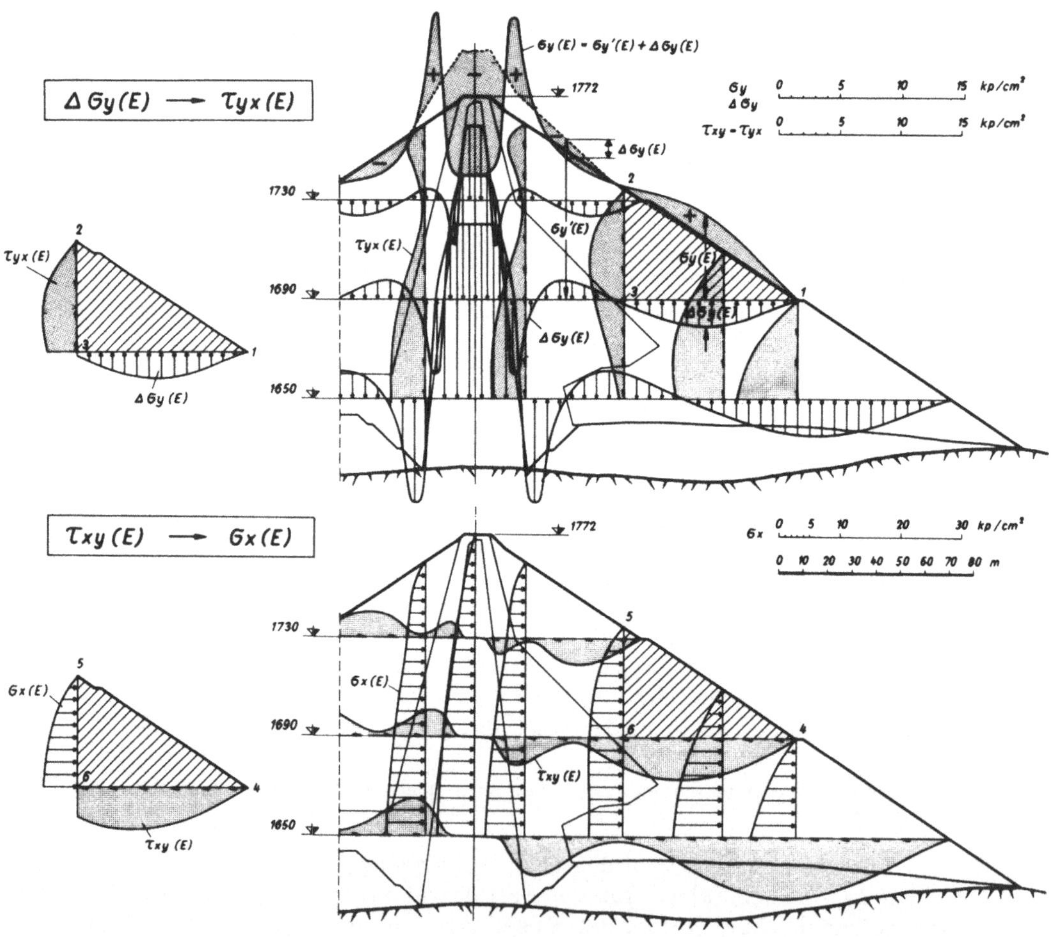

Abb. 2: Ermittlung des inneren Spannungszustandes für Eigengewicht (E): Lastfall I (Bezeichnungen siehe Text)

Gemäß der vorstehenden Annahmen, daß die Spannungsumlagerung symmetrisch zur Kernachse und von oben nach unten ähnlich erfolgt, wurde zunächst auf Grund der Meßergebnisse eine Verteilung der Vertikalspannungsunterschiede $\Delta\sigma_{y(E)} = \sigma'_{y(E)} - \sigma_{y(E)}$ im Horizont 1690 entworfen. Für diesen Horizont sind auch die Spannungsverteilungen $\sigma'_{y(E)} = \gamma \cdot h$ (strichlierte Linie) und $\sigma_{y(E)}$ (volle Linie) dargestellt. Obwohl die Messungen auch eine qualitativ zufriedenstellende Übereinstimmung ergaben, waren infolge der geringen Meßpunktezahl ausgleichende Korrekturen erforderlich. Vor allem mußte die Bedingung

$$\int \Delta\sigma_{y(E)}\, d\,x = 0$$

erfüllt werden, da ja das Gesamtgewicht des Dammes in jedem Horizont erhalten bleiben muß. Die Totalspannung $\sigma_{y(E)}$ kann außer Betracht bleiben, da das Auftreten der Schubspannung $\tau_{yx(E)}$ ausschließlich durch die Spannungsdifferenz $\Delta\sigma_{y(E)}$ verursacht wird.

Nach ähnlicher Verzerrung der $\Delta\sigma_{y(E)}$-Verteilungen auf die Horizonte 1730 und 1650 wurde eine Austeilung vertikaler Schnittflächen vorgenommen, die mit den Horizonten dreieckförmige Schnittkörper verschiedener Größe vom Damm abtrennen. Ein derartiger Körper ist in Abb. 2 oben dargestellt. An ihm wird die bekannte Spannung $\Delta\sigma_{y(E)}$ als äußere Last aufgebracht und mit Hilfe der Gleichgewichtsbedingung in vertikaler Richtung

$$\int_1^3 \Delta\sigma_{y(E)}\, d\,x = \int_2^3 \tau_{yx(E)}\, d\,y$$

die resultierende Schubkraft ermittelt. Auf gleiche Weise wurde bei allen übrigen Schnittkörpern vorgegangen, so daß für jeden vertikalen Schnitt ein bis drei Schubkraftresultierende vorlagen. Die nächste Aufgabe bestand nun darin, diese Resultierenden in Spannungen umzuwandeln. Bei allen Ermittlungen wurde der Planimeter als Hilfsmittel verwendet. Bei einiger Übung konnte nach wenigen Korrekturen der Verlauf der Spannungsverteilung leicht erkannt und für die einzelnen Schnittflächen in Übereinstimmung gebracht werden. In den Schnitten ist die Richtung der Schubspannung durch Pfeile im Sinne einer äußeren Kraft eingetragen.

2. Schritt: $\tau_{xy(E)} \rightarrow \sigma_{x(E)}$ (Abb. 2, unten)

Bei bekannter Verteilung der Schubspannungen in lotrechten Schnitten ist infolge der Dualität der Schubspannung $\tau_{yx(E)} = \tau_{xy(E)}$ auch die Verteilung in horizontalen Schnitten gegeben. Sie ist in Abb. 2 unten für die 3 Horizonte eingetragen.

Mit Hilfe der Gleichgewichtsbedingung in horizontaler Richtung

$$\int_4^6 \tau_{xy(E)}\, dx = \int_5^6 \sigma_{x(E)}\, dy$$

wurde nun für jeden Schnittkörper die resultierende Horizontalkraft ermittelt. Die Umwandlung der Kräfte in Spannungen erfolgte, wie oben bei $\tau_{yx(E)}$ beschrieben.

3. Schritt: Isobaren der Totalspannungen $\sigma_{y(E)}$, $\tau_{xy(E)}$, $\sigma_{x(E)}$ (Abb. 3)

Sind die Verteilungen der 3 Spannungskomponenten gefunden, so kön-

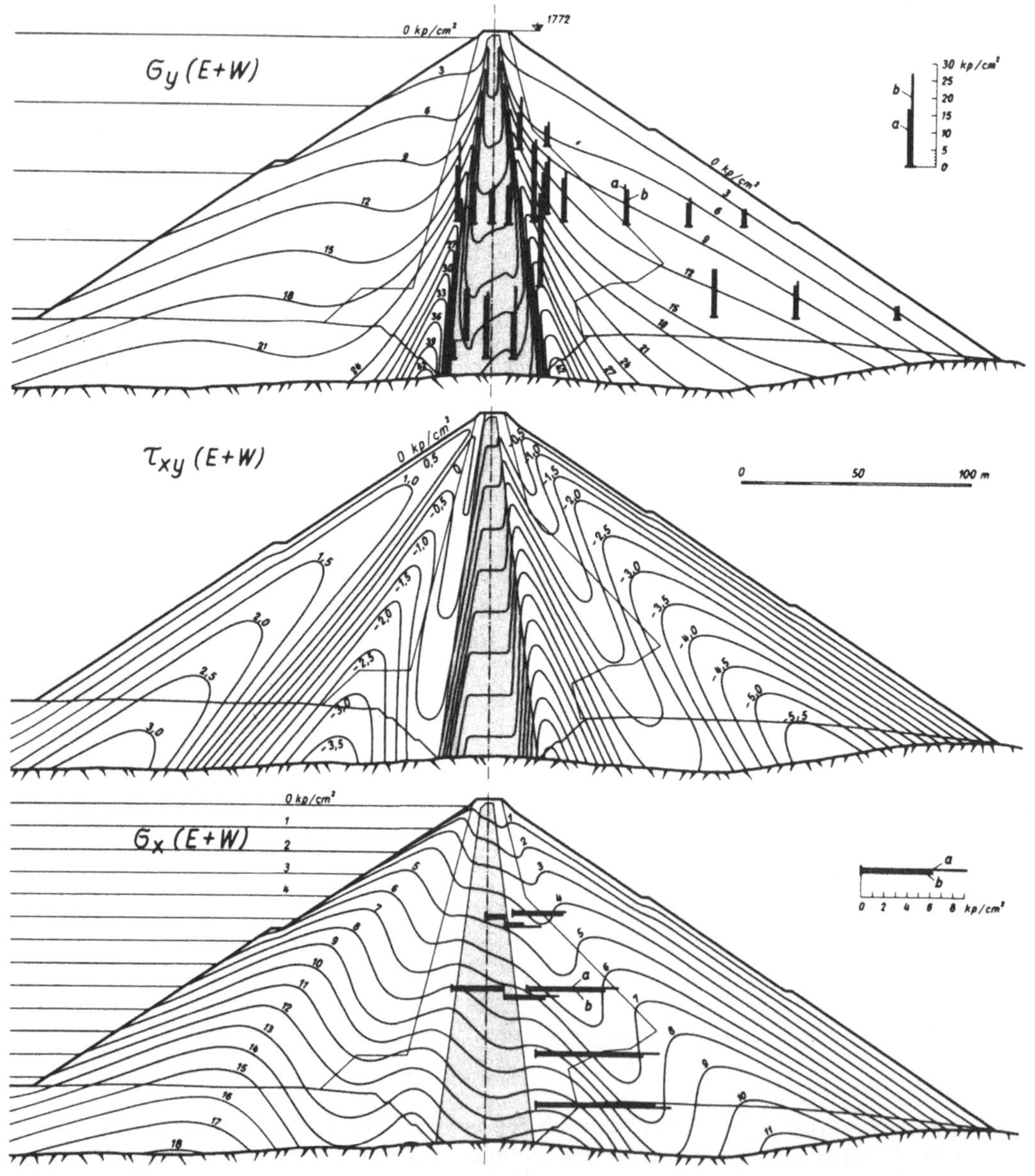

Abb. 3: Isobaren der Totalspannungen $\sigma_{y(E)}$, $\tau_{xy(E)}$ und $\sigma_{x(E)}$ (Lastfall I)
a Meßwert — b $\sigma_{y(E)}$ = angenommener Ausgangswert für die Rechnung
c Vergleichswert $\sigma'_{y(E)} = \gamma \cdot h$ — d Wert der Ermittlung

nen die Isobaren gezeichnet werden. Um eine gute Unterlage für die Stabilitätsuntersuchungen zu erhalten, wurden die $\sigma_{y(E)}$ –Isobaren je $1,0\,\text{kp/cm}^2$, die $\tau_{xy(E)}$ und $\sigma_{x(E)}$- Isobaren je $0,5\ \text{kp/cm}^2$ ermittelt. Das Ergebnis ist in Abb. 3 mit zum Teil größeren Spannungsabständen dargestellt.

In den Querschnitten sind die jeweiligen Meßwerte eingetragen und mit den Werten der vorliegenden Ermittlung sowie den theoretischen Vertikalspannungen $\sigma'_{y(E)} = \gamma \cdot h$ verglichen.

2.2 Der innere Spannungszustand unter Eigengewicht und Höchststau (E + W): Lastfall II

Für die Ermittlung des Spannungszustandes im Lastfall II werden die Spannungen infolge Wasserdruck (W), denen infolge Eigengewicht (E) überlagert. Dieses Vorgehen wird dadurch erhärtet, daß sich die Meßwerte der Eigengewichtsspannungen nach wiederholtem Abstau praktisch nicht verändern. Auch diese Ermittlung erfolgte schrittweise.

1. Schritt $\tau_{xy(E+W)} \rightarrow \sigma_{x(E+W)}$ (Abb. 4, oben)

Der resultierende hydrostatische Druck W des Staues muß in voller Größe aufgenommen werden. Es wird unterstellt, daß die Übertragung dieser Last in den Untergrund ausschließlich über Schubspannungen erfolgt. Die erste Aufgabe bestand nun darin, eine Verteilung der Schubspannungen $\tau_{xy(W)}$ zu entwerfen, deren Aufsummierung die Wasserlast W ergibt.

Für die Annahme der Verteilung von $\tau_{xy(W)}$ boten die Messungen direkt wenig Anhalt. Indirekt konnte jedoch aus den Veränderungen der σ_x- und σ_y- Meßwerte folgendes geschlossen werden:

— Die relativ geringe Zunahme der σ_x- Werte an der Luftseite des Kernes (siehe Abb. 9 in [4]) läßt vermuten, daß nur ein Teil·von W im luftseitigen Stützkörper abgetragen wird. Die Abtragung des wahrscheinlich größeren Teiles des Wasserdruckes muß daher im wasserseitigen Stützkörper erfolgen, wobei die Vorstellung besteht, daß die vom Kern im Eigengewichtslastfall (E) in Richtung zur Wasserseite ausgeübte Schubkraft durch die entgegengesetzt auf den Kern wirkende Wasserlast teilweise aufgehoben wird.

— Die Messungen zeigen ferner, daß am luftseitigen Dammfuß keine Zunahme der Vertikalspannung infolge Wasserlast auftritt (siehe Abb. 10 in [4]). Daher kann in diesem Bereich auch die Schubspannung nicht zunehmen. Im Damminnern sind hingegen die Vertikalspannungen etwa im selben Außmaß wie die Horizontalspannungen angewachsen.

Auf Grund des Vorstehenden wurden untereinander ähnliche $\tau_{xy(W)}$-Verteilungen für die Horizonte 1730, 1690 und 1650 entworfen. $\tau_{xy(W)}$ muß mit $\tau_{xy(E)}$ überlagert werden. In den 3 Horizonten der Abb. 3 sind sowohl diese Komponenten als auch die resultierenden Schubspannungen $\tau_{xy(E+W)}$ eingetragen.

Die Ermittlung von $\sigma_{x(E+W)}$ erfolgte wie bei Lastfall I aus der Gleichgewichtsbedingung in horizontaler Richtung

$$\int_1^3 \tau_{xy(E+W)}\, d\,x = \int_2^3 \sigma_{x(E+W)}\, d\,y,$$

wobei die Schnittkörper vom luftseitigen zum wasserseitigen Dammfuß fortschreitend angenommen wurden. Als Endkraft muß sich die jeweilige Wasserlast W ergeben.

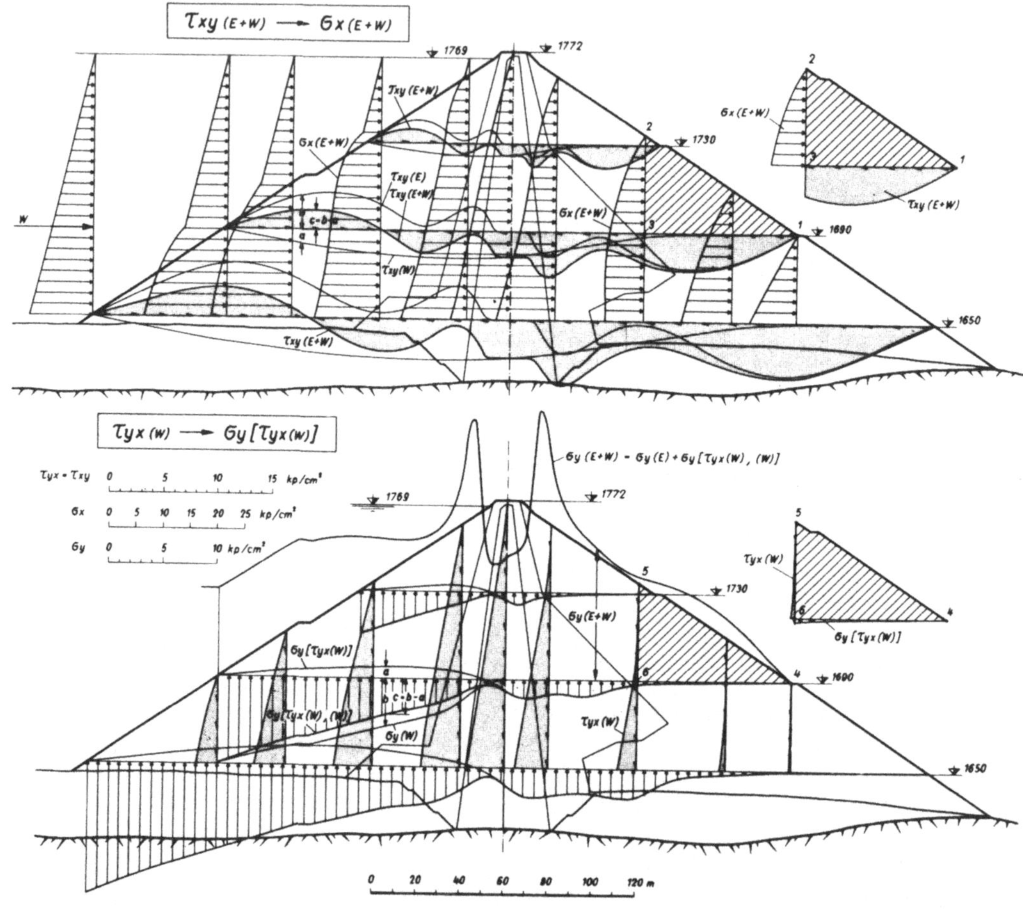

Abb. 4: Ermittlung des inneren Spannungszustandes für Eigengewicht + Höchststau (E + W): Lastfall II (Bezeichnungen siehe Text)

2. Schritt $\tau_{yx\,(W)} \rightarrow \sigma_y\,[\tau_{yx\,(W)}]$ (Abb. 4, unten)

Dem auf das Gleichgewicht der Spannungen aufgebauten Ermittlungsverfahren entsprechend, muß jede Schubspannungsänderung auch eine Veränderung der Normalspannungen in vertikaler Richtung hervorrufen. Zu deren Ermittlung wurde die Gleichgewichtsbedingung

$$\int_5^6 \tau_{yx\,(W)}\, d\,y = \int_4^6 \sigma_y[\tau_{yx\,(W)}]\, d\,x$$

32

$$\int \sigma_y \, [\tau_{y(W)}] \, dx = 0$$

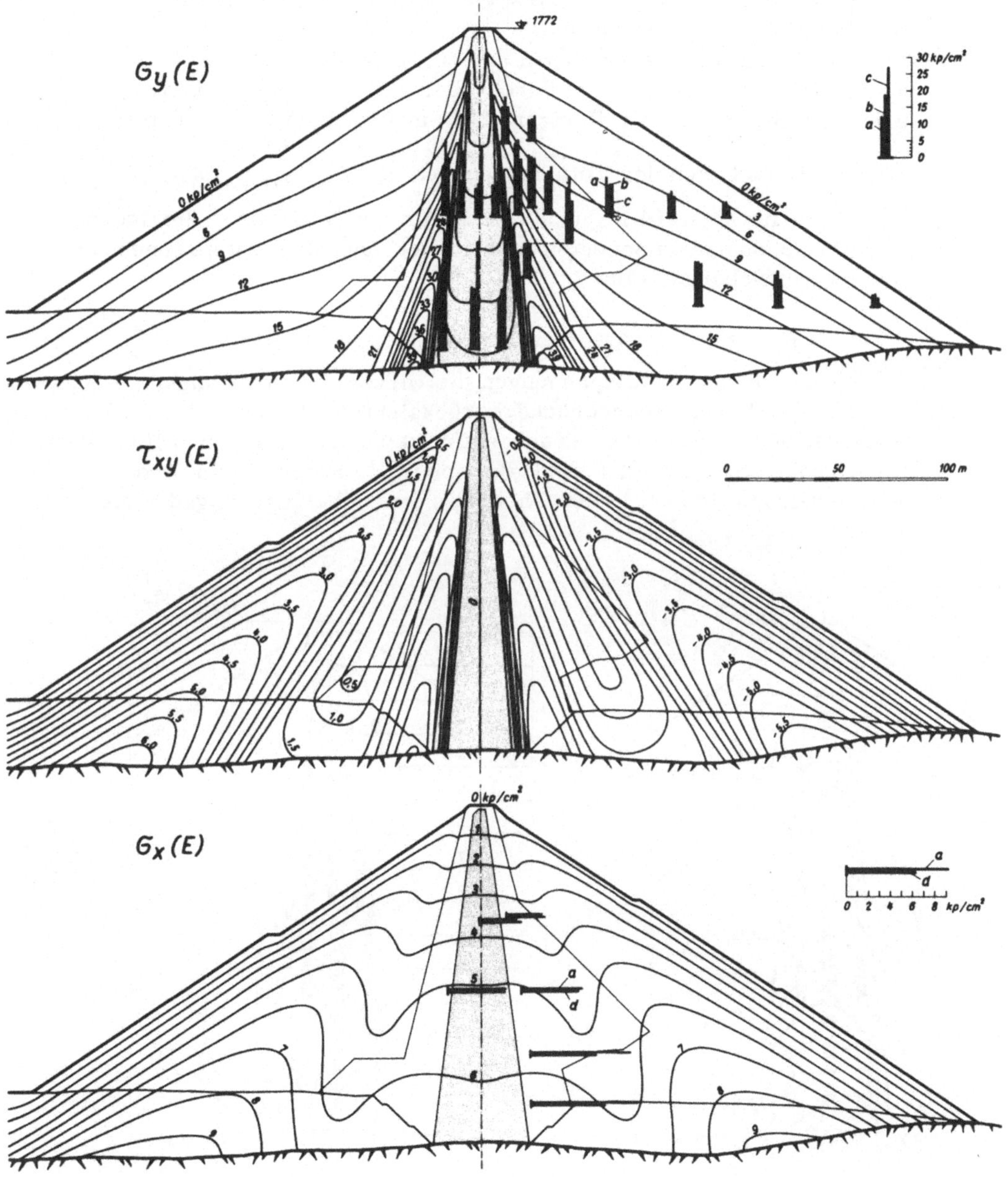

Abb. 5: Isobaren der Totalspannungen $\sigma_{y(E + W)}$, $\tau_{xy(E + W)}$ und $\sigma_{x(E + W)}$ (Lastfall II)
a Meßwert — b Wert der Ermittlung

Als letzten Einfluß des Staues auf die Totalspannung $\sigma_{y(E+W)}$ ist das Wassergewicht zu berücksichtigen. Es tritt naturgemäß nur in den gesättigten Bereichen des Dammes auf. In Abb. 2 unten sind diese Spannungsbeträge als $\sigma_{y(W)}$ eingetragen.

Beide Einflüsse superponiert ergeben die Kurven $\sigma_y[\tau_{yx(W)},(W)]$. Die Totalspannung $\sigma_{y(E+W)}$ wird durch Überlagerung von $\sigma_{y(E)}$ und $\sigma_y[\tau_{yx(W)},(W)]$ erhalten. Sie ist für den Horizont 1690 in Abb. 4 unten dargestellt.

3. Schritt: Isobaren der Totalspannungen $\sigma_{y(E+W)}$, $\tau_{xy(E+W)}$ $\sigma_{x(E+W)}$ (Abb. 5)

Wie im Lastfall I wurden auch für den Lastfall II die Isobaren der 3 Totalspannungskomponenten gezeichnet und den entsprechenden Meßwerten gegenübergestellt.

2.3 Wirksame Spannungen

Um aus den Totalspannungen die wirksamen Spannungen zu erhalten, müssen die Porenwasserdrücke berücksichtigt werden. In Abb. 6 sind die Isobaren des Porenwasserdruckes für beide Lastfälle I und II dargestellt. Die Drücke im Lastfall I sind als Konsolidierungs-Restdrücke anzusehen und erreichen bis 20 % des theoretischen Überlagerungsdruckes $\sigma_{y(E)}$

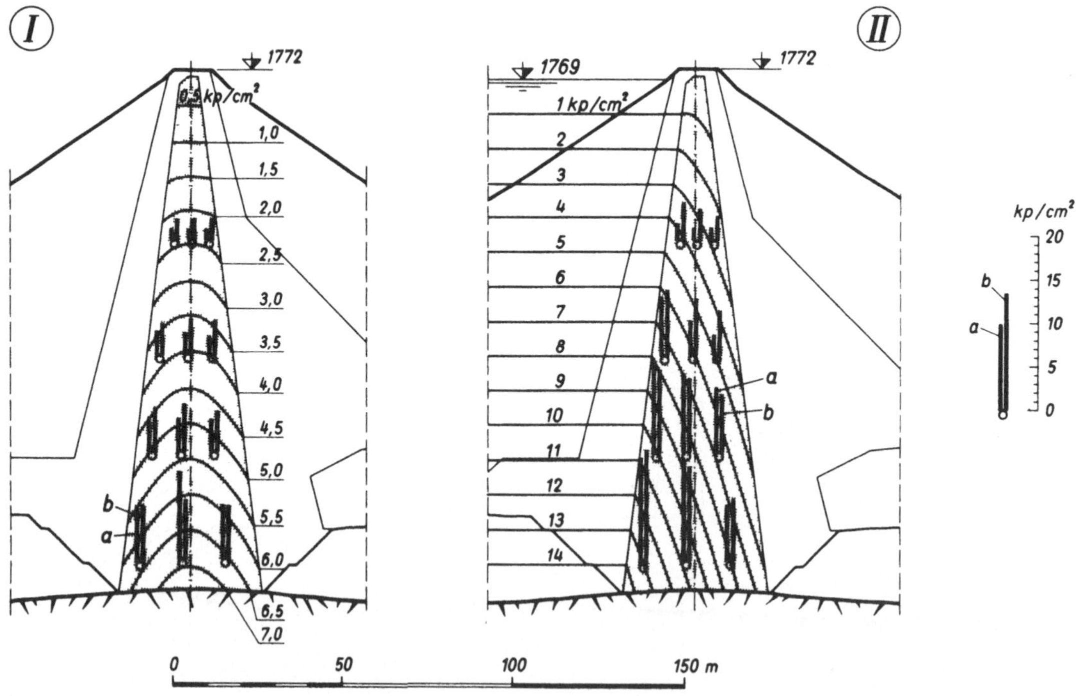

Abb. 6: Isobaren der Porenwasserdrücke
(I) Lastfall I — (II) Lastfall II — a Meßwert — b Rechenannahme

Für die nachstehenden Sicherheitsermittlungen wurde ein einheitlicher Porenwasserdruck von $0,2 \cdot \sigma'_{y(E)}$ vorsichtig angenommen. Im Lastfall II ist wasserseitig des Kernes der Einfluß des Auftriebes, im Kern der des Strömungsdruckes sowie des Konsolidierungs-Restdruckes wirksam. Zum Vergleich sind die Meßwerte des Porenwasserdruckes eingetragen und mit den Rechenannahmen verglichen.

3. Sicherheitsermittlungen

In den letzten 5 Jahrzehnten wurden etwa 3 Dutzend Methoden zur Ermittlung der Standsicherheit von Staudämmen entwickelt. Im Gegensatz zu Betonmauern, bei denen die Sicherheitsermittlung für die Betonkonstruktion durch einen Spannungsnachweis erfolgt, werden bei geschütteten Dämmen in der Regel als Sicherheitsfaktor Zahlenwerte errechnet, die das Verhältnis von Kräften oder Momenten, die zur Herbeiführung des Bruches potentieller Gleitkörper aufgewendet werden müßten, zu den tatsächlich vorhandenen ausdrücken. Die Gültigkeit des Coulomb'schen Gesetzes $\tau = \sigma_e \, \mathrm{tg}\, \varphi_v + c_v$ im plastischen Grenzzustand (Sicherheit "1") wird dabei vorausgesetzt. Es bedeuten τ die Schubspannung, σ_e die wirksame Normalspannung, φ_v und c_v die verfügbaren Scherparameter für die innere Reibung und Kohäsion. Der in der Bruchfläche vorhandene Spannungszustand ergibt sich je Verfahren verschieden oder er wird in irgendeiner Form durch Annahmen berücksichtigt. Trollope [9] hat schon 1957 vorgeschlagen, Sicherheitsnachweise auf Grund des tatsächlich vorhandenen inneren Spannungszustandes durchzuführen. Die vorliegenden Ermittlungen wurden nach Trollope auf 2 Methoden durchgeführt:

1. Methode: Ermittlung der Materialausnützung im Dammquerschnitt.

Der diesbezügliche Kennwert "f_1" drückt das Verhältnis der im plastischen Grenzzustand im betrachteten Punkt verfügbaren zur ausgenützten Scherfestigkeit aus. Werte größer als "1" geben in Anlehnung an die im Erdbau übliche Nomenklatur einen Begriff der "Sicherheit" als Abstand vom plastischen Grenzzustand, die jedoch mit dem Begriff der Gesamtsicherheit des Dammes nicht verwechselt werden darf.

$$f_1 = \frac{\text{verfügbare Scherfestigkeit}}{\text{ausgenützte Scherfestigkeit}}$$

Die Beziehung für die Sicherheit f_1 lautet wie folgt:

$$f_1 = \frac{2c_v + [\sigma_x + \sigma_y - \sqrt{(\sigma_y - \sigma_x)^2 + 4 \cdot \tau_{xy}{}^2} \cdot \sin \varphi_v - u] \, \mathrm{tg}\, \varphi_v}{\sqrt{(\sigma_y - \sigma_x)^2 + 4 \, \tau_{xy}{}^2} \cdot \cos \varphi_v}$$

u = Porenwasserdruck

In Gepatsch wurde nur praktisch kohäsionsloses Material verwendet. Das Ergebnis der Ermittlungen ist in Abb. 7 in Form von Linien gleicher Werte "f_1" dargestellt. Außerdem ist die Verteilung von f_1 in 3 Horizonten aufgetragen. Wie zu entnehmen, haben sich bei den Lastfällen Zonen ergeben, bei denen "f_1" knapp unter "1" liegt. Dies ist in Wirklichkeit nicht

möglich und weist darauf hin, daß entweder die tatsächlich verfügbare Scherfestigkeit größer als die mit feinkörnigen Proben im Laboratorium bestimmte ist, oder der innere Spannungszustand zu ungünstig dargestellt wurde.
Vermutlich sind beide Einflüsse vorhanden. Die hochbeanspruchten Zonen
liegen erwartungsgemäß im Bereich der großen Spannungsdifferenzen an
den Kernrändern. Aber auch die tieferen Kernbereiche sowie der Untergrund an der Wasserseite werden hoch beansprucht. Im Innern der Stützkörperzonen sind hingegen beträchtliche Sicherheitsreserven vorhanden.
Besonders im Lastfall II befindet sich die Wasserseite in einem Zustand
geringer Beanspruchung. Gegen die Böschungen nehmen die Werte mit
Ausnahme der Wasserseite im Lastfall II infolge der hohen Schubspannungen stark ab.

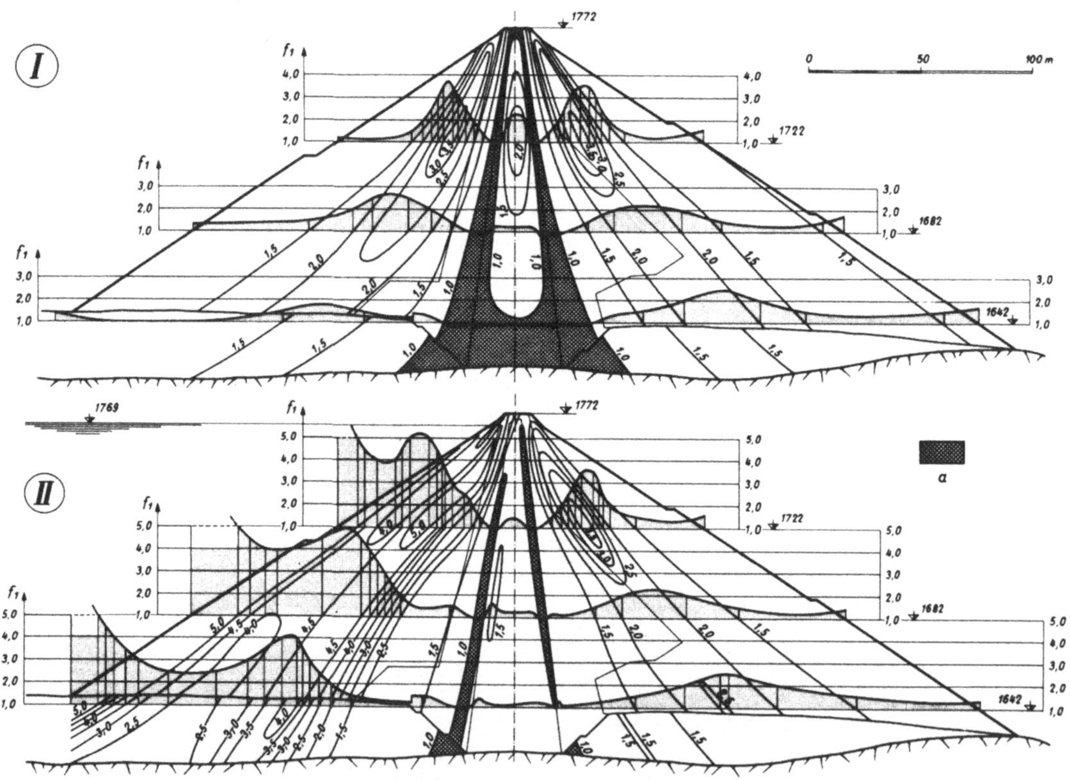

Abb. 7: Linien gleicher Materialausnützung (Sicherheit f_1)
(I) Lastfall I — (II) Lastfall II — a Zonen hoher Materialausnützung

Diese Ermittlungen geben mit großer Deutlichkeit das zwangsläufig
inhomogene Tragverhalten des Dammes wieder. Wie durch Verformungsmessungen festgestellt werden konnte, hat die hohe Beanspruchung des
Materials am wasserseitigen Kernrand während des Baues zur Ausbildung

von Fließzonen geführt (siehe Abb. 5 in [4]). Risse sind nur in Längsrichtung der Krone aufgetreten (siehe Diskussionsbeitrag von [4]), während sich das Material im Damminnern auf Grund seiner relativ hohen Plastizität ohne schädliche Auswirkungen rissefrei verformte.

2. Methode: Ermittlung der Sicherheit potentieller Bruchkörper.

Es wird jener potentielle Bruchkörper gesucht, bei dem das als Sicherheit definierte kleinste Verhältnis "f_2" der entlang einer Bruchfläche aufsummierten verfügbaren Scherfestigkeit im plastischen Grenzzustand zur vorhandenen aufsummierten Scherkraft auftritt.

$$f_2 = \frac{\text{Summe der verfügbaren Scherfestigkeit}}{\text{Summe der vorhandenen Scherkraft}} = \frac{\int_0^s (\sigma_e \cdot \operatorname{tg} \varphi_v + c_v)\, ds}{\int_0^s \tau\, ds}$$

s bedeutet die Länge der Bruchfläche

Die geringste Sicherheit "f_2" muß in üblicher Weise durch wiederholte Annahmen verschiedener Bruchkörper auf spekulativem Wege gesucht werden. σ_e und τ werden aus den bekannten Spannungskomponenten wie folgt ermittelt:

$$\sigma_e = \frac{\sigma_y + \sigma_x}{2} + \frac{\sigma_y - \sigma_x}{2} \cdot \cos 2a - \tau_{xy} \sin 2a - u$$

$$\tau = \frac{\sigma_y - \sigma_x}{2} \cdot \sin 2a + \tau_{xy} \cdot \cos 2a$$

a bedeutet den Winkel zwischen der Horizontalen und der Tangente an die Bruchfläche entgegen dem Uhrzeigersinn. τ_{xy} ist mit dem richtigen Vorzeichen im Sinne einer äußeren Kraft an den Bruchkörper anzusetzen.

Das Ermittlungsverfahren ist an Hand eines Beispiels für die Lastfälle I u. II in Abb. 8 unten dargestellt. Wie zu entnehmen, wurde der Punkteabstand mit Rücksicht auf das Spannungsbild stark variiert.

Zur Darstellung der luftseitigen Sicherheit des Dammes sind im Querschnitt der Abb. 8 jene Bruchkörper enthalten, die sich für bestimmte Punkte am luftseitigen Kernrand als für die Sicherheit "f_2" maßgebend herausgestellt haben. Zum Vergleich sind auch die maßgebenden Körper der Gleitkeilmethode nach Nonveiller [10] -Sicherheit f_N- sowie der maßgebende Gleitkreis der Methode nach Bishop [11] -Sicherheit "f_B"- eingetragen. Die entsprechenden Sicherheiten können dem rechtsstehenden Diagramm entnommen werden. "f_N" und "f_B" wurden nur für den Lastfall II ermittelt. Auf Höhe der Dammkrone ist auch die Sicherheit der Böschung "f_s" $= \dfrac{\operatorname{tg} \varphi_v}{\operatorname{tg} \beta}$ (β = Böschungswinkel) — angeführt.

Wie ersichtlich, liegt die geringste Sicherheit mit 1,4 in der Böschung. Die "inneren Sicherheiten" weisen höhere Werte auf, die mit größerer Tiefenlage der Gleitflächen zunehmen. Die Unterschiede zwischen den Werten f_2/II und f_N/II bzw. f_B/II sind relativ gering, so daß im vorliegenden Falle eine gute Übereinstimmung mit den konventionellen Methoden besteht. Es ist bemerkenswert, daß für den Punkt auf Höhe 1732 die Sicherheit f_2/II höher als die Sicherheit f_2/I liegt. Erst bei tieferen Gleitflächen wird die Sicherheit im Lastfall II geringer.

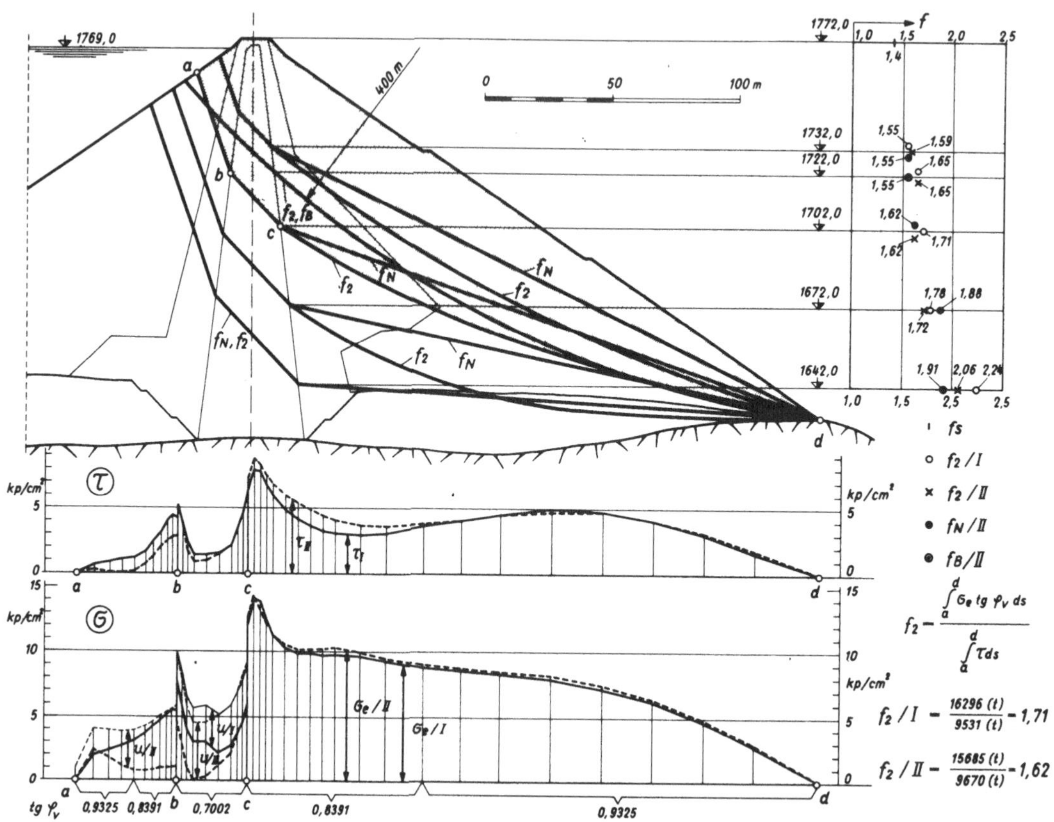

Abb. 8: Sicherheit f_2 für die Luftseite im Lastfall I (f_2/I) und II (f_2/II)
f_N/II, f_B/II   Sicherheitswerte nach Nonveiller [10] und Bishop [11] im Lastfall II — f_S Böschungssicherheit

4. Schlußfolgerungen

Die vorstehenden Untersuchungen haben gezeigt, daß es mit Hilfe von Messungen möglich ist, einen Einblick in den tatsächlichen inneren Spannungszustand von Staudämmen zu gewinnen. Da rechnerischen Ermittlungen bei Zonendämmen große Schwierigkeiten entgegenstehen, sollten durch verstärkte Messungen Unterlagen für künftige Bauvorhaben gesammelt werden. Auch Schnitt-Modellversuche in großem Maßstab scheinen zum Studium der Spannungs-Verformungsbeziehungen aussichtsreich.

Ziel dieser Bestrebungen müßte es sein, schon im Planungsstadium den inneren Spannungszustand zu ermitteln. Dadurch könnten hochbeanspruchte Zonen rechtzeitig erkannt und wirklichkeitsnähere Sicherheitsermittlungen durchgeführt werden.

5. Hinweise

Die Ausarbeitung des vorliegenden Berichtes wurde in dankenswerter Weise durch Genehmigung des Vorstandsmitgliedes der TIWAG, Herrn Dir. Dr.- Ing. H. Lauffer, sowie des Herrn Prok. Dr. - Ing. E. Neuhauser ermöglicht.

Die umfangreichen Ermittlungen führte Herr Dipl.- Ing. H. Schwab vom Ingenieurstab der TIWAG durch.

LITERATURHINWEIS

[1] H. Lauffer, W. Schober. "Investigations for the Earth Core of the Gepatsch
     Rockfill Dam with a Height of 150 m (500 ft.)"
     7th Congress on Large Dams, Rome 1961, R 92, Question 27, as well
     as contribution to question 27 by H. Lauffer
[2] H. Lauffer, W. Schober. "The Gepatsch Rockfill Dam in the Kauner Valley"
     8th Congress on Large Dams, Edinburgh 1964, R 4, Question 31,
     as well as contribution to question 31 by H. Lauffer
[3] E. Neuhauser, W. Wessiak. "Placing of the Shell Zone of the Gepatsch
     Rockfill Dam in Winter Time"
     9th Congress on Large Dams, Istanbul 1967, Report, R 30, to Ques-
     tion 35
[4] W. Schober. "Behavour of the Gepatsch Rockfill Dam"
     9th Congress on Large Dams, Istanbul 1967, R 39, Question 34, as
     well as contribution to question 34 by W. Schober
[5] W. Schober. "Large Scale Application of Gloetzl Type Hydraulic Stress
     Cells at the Gepatsch Rockfill Dam, Austria"
     Baumeßtechnik, Report 1, Special information from F. Gloetzl, 7561
     Forchheim-Bahnhof, West-Germany
[6] I. L. Pinkerson, R. J. Paten. "Design and Construction of Geehi Dam"
     Journal of the Institution of Engineers, Australia, Vol. 40, 1968
[7] B. Kjyernsli, I. Torblaa. "Leakage through Horizontal Cracks in the Core
     of Hyttejuvet Dam"
     Publication No. 80 of Norges Geotekniske Institut, Oslo 1968
[8] H. Bendel. "Die Berechnung von Spannungen und Verschiebungen in Erd-
     dämmen"
     Mitteilung Nr. 55 der Versuchsanstalt für Wasserbau und Erdbau
     der ETH. Zürich. Zürich 1962
[9] D. M. Trollope. "The Systematic Arching Theory Applied to the Stability
     Analysis of Embankments"
     Proceedings of the Fourth International Conference on Soil Mechanics
     and Foundation Engineering 1957, 6/25
[10] E. Nonveiller. "Stabilità delle dighe di terra a sezione zonata"
     Atti dell'Associazione Geotechnica Italiana, Vol. 1, 1957
[11] A. W. Bishop. "Principles of Design and Stability Analysis"
     Hydro-Electric Engineering Practice, 1958, London, Blackie a. Son

37/3 STAUMAUER LÜNERSEE
      ABDICHTUNG DER SEEBARRE

O. Ganser
Vorarlberger Illwerke Aktiengesellschaft

1. Der Lünersee

Der Lünersee als einer der größten Hochgebirgsspeicher der Ostalpen liegt in einer Felswanne östlich der Schesaplana, dem höchsten Gipfel des Rätikons in der Nähe der Grenze zwischen Österreich und der Schweiz.

Abb. 1: Lünersee. Im abgesenkten Zustand

In seinem natürlichen Zustand war der See rund 1,1 km² groß und hatte bei einer größten Tiefe von 105 m einen Umfang von rund 4,5 km. Der Seespiegel lag auf Höhe 1943 m ü. M.

Die Umgebung des Lünersees besteht in der Hauptsache aus Hauptdolomit. Eine Ausnahme bilden die von Osten bis in den See hineinstreichenden Rauhwacken und Gipse der Raibler Schichten.

Die große Felswanne des Lünersees mit der ungewöhnlichen und einseitigen Tiefe ist durch die eiszeitlichen Gletscher im Zusammenwirken mit der leichten Auflösbarkeit und Weichheit des den Seegrund zum Teil aufbauenden Gipses entstanden.

Die den Nordabschluß bildende, relativ schmale Felsbarre aus festem und hartem Hauptdolomit stürzt wasserseitig außerordentlich steil bis zur tiefsten Stelle im See ab. Gegen die Luftseite zu ist der Steilabsturz etwa 350 m tief.

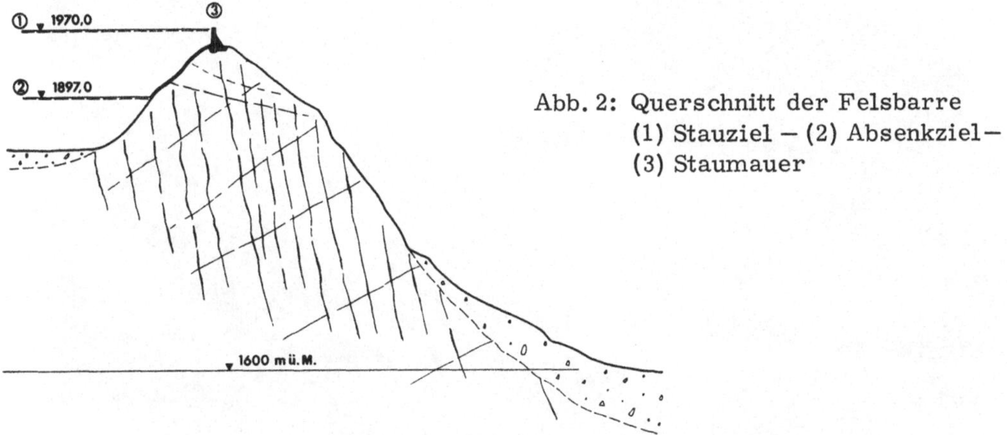

Abb. 2: Querschnitt der Felsbarre
(1) Stauziel — (2) Absenkziel —
(3) Staumauer

Die Seebarre ist durch die Arbeit des darüberstreichenden Eises kräftig umgeformt worden. Die in ost-westlicher Richtung verlaufende Barre mit den seitlichen Einsattelungen weist eine Form auf, die bei Eisausschleifung häufig vorkommt. Es zeigt sich, daß an den Stellen der seitlichen Vertiefungen gleichzeitig eine Einbuchtung in Flußrichtung eingetreten ist. Die Oberfläche ist vor allem an der seeseitigen Felswand trotz ihrer Steilheit größtenteils gletschergeschliffen.

Das natürliche Einzugsgebiet des Lünersees ist 8,8 km² groß. Durch die Überleitung eines Gletscher-Abflusses erhöht es sich auf insgesamt 12 km². Die durchschnittliche jährliche Niederschlagshöhe beträgt etwa 160 cm.

Der See hatte in seinem natürlichen Zustand keinen oberirdischen Abfluß. Das vom See abgehende Wasser trat in einer großen Anzahl von Quellen an der Luftseite der Felsbarre aus und stürzte dann über die steile Wand zu Tal.

2. Absenkung und erste Abdichtungsarbeiten

Schon frühzeitig lenkte der Lünersee mit seiner Größe und Höhenlage die Aufmerksamkeit der Techniker im Hinblick auf die Ausnützung als Speicher für eine Wasserkraftanlage auf sich. Die ersten Vorarbeiten begannen bereits 1920. Es mußte untersucht werden, ob es möglich sein würde, die Seebarre so weit abzudichten, daß der See als Wasserkraftspeicher Verwen-

dung finden könne. Um einen Einblick in die wasserseitige Wand der Seebarre zu erhalten, mußte der über 100 m tiefe See 50 m unter seinem
Wasserspiegel angezapft werden. Es wurde ein Stollen gegen den See vor-
getrieben, bis der Abstand zwischen Stollenbrust und See nur noch etwa 2 m
betrug. Nachdem der Stollen durch Absperrorgane gesichert war, erfolgte
1925 die Sprengung der schmalen Felswand.

Abb. 3: Lünersee.
   Wasserseitige Felswand im ursprünglichen Zustand bei abgesenktem
   Spiegel mit Gletscherschliffen. Blick gegen Westen.

   Lotungen von der Eisdecke des Sees ermöglichten eine genaue Aufnahme
der Wand an der Sprengstelle, und man konnte auf diese Weise feststellen,
daß der Fels durch keinerlei Ablagerungen bedeckt war. So war es möglich,
einige Bohrlöcher bis auf 40 cm an den See vorzutreiben. Nach der Sprengung
blieb die Seeoberfläche zunächst ruhig. Der Wasserdruck bewirkte ein so-
fortiges Eindrücken der gelockerten Stollenbrust, so daß die Sprenggase
in den Stollen zurückgepreßt wurden. Erst nach Ablauf etwa einer Minute
konnte man das Aufsprudeln von Gas und Luftblasen beobachten.
   Im Zuge der Absenkung erfolgte eine genaue Untersuchung der freige-
legten Wand und die Beobachtung des Verlaufes der Verlustwassermengen.

Zahlreiche Färbversuche gaben Aufschluß über den Zusammenhang der auf-
gefundenen Spalten mit den Quellaustritten an der Luftseite der Barre. Es
zeigte sich dabei, daß sich die Verluste fast zur Gänze auf einen engen Bereich in der nordöstlichen Bucht beschränkten.

Auf Grund dieser Erkenntnis wurden die systematischen Abdichtungsarbeiten an der Seeseite von 1926 bis 1931 — von Zwischenstauperioden
unterbrochen — durchgeführt.

Die Aufgabe der Abdichtung bestand nicht nur in einer Verstopfung der
Wassereintrittsstellen an der Seeseite, sondern vor allem auch in einer
möglichst vollständigen Verfüllung der unterirdischen Durchflußwege im
Innern der Barre.

Als Dichtungsstoffe kamen Zement, Mahlsand und Schlacke in einer
entsprechenden Zusammensetzung mit Wasser gemischt zur Anwendung.
Zunächst wurde die Füllmasse in die aufgeschlossenen Spalten im freien
Ablauf durch eine Rohrleitung eingeführt, bis das Schluckvermögen erschöpft
war. Dann folgte die Nachpressung von Zementmörtel unter einem Druck
von 6-7 kp/cm^2 und die Ausbetonierung der ausgesprengten Löcher. Hierauf
wurde die Wand im Bereich der Verluststellen noch systematisch mittels
6 m tiefer Bohrlöcher mit Zementmörtel ausgepreßt. Wo es zweckmäßig
schien, erhielten die Plomben und die Felswand überdies einen Torkretbelag.

Auch an der Luftseite wurden einige Quellen durch Stollen in die Barre
hinein erfaßt und anschließend durch geeignete Maßnahmen gedichtet.

Die Abdichtungsarbeiten hatten zum Ergebnis, daß die Wasserverluste,
die früher den mittleren Zuflüssen von 350 l/s zum See entsprachen, nach
Beendigung der Arbeiten bei abgesenktem See auf einen Wert von ca. 10 l/s
und bei der ursprünglichen Seespiegellage auf rd. 30 l/s zurückgingen.

3. Bau der Staumauer und weitere Abdichtungsmaßnahmen

Die Vorarbeiten waren auf ein Projekt abgestimmt, das den Lünersee
in seiner ursprünglichen Größe beließ. (Stauziel 1943, 0 m ü. M.) Im Jahre
1939 wurde dann ein Höherstau bis Kote 1970, 0 m ü. M. ins Auge gefaßt.

Die Ausnützung des Stauraumes erforderte zum Teil eine künstliche
Erhöhung der Seebarre.

Wegen der langgestreckten und stellenweise sehr schmalen Form der
abzuschließenden Lücken kam als Abschlußkörper nur eine Gewichtsmauer
in Frage. Die mehrfach gekrümmte Grundrißform ergab sich aus der Notwendigkeit, die Mauer der Gratlinie des Felsrückens anzupassen.

Die von 1956 bis 1958 im Zuge des Baues des Lünerseewerkes von der
Vorarlberger Illwerke Aktiengesellschaft errichtete Mauer schließt in der
Hauptsache zwei Eintiefungen der Seebarre ab, die durch den sogenannten
Mittelkopf voneinander getrennt sind. Die am Westende der Seebarre gele-
gene Einsattelung wurde durch eine in einen Erddamm eingebettete, niedrige
Gewichtsmauer abgeschlossen.

Die Gründung erfolgte in Anpassung an die örtlichen geologischen
Verhältnisse und an die Kleinformen des Geländes. Der Fels der Aufstandsfläche aus gesundem hartem Dolomit war stellenweise stark klüftig und

Abb. 4: Lünersee. Nach Errichtung der Staumauer

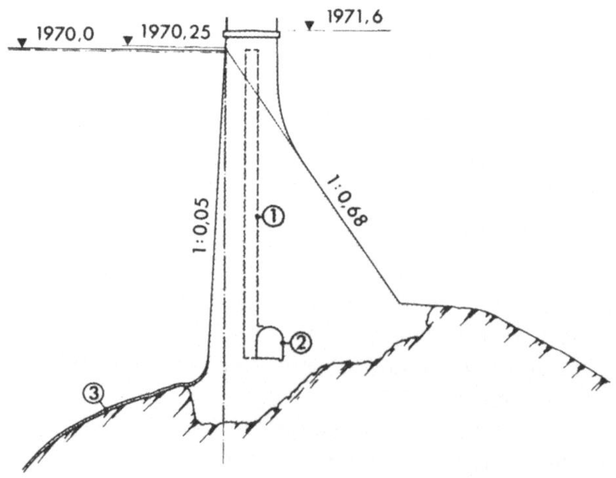

Abb. 5: Staumauer Lünersee, Regelquerschnitt
(1) Kontrollschacht — (2) Kontrollgang —
(3) Torkretbelag

mußte durch Zementinjektionen, vor allem am wasserseitigen Fuß der
Mauer, gedichtet und verfestigt werden. Die Staumauer ist als Gewichtsmauer mit atmenden Blockfugen ausgebildet. Sie hat eine Länge von rund
380 m bei einer größten Höhe von etwa 28 m. Die Mauerkubatur beträgt rund
41.000 m³. Durch den Höherstau vergrößert sich der nutzbare Speicherraum
des Lünersees von 41 auf 76 Mio m³.

Am Beginn der Bauarbeiten wurde im Jahr 1955 der See durch den
bestehenden Ablaßstollen — den späteren Grundablaß — bis auf Höhe 1891 m
ü. M. abgesenkt. Der Wiederanstau erfolgte erst im Sommer 1957 nach Fertigstellung der Bauarbeiten an der Entnahmeanlage.

Der Höherstau des Lünersees um ca. 30 m bedingte eine über die in
den in früheren Jahren erfolgten Maßnahmen weit hinausgehende Abdichtung
der Seebarre.

An der Wasserseite wurden bis zur Höhe des Stauzieles 1970 m ü. M.
das lose Material und gebräche Felspartien entfernt und die Felswand mittels Druckwassers gesäubert. In den klüftigen Felsbereichen wurden umfangreiche, zum Teil tiefreichende Zementinjektionen vorgenommen. Bei breiten
Klüften und Spalten kamen Betonplomben zur Ausführung.

Abb. 6: Lünersee mit Staumauer. Spritzbetonbelag an der Wasserseite der Felsbarre. Im Bild ist erst der untere Teil der Felsbarre mit dem Belag
versehen.

Mit Ausnahme von offensichtlich dichten Felspartien wurde der größte Teil der unterhalb des Staumauerfußes bis zum tiefsten Wasserspiegel reichende Teil der Felswand mit einer durchgehenden Spritzbetonverkleidung von im Mittel 5 cm Stärke versehen. Dieser Spritzbetonteppich wurde bis zum luftseitigen Staumauerfuß gezogen. Die gesamte Fläche des Belages ist rund 20.000 m² groß.

Die Zusammensetzung des aufgebrachten Mörtels besteht aus 1 Gewichtsteil Portlandzement plus 4,5 Gewichtsteilen Zuschlagstoffen (Sand 0-7 mm). Als Schnellbindezusatzmittel wurde 0,5% des Zementgewichtes Wasserglas beigefügt. Zur Verhinderung von Schäden durch zu rasche Austrocknung wurde die frische Spritzbetonverkleidung mit Antisol besprüht.

Nach dem Aufstau des Sees in den Jahren 1957 und 1958 zeigte sich, daß den Abdichtungsarbeiten ein voller Erfolg beschieden war. Die Wasserverluste sind auf ganz unbedeutende Beträge von wenigen l/s zurückgegangen.

Nach 10 jährigem Betrieb des Speichers wies der Spritzbetonbelag an vielen Stellen leichte Schäden, Risse, Abplatzungen usw. auf. Diese Schäden traten vor allem an jenen Stellen auf, wo der Belag auf wenig kompakten Fels aufgebracht wurde. Sie wurden durch die starken Temperaturschwankungen und Frosteinwirkungen verursacht.

In Zeitabständen von 5-10 Jahren sind daher Ausbesserungen erforderlich.

LITERATURHINWEIS

O. Ganser "Lünerseewerk — Der Lünersee und das Projekt der Staumauer" erschienen in "Österreichische Wasserwirtschaft", Jahrgang 13, Heft 2, 1961

 DIE WIRKSAMKEIT DES INJEKTIONSSCHIRMES BEIM DURLASSBODEN-
DAMM UND DIE AUSFÜHRUNG EINER TIEFEN SCHLITZWAND BEIM
ERDDAMM EBERLASTE DER ZEMMKRAFTWERKE

H. Kropatschek und K. Rienößl
Tauernkraftwerke Aktiengesellschaft

1. Einleitung

Im Zuge des Ausbaues der österreichischen Wasserkräfte wurde von
der Tauernkraftwerke AG in den Jahren 1963 bis 1966 durch Errichtung
eines 70 m hohen geschütteten Erddammes der Speicher Durlaßboden geschaffen, und ab 1965 sind die Zemmkraftwerke in Bau. Auch bei dem
letztgenannten Projekt ist neben der Herstellung einer 130 m hohen Gewölbemauer für den Schlegeisspeicher die Schüttung des Erddammes
Eberlaste mit einer Höhe von 26 m für den wesentlich kleineren Stillupspeicher erforderlich (siehe auch Bericht "Die Innendichtung des Erddammes Eberlaste der Zemmkraftwerke"). Der nachstehende Artikel soll
über die Wirksamkeit der Injektionsschürze bei dem Durlaßbodendamm
und anschließend über die Ausführung einer Schlitzwand bei dem Erddamm
Eberlaste berichten.

An beiden Dammbaustellen war in Voruntersuchungen festgestellt
worden, daß der an den Talhängen angetroffene Fels unter dem Talboden
in große Tiefen abfällt, so daß der Fels in der Achse des Durlaßbodendammes erst in 136 m erbohrt wurde, während eine bei dem Damm Eberlaste bis 124 m Tiefe abgeteufte Bohrung den Fels noch nicht erreichen
konnte. Aus wirtschaftlichen Gründen schied daher in beiden Fällen die
Abteufung der Dichtungsschürze in der Talmitte bis zum gewachsenen
Fels aus. Während es jedoch am Durchlaßboden möglich war, den Injektionsschirm in eine in 50-60 m unter Gelände liegende, schluffige Fein-
sandschicht sehr geringer Durchlässigkeit einzubinden, war im Stilluptal
keine dichte Bodenschicht angetroffen worden, so daß durch die Schlitzwand eine Verringerung der Sickerwassermenge auf ein für die Standsicherheit des Bauwerkes unschädliches und wirtschaftlich noch vertret-
bares Maß erreicht werden mußte.

Sowohl am Durlaßboden als auch bei Eberlaste bestehen die Talauf-
füllungen aus sehr heterogenem Material, und zwar Sanden, Kiesen, teilweise mit Einlage von Schluffen und in den hangnahen Zonen des Stilluptales auch aus Grobblockwerk. Bei der Planung der Dichtungsschürzen
war dieser stark wechselnde Aufbau des Untergrundes zu berücksichtigen.
Es mußte aber auch infolge der Dammauflast mit großen Setzungen des
Untergrundes gerechnet werden; so war für den Durlaßboden die maximale
Setzung des Untergrundes mit 1,23 m errechnet worden. Nach Erreichung
des Vollstaues im Herbst 1968 wurde die größte Setzung mit 1,04 m festgestellt. Die Setzungen sind seit dem Zeitpunkt der Fertigstellung der
Dammschüttung im Herbst 1966 nahezu abgeklungen. Für den Erddamm

Eberlaste war die maximale Setzung in der Talauffüllung mit 60-70 cm angenommen worden; sie wurde jedoch etwas überraschend nach Fertigstellung der Dammschüttung mit rund 2 m gemessen.

Während für die Untergrunddichtung des Durlaßbodendammes ein achtreihiger Injektionsschirm geplant wurde (siehe Bericht Q 32, R 42 für den 9. Talsperrenkongreß 1967 (1), ist die Dichtungsschürze unter dem Erddamm Eberlaste als Schlitzwand mit plastischer Betonverfüllung ausgeführt worden. An der Luftseite beider Dämme sind zur Erhöhung der Stabilität der Bauwerke Entspannungsbrunnen und eine Druckbank angeordnet.

Die Bauarbeiten für den Durlaßbodendamm wurden 1966 beendet.

Über die Messungen und Beobachtungen während der Stauperioden 1967 und 1968 wird im Abschnitt 2 berichtet. Im Abschnitt 3 werden sodann die Ausführung der bis 52 m Tiefe reichenden Schlitzwand und die Erfahrungen bei dem ersten im Frühjahr 1969 erfolgten Aufstau im Stillupspeicher beschrieben.

2. Die Wirksamkeit des Dichtungsschirmes des Durlaßbodendammes

2.1 Kurze Beschreibung der Untergrunddichtung

Zur Abdichtung des Untergrundes unter dem Durlaßbodendamm wurde ein Injektionsschirm hergestellt. In Kontrollbrunnen wurde die Durchlässigkeit des Untergrundes nach Herstellung der Dichtungsschürze mit $0,8 \times 10^{-6}$ m/s ermittelt. Die in den Lockermassen abgedichtete Fläche beträgt 10.579 m².

Die Dichtungsschürze wurde im linken und rechten Hang bis zur Höhe der Dammkrone fortgesetzt. Im Fels des linken Hanges wurde ein einreihiger Injektionsschirm, in dem sich vertikale und schräge Bohrlöcher übergreifen, hergestellt. Die Injektionen wurden hiebei nach den bei Felsdichtungsarbeiten üblichen Grundsätzen in 5-m-Passen durchgeführt. Der rechte, aus einer mächtigen Gleitscholle gebildete Hang sollte ursprünglich auch nur mit einer Injektionsreihe gedichtet werden. Um einen mehrmaligen Injektionsvorgang in diesen Bohrungen zu ermöglichen, wurden die Bohrlöcher mit Manschettenrohren ausgestattet. Die nach Fertigstellung der ersten Injektionsreihe durchgeführten Kontrollen ergaben, daß an mehreren Stellen die maximal zugelassene Durchlässigkeit von 3 Lugeon – nach Ischy-Glossop und Gignoux-Barbier soll dieser Wert einem Durchlässigkeitskoeffizienten in Alluvionen von etwa 1×10^{-6} m/s entsprechen – überschritten wurde. Es wurde daher eine zweite Injektionsreihe ausgeführt, nach deren Fertigstellung an allen Punkten Durchlässigkeiten < 3 Lugeon festgestellt wurden.

2.2 Meßeinrichtungen zur Beobachtung der Wirksamkeit der Untergrunddichtung (Abb. 1)

Für die Beobachtung der Wasserspiegelhöhen vor und hinter dem Injektionsschirm konnten außer dem Einbau von 16 Porendruckgebern

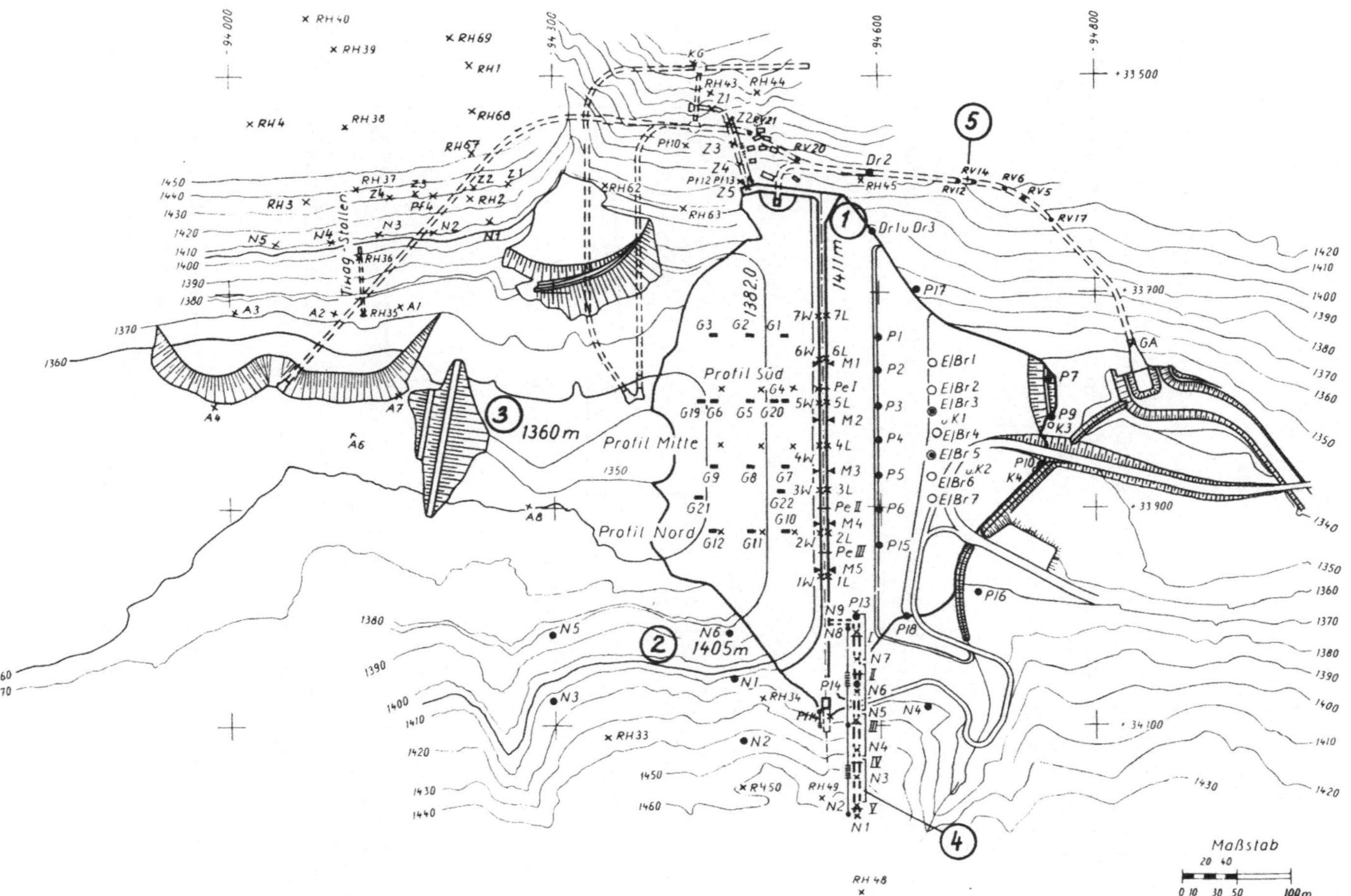

Abb. 1: Lageplan mit Meßeinrichtungen
(1) Kronenhöhe — (2) Stauziel — (3) Absenkziel — (4) Kontroll- und Entwässerungsstollen Nord —
(5) Grundablaßstollen

(System Glötzl und Soiltest) im wasserseitigen und der Herstellung von
Piezometern und Entspannungsbrunnen im luftseitigen Vorfeld des Dam-
mes auch Meßeinrichtungen in dem unter dem Dammkern liegenden Kon-
trollgang angeordnet werden. Der Kontrollgang, der von dem achtreihigen
Injektionsschirm umgeben ist und aus dem allenfalls erforderliche Nach-
injektionen ausgeführt werden könnten, hat dank seiner Konstruktion
(Auflösung in biegesteife Ringe von 2 bis 6 m Länge) den Setzungen des
Untergrundes von mehr als 1 m und den im Bereich des Überganges des
Talzuschubes in die Alluvionen festgestellten Setzungsunterschieden von
70 cm auf 40 m Länge ohne die geringste Beschädigung folgen können.

Aus dem Kontrollgang wurde an 4 Stellen je ein geneigtes Bohrloch
(ungefähr 15° gegen die Vertikale) zur Luft- und Wasserseite abgeteuft,
die bis außerhalb der Injektionsschürze reichen. Der Bereich außerhalb
des Injektionsschirms wurde mit einem Filterrohr versehen, während
innerhalb des injizierten Bereiches ein Vollrohr versetzt wurde, das mit
einer entsprechenden Konstruktion an den Beton des Kontrollganges an-
schließt. In diesen Bohrlöchern kann durch Ablesen von Manometern
jederzeit der Wasserdruck unmittelbar vor und hinter dem Injektionsschirm beobachtet werden; dies gibt einen wertvollen Einblick in die
Wirksamkeit der Untergrunddichtung. (Abb. 2)

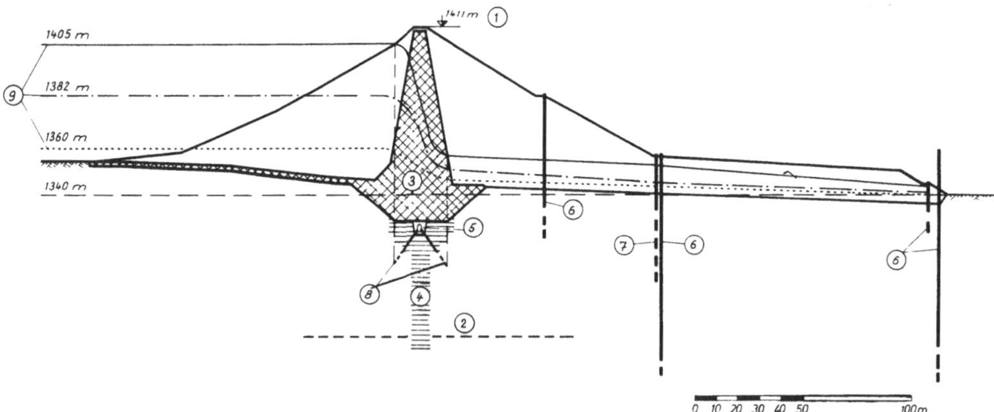

Abb. 2: Dammquerschnitt
(1) Dammkrone — (2) Schluffschicht — (3) Kern — (4) Injektionsschirm —
(5) Kontrollgang — (6) Piezometerlöcher — (7) Entspannungsbrunnen —
(8) Kontrollpiezometer — (9) Wasserspiegelhöhe

Die Sickerwasserverluste im rechten Hang können in dem ca. 30 m
luftseits des Schirmes hergestellten Drainagestollen gemessen werden,
im linken Hang werden die Sickerwassermengen in dem die Dammstelle
umfahrenden Grundablaßstollen festgestellt.

Wie bereits erwähnt, befinden sich luftseits des Dammes, u. zw. am
Übergang der Dammböschung zur Druckbank, 7 Entspannungsbrunnen, in
denen die Wasserspiegelhöhen und die nach Überschreiten einer gewissen

Spiegellage im Speicher in einigen Brunnen überfließenden Wassermengen
gemessen werden.

Zur Feststellung der Druckverhältnisse unter der in 50-60 m Tiefe
liegenden Schlufflage wurden 4 Piezometer abgeteuft, deren Endpunkte
sich unter der Schlufflage befinden.

Die Wasserspiegelhöhen in den luftseits des Dammes gelegenen Hängen werden in 8 Piezometern beobachtet. Im Grundablaßstollen konnte der
sich im linken Hang aufbauende Bergwasserdruck fallweise an Manometern,
die an Rückschlagventile angeschlossen wurden, gemessen werden.

Selbstverständlich wurde während der Stauperioden im gesamten luftseitigen Vorfeld des Dammes sorgfältig auf ein allfälliges Auftreten von
Quellen geachtet.

2.3 Stauverlauf

Nach der Ende 1966 erfolgten Fertigstellung der Dammschüttung
wurde im Frühjahr 1967 mit dem Aufstau bis zur halben Stauhöhe des
Speichers in Staustufen von 5 bzw. 3 m begonnen. Diese Stauhöhen wurden
zur Durchführung aller Beobachtungen jeweils 10-14 Tage konstant gehalten.

Nach der während des Winters 1967/68 energiewirtschaftlich beding-
ten Absenkung des Speichers auf Kote 1360 m begann im Frühjahr 1968
der Aufstau bis zur Vollstaukote 1405 m, die Ende September erreicht
wurde. Ab Mitte Oktober erfolgte die Absenkung des Speichers, so daß
Anfang März 1969 wieder der tiefste Speicherspiegel mit 1360 m erreicht
war.

2.4 Meßergebnisse

2.41 Talmitte

Einen wertvollen Hinweis auf die Unterströmung des Dammes geben
die aus den Entspannungsbrunnen austretenden Sickerwassermengen. Sowohl die Messungen während des Teilstaues 1967 als auch beim Vollstau
1968 zeigen einen linearen Zusammenhang zwischen Wassermenge und
Stauhöhe. Im Winter 1967/68 wurden die Entspannungsbrunnen EBr 1 —
EBr 4 verlängert und die Rohroberkanten auf dieselbe Höhe, 1352,25 m,
gebracht. Damit wurde eine gleichmäßige Aufteilung der Sickerwassermenge auf alle 4 Brunnen erreicht. Die durch diese Maßnahme erzwungene
Anhebung des Grundwasserspiegels unter dem Dammkörper führte, da am
luftseitigen Ende der Druckbank bei den Piezometern fast keine Beeinflussung zu bemerken war, zu einer Versteilung des Grundwassergefälles
und damit zu einer vergrößerten Abfuhrfähigkeit des Grundwasserstromes.
Bei Stauhöhe 1382 m traten im Jahr 1967 18 1/s aus den Brunnen aus, 1968
begannen die Entspannungsbrunnen bei dieser Höhe erst überzulaufen. Der
Größtwert im Jahr 1968 bei Vollstau betrug 28 1/s und liegt unter der
vorausberechneten Menge von 40 1/s (2), siehe Abb. 3.

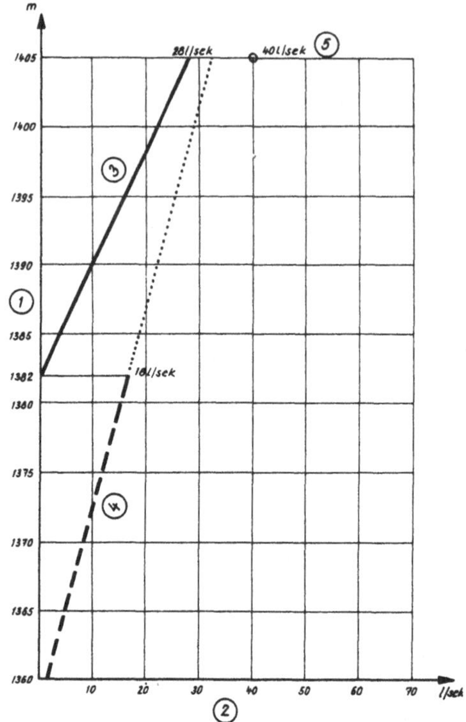

Abb. 3: Entspannungsbrunnen,
Sickerwassermenge
(1) Wasserspiegelhöhe
(2) Wassermenge
(3) gemessen 1968
(4) gemessen 1967
(5) vorausberechnete
Sickerwassermenge

Die Abschätzung der Gesamtsickerwassermenge unter dem Damm wird dadurch erschwert, daß unter der Schluffschicht im unteren Kieshorizont ebenfalls eine Durchsickerung stattfindet, die von der Durchlässigkeit und Ausdehnung der Schluffsandschicht beeinflußt wird. Ein Vergleich mit den Ergebnissen der Modellversuche mit elektrischen Widerstandsmodellen gibt brauchbare Resultate (3).

	Gesamtes Sickerwasser errechnet	Überlauf Entspannungsbrunnen gemessen	%
Staukote 1382	55 l/s	18 l/s	33
Staukote 1405	89 l/s	28 l/s	31

Die Entspannungsbrunnen sind mit ca. 1/3 an der Abfuhr des Sickerwassers beteiligt. Die sich im Modell für die obigen Wassermengen ergebenden Druckhöhen bei Vollstau betragen

bei K 1   40% der Stauhöhe   oder 1369 m ü. A.,
bei K 4   32% der Stauhöhe   oder 1364 m ü. A.,

gemessen in der Natur wurden bei K 1 1370 m und bei K 4 1366 m (Abb. 4).

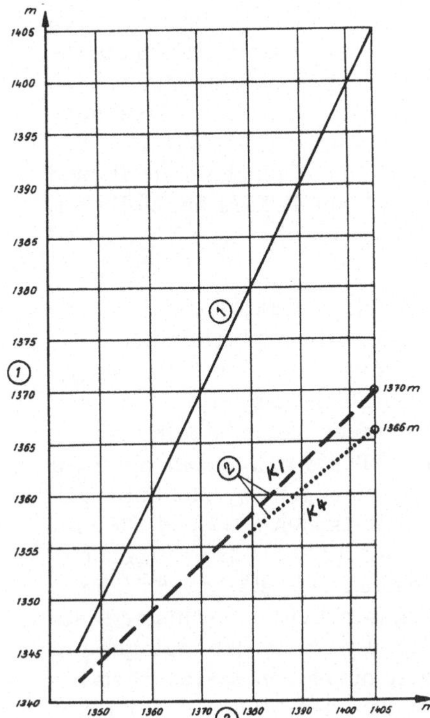

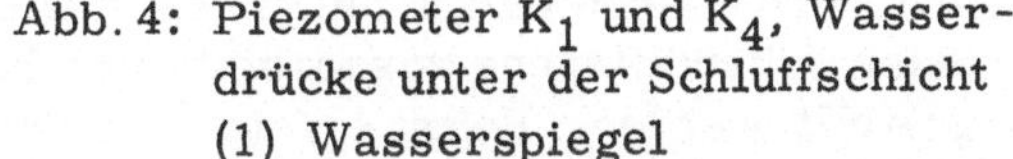

Abb. 4: Piezometer K_1 und K_4, Wasserdrücke unter der Schluffschicht
(1) Wasserspiegel
(2) Hydrostatischer Druck im
Piezometer

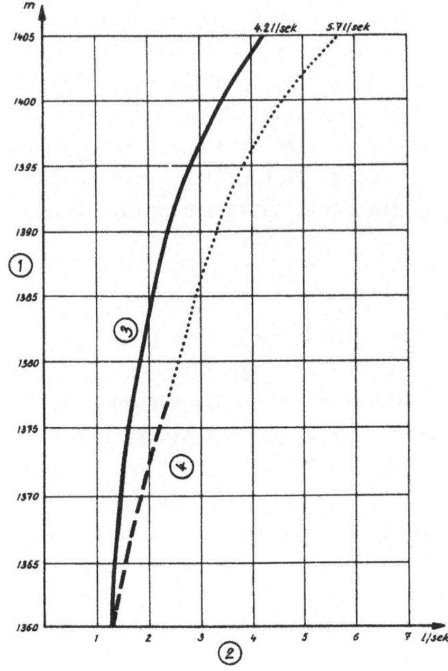

Abb. 5: Entwässerungsstollen Nord,
Sickerwassermenge
(1) Wasserspiegel
(2) Sickerwassermenge
(3) Sickerwassermessung nach
Fertigstellung des Injektionsschirmes
(4) Messungen vor Injektion der
2. Reihe

2.42 Rechter Hang

Luftseitig des als Drainagestollen ausgebauten Sondierstollens Nord waren die Grundwasserverhältnisse vom Stau nicht mehr beeinflußt. Auch im Sondierstollen Nord waren die Wassermengen sehr klein, der Staueinfluß aber deutlich sichtbar. Bei Vollstau betrug die max. Sickerwassermenge 4,2 l/s (Abb. 5). Während des Aufstaues im Jahr 1967 wurde noch durch eine zweite Injektionsreihe der Schirm verbessert (4). Wie aus der Extrapolation zu ersehen ist, war der Erfolg dieser Maßnahme annähernd nur eine Verringerung der Wassermenge von 5,7 auf 4,2 l/s bei Vollstau.

2.43 Linker Hang

Der im linken Hang situierte Grundablaßstollen wirkt durch den Einbau einer großen Anzahl von Rückschlagklappen als Drainagestollen. Selbstverständlich ist in diesem Stollen, der über mehrere hundert Meter hangparallel verläuft, der Einfluß des natürlichen Bergwasserspiegels sehr groß. Im Jahr 1967 konnte während des Aufstaues keine Beeinflussung durch den Speicherbetrieb festgestellt werden. Trotz steigenden Spiegels von 1360 m auf 1382 m nahmen die Sickerwassermengen ab. Von Juli 1967 bis Dezember 1967 schwankte der Spiegel nur zwischen 1397 und 1382 m, die Sickerwassermenge nahm aber von 16 l/s auf 8 l/s ab. Diese Messungen werden auch durch Bergwasserspiegelmessungen bestätigt. Es konnte keine Höhendifferenz wasserseits und luftseitig der Dichtungsschürze festgestellt werden. Beim Aufstau im Jahr 1968 war über der Spiegelkote 1390 m dann aber doch auch eine Beeinflussung durch den Speicherbetrieb zu bemerken. Durch gemeinsame Betrachtungen der Meßwerte aus den Jahren 1967-1969 wurde versucht, die Sickerwassermenge aus dem Speicherbetrieb vom jahreszeitlich abhängigen Bergwasser zu trennen. Bei Stauziel beträgt der Anteil aus dem Speicher ca. 15 l/s, der Beginn der Beeinflussung liegt zwischen 1385 und 1390 m. Dies ist auch die Höhe, unter der bei der Überprüfung der Injektionsschürze der gewünschte Erfolg von 3 Lugeon erreicht wurde, während darüber einige Wasserabpreßversuche größere Durchlässigkeiten ergaben. Bei den Stauspiegellagen über 1390 m war auch im Bergwasserspiegel eine Höhendifferenz von einigen Metern wasser- und luftseitig des Injektionsschirmes festzustellen.

2.5 Schlußfolgerungen

Die während der Stauperioden 1967 und 1968 durchgeführten Messungen zeigten, daß mit dem gewählten Beobachtungssystem die Wirksamkeit des Dichtungsschirms gut überprüfbar ist. Auch größere Niederschläge haben die Meßergebnisse, mit Ausnahme jener des linken Hanges, nicht wesentlich beeinflußt. Sehr zweckmäßig erwiesen sich die aus dem Kontrollgang erfolgenden Messungen des Wasserspiegels unmittelbar vor und hinter dem Dichtungsschirm, da durch diese Beobachtungen sofort und bei jedem beliebigen Speicherspiegel der Druckabbau in der Injektionsschürze und damit deren Wirksamkeit festzustellen ist. Für die Überprüfung der

Druckverhältnisse unterhalb des Schluffhorizontes erwiesen sich die Piezometer K 1 bis K 4 als wichtige Indikatoren. Unstimmigkeiten in den beobachteten Drücken würden Veränderungen im Untergrund, wie z. B. eine beginnende Erosion, unmittelbar erkennen lassen. Die für den Injektionsschirm verwendeten Stoffe und die Zusammensetzung der einzelnen Injektionsmischungen haben allen gestellten Bedingungen, vor allem auch der Rißfreiheit bei großen Setzungen im Untergrund, voll entsprochen.

Die im rechten Hang festgestellten Sickerwassermengen, die sehr gering sind, lassen es fraglich erscheinen, ob die Ausführung der zweiten Injektionsreihe mit 2000 lfm Bohrung und Verpressung von 3510 m³ Injektionsgut in diesem Bereich unbedingt notwendig war oder ob es nicht zweckmäßiger gewesen wäre, diese zusätzlichen Injektionen erst dann auszuführen, wenn dies durch Beobachtungen während des Aufstaues erforderlich geworden wäre. Diese Frage war bereits vor Beginn der zusätzlichen Injektionsarbeiten Gegenstand eingehender Diskussionen. Es wurde damals eine Durchführung der Arbeiten noch vor Staubeginn entschieden, um die bis zum Abschluß allfälliger Nachinjektionen erforderliche Begrenzung in der Stauhöhe mit Sicherheit zu vermeiden. Wenn jedoch die Möglichkeit einer integralen Messung der durch eine Dichtungsschürze durchtretenden Wassermenge, z. B. zu einem Drainagesystem, gegeben ist, wäre nach unseren nun vorliegenden Erfahrungen einer schrittweisen Ergänzung des Dichtungsschirmes gegenüber einer sofort erfolgenden Dichtung bis zur Erreichung von starr festgelegten Durchlässigkeitsbeiwerten der Vorzug zu geben.

Im linken Hang wurde dieser Vorgang gewählt und, obwohl einige Durchlässigkeitsüberprüfungen den geforderten Bedingungen nicht entsprachen, keine zusätzlichen Dichtungsmaßnahmen durchgeführt. Die Messungen während des Aufstaues bestätigen im nachhinein die Richtigkeit dieses Entschlusses.

3. Die Ausführung der Schlitzwand unter dem Erddamm Eberlaste

3.1 Sondierungen

3.11 Zur Erkundung der Talauffüllung wurden in den Jahren 1956 bis 1962 insgesamt 26 Bohrungen mit einer Länge von 1109 m und 2 Schächte mit je 11 m Länge ausgeführt. Soweit die Bohrungen in der Überlagerung lagen, wurden sie als Schlagbohrungen mit Anfangsdurchmessern 21 bis 25'' durchgeführt. Einige wurden in dem anstehenden Fels mit Kernbohrungen fortgesetzt. Für die Beobachtung der Grundwasserverhältnisse und Ermittlung der Durchlässigkeit der Alluvionen wurden 4 Bohrungen zu Filterbrunnen und die umliegenden Bohrlöcher zu Beobachtungsbrunnen ausgebaut. Mit den ungleich tiefen Brunnen sollte die Durchlässigkeit der Alluvionen in den verschiedenen Tiefen bestimmt werden.

Im Jahr 1965 wurde in der Nähe des Brunnens E 14 Br noch ein 100 m langes Bohrloch hergestellt, das auf die gesamte Länge zu einem Beobachtungsbrunnen (E 15 Br) ausgebaut wurde. Mit Hilfe von radioaktiven Isotopen wurden in diesem Loch Messungen über die vertikale Strömungsgeschwindigkeit des Grundwassers durchgeführt.

Zur genauen Erkundung der Ausdehnung und Eigenschaften der oberflächennahen Schluffsande wurden im Jahr 1966 7 seichte Aufschlußbohrungen (Tiefe 15 m) im wasserseitigen Vorfeld des Dammes abgeteuft und eine Reihe von ungestörten Bodenproben entnommen.

3.12 Durch die Aufschlußarbeiten ergab sich folgendes Bild der Talauffüllung an der Sperrenstelle: Der gewachsene Fels steht an den Talflanken unter geringer Überdeckung an, er fällt an beiden Talseiten sehr steil (ca.60°) ein und wurde in der Talmitte nicht erreicht. Die sehr tiefe Felsrinne ist im wesentlichen mit kiesigen sandigen Bachanlandungen aufgefüllt. Gegen die Talränder zu ist die alluviale Talauffüllung mit Hangschuttmassen verzahnt, und am Talrand herrschen die wasserdurchlässigen, blockreichen Einstreuungen, die aus den Talflanken stammen, vor. Die Bachanlandungen werden in der Talmitte von einer im Mittel 20 m dicken Schluffsandschicht überlagert. Diese Schluffsandschicht fehlt aber, wie schon erwähnt, an den Talrändern. Die in Abb. 6 dargestellten Körnungsbänder zeigen, daß sich die Schluffsande aus einer unregelmäßig wechselnden Folge von Schluff- und Sandschichten zusammensetzen. Es ist auch zu ersehen, daß die Schuttmassen und Bachanlandungen äußerst heterogen aufgebaut sind. Bohrungen, die in Richtung der Talachse hintereinander erfolgen, sind im Kornaufbau ähnlicher als unmittelbar benachbarte Bohrungen im Talquerprofil.

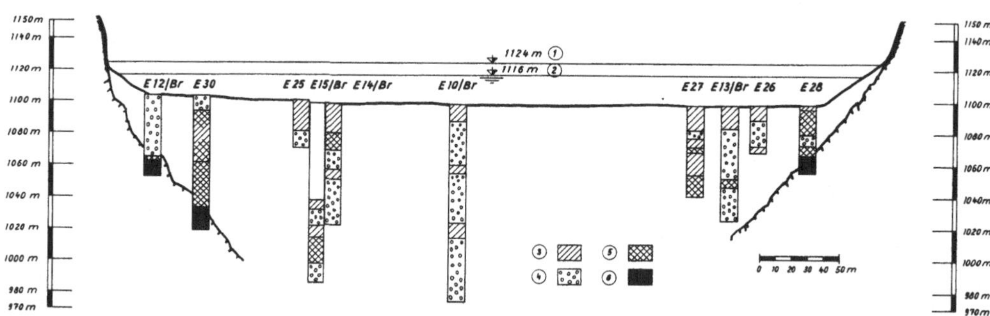

Abb. 6: Längenschnitt mit Bohrergebnissen
(1) Kronenhöhe – (2) Stauziel – (3) schluffiger Sand – (4) Sand und Schotter – (5) Hangschutt und Steine – (6) Fels

3.13 In den vier zu Brunnen ausgebauten Bohrlöchern wurde im Jahr 1961 eine Reihe von Pumpversuchen durchgeführt und die Durchlässigkeit sowohl aus der Absenkung im Brunnen als auch aus der Absenkung im Brunnun und Beobachtungsrohr für gespanntes und freies Grundwasser errechnet. Danach ergab sich die Durchlässigkeit der sandigen kiesigen Alluvionen im Mittel mit 3×10^{-4} m/s und jene der Schluffsande in den oberen

20 m mit 1×10^{-6} bis 1×10^{-7} m/s. Da sich die Veränderungen der Grundwasserspiegel in den tiefen Brunnen von jenen in den seichten Beobachtungsbrunnen bei der weiteren Beobachtung unterschieden, war anzunehmen, daß kein einheitlicher Grundwasserspiegel vorhanden sei. Für die im Jahr 1963 durchgeführten Pumpversuche wurde freies Grundwasser angenommen. Für die Berechnung wurden die Wasserstände im Entnahmebrunnen und in einem oder zwei Beobachtungsbrunnen mit herangezogen. Die ermittelte Durchlässigkeit der sandigen kiesigen Alluvionen liegt bei 1×10^{-5} bis 1×10^{-4} m/s. Diese Werte dürften wegen der nicht auszuschließenden Fehler die untere Grenze der Durchlässigkeit ergeben. Als Durchschnitt kann daher für die sandigen Kiese ein Wert von 1×10^{-4} m/s angesehen werden.

In den beiden Schächten am Talrand wurden Versickerungsversuche durchgeführt, die ergaben, daß die Hangschuttmassen etwa 5 mal durchlässiger als die Bachanlandungen in der Talmitte sind.

Zur eindeutigen Feststellung der Ursache für die unterschiedlichen Druckhöhen im Grundwasser wurden im Bohrloch E 15 Br Messungen der vertikalen Strömungsgeschwindigkeit des Grundwassers durchgeführt. Aus der mit Hilfe von radioaktiven Isotopen vorgenommenen Messung ist zu ersehen, daß in einer Tiefe von 25 bis 38 m Grundwasser in das Filterrohr einströmt und in den darüber- und darunterliegenden Bereichen wieder ausströmt. Aus diesen Untersuchungen konnte gefolgert werden, daß die Talauffüllung keinen homogenen Grundwasserträger bildet. Die verschiedenen Schichten werden aus den Talflanken bzw. aus den Seitengräben des Stilluptales eingespeist und erhalten dadurch unterschiedliche Druckhöhen.

3.14 Die hochliegenden Schluffsande zeigen einen sehr stark streuenden Kornaufbau (siehe Abb. 7).

Mit dem Schlämmkornanteil $<$ 15 mm wurden die Plastizitätsgrenzen nach Atterberg bestimmt. Die Schluffsande sind unplastisch. Ihre Plastizitätszahl liegt unter 5. Nur die Schluffsande aus den obersten 6 m erreichen bei Fließgrenzen von 25 bis 30% Plastizitätszahlen von 6 bis 10. Nach Casagrande können die Schluffsande als wenig bis mäßig zusammendrückbar bezeichnet werden.

Aus ungestörten Bodenproben wurden das Porenvolumen mit 48-64%, der Wassergehalt mit 40-72,2% und überraschend hohe Reibungswinkel mit 28-29° ermittelt.

Die unter den Schluffsanden im Talboden vorhandenen sandigen Kiese zeigen auch einen stark wechselnden Kornaufbau (siehe Abb. 7).

Der Hangschutt an den Talrändern ist in seiner Gesamtheit gröber als die Kiessande aufgebaut (siehe Abb. 7).

3.2 Dimensionierung der Untergrunddichtung

3.21 Da wegen der nur geringen Stauhöhe, max. 20 m, aus wirtschaftlichen Gründen eine Abdichtung der Talauffüllung bis an die Felsoberfläche nicht

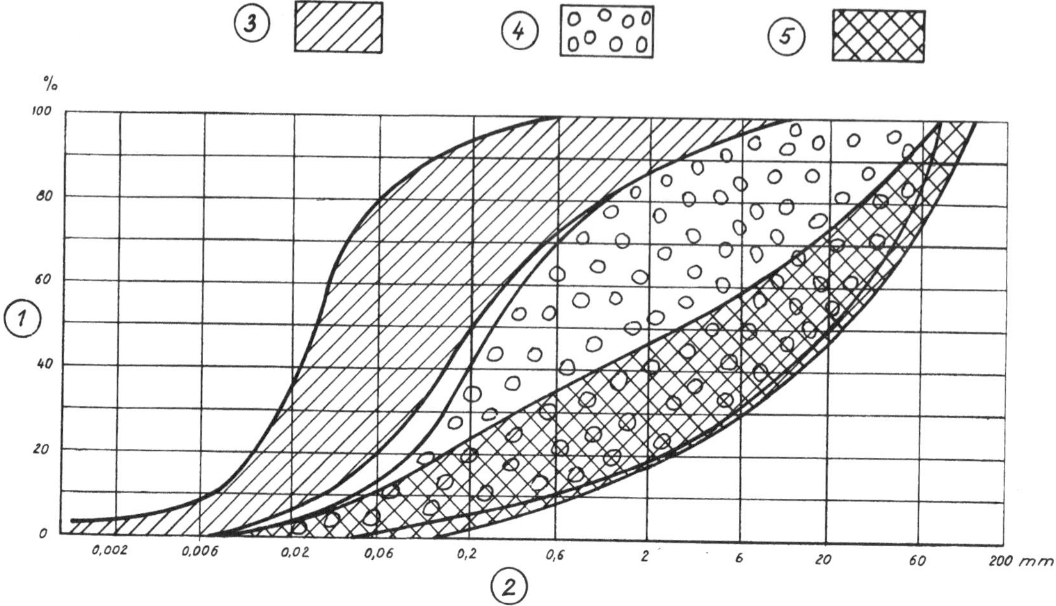

Abb. 7: Kornverteilung im Untergrund
(1) Kornanteil — (2) Korndurchmesser — (3) schluffiger Sand — (4) Sand und Schotter — (5) Hangschutt und Steine

in Frage kam und auch im Untergrund kein Dichtungshorizont gefunden werden konnte, in den eine Dichtungsschürze hätte eingebunden werden können, war zu untersuchen, wie tief die Alluvionen unter dem Damm abgedichtet werden müßten, damit eine ausreichende Erosionssicherheit des Untergrundes und Reduktion der Sickerwasserverluste gewährleistet wären. Bei der Untersuchung der Erosionssicherheit war besonderes Augenmerk auf die Schluffsande in der Talmitte zu richten, da diese infolge ihres Kornaufbaues und ihrer ausgeprägten horizontalen Schichtung mit ihrer geringen Durchlässigkeit für die darunterliegenden Sande und Kiese eine halbdurchlässige Deckschicht bilden. Es erschien daher unerläßlich, die horizontale Durchströmung der Schluffsande durch eine vertikale Dichtungsschürze zu unterbinden. Durch die Verlängerung des Fließweges wird der Strömungsdruck vermindert und die Sickerwassermenge reduziert. Um dem gespannten Wasser luftseits des Dammes die Möglichkeit der Entspannung zu geben, mußte die schluffige Deckschicht hinter dem Damm mit Entspannungsbrunnen durchstoßen werden.

3.22 Das Problem der Sickerwasserströmung unter dem Damm ist zufolge des uneinheitlichen Talaufbaues ein räumliches. Zur einfacheren Abschätzung der Größenordnung wurden die Überlegungen für die Talmitte und die Randbereiche getrennt durchgeführt. Die Untersuchungen wurden für den ebenen (zweidimensionalen) Strömungszustand vorgenommen, u. zw. für den Bereich des Talbodens an elektrischen Analogie-Modellen, an Öl-Modellen (Hele-Shaw-Strömung zwischen parallelen Plexiglasplatten) und an einem im Institut für Bodenmechanik und Grundbau der Technischen Hochschule Darmstadt entwickelten elektrischen Widerstandsmodell. Es zeigte sich, daß es ausreichte, die Schluffsande bis in rund 20 m Tiefe abzuriegeln, wenn auf der Luftseite eine ausreichende Anzahl von Entspannungsbrunnen und zur Unterbindung einer Erosionsmöglichkeit in den luftseitigen Stützkörper zwischen diesem und der Aufstandsfläche entweder ein Filter oder eine Dichtungsschicht angeordnet werden (5).

Die zu erwartende Sickerwassermenge bei der ausgeführten Tiefe der Schlitzwand von 23 m ist sehr klein und beträgt bei dem vorangegebenen Verhältnis der Durchlässigkeiten von 1 : 10 0,8 l/s/lfm und bei einem Verhältnis der Durchlässigkeiten von 1 : 100 0,2 l/s/lfm.

3.23 Für die Randbereiche, in denen die Schluffsandschichten fehlen, war die Dichtungsschürze so tief zu führen, daß auf die gesamte Länge des Sickerweges das Strömungsgefälle unterhalb eines zulässigen Grenzwertes lag. Dieser Wert liegt z. B. nach Bligh und Lane für Mittelsand bei 6. Um für die bei Vollstau eintretende Wasserspiegelhöhendifferenz von ca. 20 m eine ausreichende Länge des Sickerweges zu gewährleisten, wurde die Schlitzwand 53 m tief ausgeführt.

Die Sickerwassermenge für diese Randbereiche mit einer Gesamtbreite von ca. 160 m errechnete sich unter Berücksichtigung, daß die vertikale Durchlässigkeit nur 1/10 der horizontalen betrug, überschlägig mit ca. 160 l/s.

3.24 Die auf der Luftseite des Dammes in einem Abstand von 40 m von der Dammachse angeordneten 15 Entspannungsbrunnen wurden gleichmäßig auf die Breite des Talbodens aufgeteilt. Es war zu prüfen, ob bei dem sich daraus ergebenden gegenseitigen Abstand von 25 m genügend Sicherheit für die Abfuhr der erwarteten Sickerwassermenge gegeben war. Auch sollte die für die Abfuhr des Sickerwassers erforderliche Druckhöhe zwischen den Entspannungsbrunnen klein genug sein, um durch die vorhandene Auflast die Grundbruchgefahr bannen zu können. Aus den Untersuchungen (5) ergab sich, daß durch 60 m tief unter die ursprüngliche Talsohle reichende Entspannungsbrunnen, Ø 250 mm, die auf die Schluffsanddecke wirkende Druckhöhe bis auf 2 m WS abgebaut wird. Dies würde bei einer mittleren Dicke der Schluffsandschicht von 20 m eine etwa 10 fache Sicherheit gegen Erosion bedeuten. In Wirklichkeit wird diese Sicherheit aber kleiner sein, da die Entspannungsbrunnen nicht nur das in der Talmitte vorhandene Sickerwasser von 0,2 l/s/lfm, das sind 60 l/s, sondern auch die Sickerwassermenge aus den Talflanken von ca. 160 l/s abführen müssen. Es wird daher die auf die Schluffsanddecke wirkende Druckhöhe über 2 m WS ansteigen. Um aber trotzdem eine ausreichende Sicherheit gegen Grundbruch zu erhalten, wurde zusätzlich eine 50 m lange Druckbank vorgesehen.

3.3 Dichtungsschürze

3.31 Die unter dem Erddamm Eberlaste herzustellende Dichtungsschürze mußte folgende Bedingungen erfüllen:

a) Die Abdichtung muß sowohl in den schluffreichen Zonen in der Talmitte als auch in den von grobem Blockwerk durchsetzten, hangnahen Bereichen zuverlässig und mit wirtschaftlichstem Aufwand hergestellt werden.

b) Die Dichtungsschürze muß den zu erwartenden großen Setzungen ohne Beschädigungen und ohne Verringerung ihrer Dichtheit folgen können.

Es wurden die Varianten einer Abdichtung mittels Injektionsschirmes und Herstellung einer Schlitzwand untersucht. Wegen des sehr heterogenen Aufbaues des Untergrundes und der in den sehr durchlässigen Hangbereichen nur schwer abschätzbaren großen Aufnahmen an Injektionsgut konnte die Variante des Injektionsschirmes aus wirtschaftlichen Gründen nicht weiter verfolgt werden. Es wurde daher die Ausführung der Schlitzwand weiter untersucht, wobei vor allem der Verfüllung dieser Wand, die den vorerwähnten großen Setzungen folgen mußte, besonderes Augenmerk zu widmen war. Es ergab sich von vornherein, daß eine Verfüllung mit einem Beton konventioneller Herstellung nicht möglich war, da bei einem starren Körper mit Rissen und Undichtheiten infolge der Setzungen im Untergrund gerechnet werden mußte. Es kam somit nur eine plastische Verfüllung, über deren Zusammensetzung weitere Untersuchungen durchzuführen waren, in Frage. Damit schien die Gewähr gegeben, daß sich die Verformungen des natürlichen Materials im Untergrund und der Schlitzwand sehr ähnlich verhalten würden.

Für die plastische Verfüllmasse wurde auch eine Untersuchung mit einer Asphaltbetonmischung durchgeführt, die Rundkorn bis 30 mm und eine Beimischung von 9,5% Bitumen und Anthrazen-Öl (Siedepunkt 300-350°) aufwies. In umfangreichen Versuchen konnte nachgewiesen werden, daß weder die heiße noch die kalte Asphalbetonmischung die Bentonitemulsion in der Schlitzwand beeinflußt. Zur einwandfreien Einbringung einer Schlitzwandverfüllung ist es jedoch notwendig, daß die Öffnung des Einfülltrichters stets unter der jeweiligen Oberfläche der Schlitzwandfüllung liegt, da nur dann die Gewähr gegeben ist, daß allfällige Verunreinigungen durch Bentonit oder nachgestürztes Material mit der stetig steigenden Schlitzwandfüllung gehoben und nicht in diese eingeschlossen werden. Da diese Art der Asphaltbetoneinbringung zu dem Zeitpunkt der damaligen Versuche noch erhebliche Schwierigkeiten bereitete, wurde von der Ausführung einer Asphaltbetonmischung, die auch wirtschaftlich noch nicht ganz befriedigte, Abstand genommen und das Augenmerk dem plastischen Ton-Zementbeton zugewendet.

3.32 Für die seichte Schürze in den setzungsfähigen Schluffsanden wurde eine "weiche" Mischung Typ 1 und für die tiefe Schlitzwand in den weniger nachgiebigen Kiesen eine "härtere" Mischung Typ 2 untersucht. Für beide Mischungen sollte abgesiebter Hangschutt <40 mm, dem Zement und Ben-

tonit unter Beigabe von Wasser und Sunlan (Verflüssiger und Abbindever-
zögerer) beigemischt werden, zur Verwendung gelangen. Die Mischungen
unterschieden sich durch die Zement- und Bentonit-Dosierung.

Die dreiachsialen Druckversuche wurden nur mit Korn 0 - 15 mm
durchgeführt.

Typ	Elastizitäts-modul	Druck-festigkeit	Verformungs-modul
1 Seitendruck 2,5 kp/cm² Probenalter 14 Tage	4600 kp/cm²	10 kp/cm²	220-60 kp/cm²
2 Seitendruck 5 kp/cm² Probenalter 28 Tage	6600 kp/cm²	14 kp/cm²	1000-150 kp/cm²

Die ermittelte Festigkeit für den Typ 2 entspricht einer 70 m hohen
Wandhöhe, d.h. der Erdbeton ist nach 28 Tagen in der Lage, bei 5 atü
Seitendruck 70 m hoch senkrecht frei zu stehen. Die Druckfestigkeit für
den Typ 1 ist für die nur ca. 20 m hohe Wand bei weitem ausreichend. Der
Erdbeton Typ 1 und 2 erwies sich bei einem Strömungsgefälle von 100 nach
14 Tagen Wasserlagerung als absolut erosionsfest. Die Durchlässigkeit
für beide Mischungen wurde mit 2×10^{-8} m/s nachgewiesen.

3.4 Ausführung der Dichtungsschürze

3.41 Schlitzwandaushub

Die Arbeiten für die Schlitzwand begannen im Juni 1966 und wurden
im Juli 1967 abgeschlossen. Insgesamt wurde eine Schlitzwand mit 14.700 m²
Fläche hergestellt, von der auf die Talmitte 4.900 m², 6.300 m² auf den
linken und 3.500 m² auf den rechten Hangbereich entfielen. Für die Ausführung der tiefen Schlitzwand wurden Saugbohrmaschinen verwendet. Durch
das reichlich vorhandene Blockwerk mußte die gesamte Wand mit Meißel-
arbeit abgeteuft werden. Im Durchschnitt konnten je Gerät 15 m²/Arbeitstag
hergestellt werden. Zeitweise waren 5 Saugbohrmaschinen auf der Baustelle im Einsatz. Die seichte Wand wurde mit Greifern ausgehoben und
machte nur vereinzelt den Einsatz von Meißeln erforderlich. Je Gerät
wurden im Mittel 30 m²/Tag hergestellt.

Der Aushub erfolgte feldweise, wobei jedes 2. Feld übersprungen
wurde. Die Regellänge der Felder betrug bei der tiefen Wand 6 m und bei
der seichten Wand 4,8 m. Bevor die dazwischenliegenden Felder ausgehoben wurden, erfolgte die Betonierung der bereits ausgehobenen Felder.
Der Fugenanschluß zum Nachbarfeld wurde durch Fugenrohre, die den
gleichen Durchmesser wie die Wanddicke hatten, hergestellt.

Einige Tage nach Betonierende wurde begonnen, die Fugenrohre mit
4 hydraulischen Pressen zu ziehen. Die erforderliche Hubkraft von ca.280 t
war gleichzeitig das Maß dafür, daß der Beton so weit erhärtet war, daß
der Hohlraum nach dem Ziehen der Fugenrohre bestehen blieb und als
Führung für die Aushubgeräte bei der Herstellung des dazwischenliegenden
Feldes dienen konnte.

3.42 Schlitzwandverfüllung

Bei Beginn der Verfüllarbeiten im Sommer 1966 zeigte sich, daß,
bedingt durch die hohe Eigenfeuchte des Hangschuttes, die aus den Voruntersuchungen resultierenden Mischrezepte mit der zur Verfügung stehenden Baustelleneinrichtung nicht eingehalten werden konnten. Es waren
daher neue Versuche erforderlich, um ein Mischungsverhältnis zu finden,
das annähernd die gleichen Materialeigenschaften wie bei der Vorunter-
suchung und die einwandfreie Herstellung der Mischung ermöglichte. Die
se Untersuchungen wurden wieder mit Korn 0-15 mm ausgeführt. Da für
die laufende Baustellenkontrolle nur einachsiale Druckversuche vorgesehen waren, mußte bei den Versuchen auch die Relation zwischen dreiachsialen und einachsialen Druckversuchen gesucht werden.

Die neuen Mischungen wurden als 1 B und 2 B bezeichnet; sie unterscheiden sich, außer im Sunlananteil, mengenmäßig in allen Bestandteilen.

Von der Prüfung der Erosionsfestigkeit und der Durchlässigkeit
konnte auf Grund der guten Ergebnisse der Voruntersuchungen Abstand
genommen werden.

Für 1m³ Erdbeton wurden ca. 1400 kg Hangschutt (trocken) und 460 l
Wasser benötigt. Die Zement- und Bentonitdosierungen schwankten zwischen
60 und 90 kg bzw. 16 und 13 kg. Für den Typ 2 B wurde eine höhere Zementdosierung gewählt, um die Standfestigkeit der tiefen Wand beim Aushub der Zwischenfelder zu gewährleisten.

Nach der Herstellung wurden die Proben bis zu den vorgesehenen Versuchen unter Wasser aus dem Stillupbach gelagert. Die einachsialen Druck-
versuche wurden im geschlossenen System durchgeführt. Die allseitige
Konsolidierungsspannung σ_3 bei den dreiachsialen Versuchen betrug bei
der Mischung 1 B 2,5 kp/cm², bei der Mischung 2 B 5,0 kp/cm². Diese
Werte liegen in der Größenordnung der im Sohlbereich der Schlitze auf-
tretenden Seitendrücke. Nach der Konsolidierung unter den genannten
Drücken wurde die vertikale Belastung stufenweise gesteigert und jede
Laststufe so lange beibehalten, bis die Verschiebungsgeschwindigkeit des
Belastungsstempels 2/1000 mm in 5 Minuten betrug.

		Typ 1 B		Typ 2 B	
	Ausbreitmaß nach 1 Std.	50 cm		52 cm	
	Alter Tage	7	21	7	14
Einachsial-versuche	Zylinderdruckfestigkeit kp/cm²	0,64	0,71	1,13	1,91
	Elastizitätsmodul kp/cm²	234	327	454	1560
	Stauchung bei Versuchsende %	6,0	6,2	5,0	4,4
	Alter Tage	17		10	
Dreiachsial-versuche	Deviatorspannung kp/cm²	0 - 7		0 - 14	
	Verformungsmodul kp/cm²	150 - 40		350 - 100	
	Elastizitätsmodul kp/cm²	2825		6500	
	Stauchung bei Versuchsende %	10,6		7,6	

Vollkommen unabhängig von diesen Untersuchungen wurden in einem zweiten Labor ähnliche Versuche durchgeführt. Die Ergebnisse stimmten sehr gut überein; sie sind im Pkt. 3.51 gegenübergestellt.

Der Kornanteil $< 0,1$ mm im Korn 0-40 mm lag bei den vorangeführten Versuchen bei 20%. Die Überprüfung der Kornverteilung des Hangschuttmaterials ergab aber eine starke Streuung des Kornanteiles $< 0,1$ mm. Die Laborversuche zeigten, daß es notwendig war, die Bentonitdosierung dem natürlichen Vorkommen des Schlämmkorns anzupassen. Bei einer Verringerung des Kornanteiles $< 0,1$ mm um 1 Gew.-% wurde die Bentonitbeimengung um 1,2 kg erhöht und umgekehrt bei Zunahme des Schlämmkornanteiles gesenkt.

Während der Arbeiten in den Jahren 1966 und 1967 wurde auf der Baustelle eine Reihe von Überprüfungen vorgenommen.

Von den Zuschlagstoffen wurde der Wassergehalt bestimmt; Mittelwert aus 125 Proben 15,2% (9% - 22%). Der Schlämmkornanteil (unter 0,1 mm) betrug im Mittel aus 110 Proben 20,8% (10,5% - 20%).

Die für die Verarbeitung richtige Konsistenz wurde durch die Überwachung des Ausbreitmaßes überprüft. Alle Proben lagen zwischen 48 und 55 cm.

Die Bestimmung der einachsialen Druckfestigkeit wurde an einer großen Anzahl von Proben vorgenommen.

Mittelwerte der Druckfestigkeiten in kp/cm²

	Typ 1 B	Typ 2 B	
	1966	1966	1967
Zylinderdruckfestigkeit nach 7^d	0,6	1,3	1,46
Zylinderdruckfestigkeit nach 28^d	1,1	2,1	1,96
Würfeldruckfestigkeit nach 14^d	1,5	3,1	2,53
abgeminderte Würfeldruckfestigkeit nach 14^d	0,9	1,86	1,52

Wie aus vorstehender Tabelle zu ersehen ist, passen die reduzierten Würfeldruckfestigkeiten sehr gut mit den Zylinderdruckfestigkeiten zusammen.

Der Mittelwert der Durchlässigkeitsversuche im Jahr 1966 lag bei $2,2 \times 10^{-8}$ m/s und jener der Versuche im Jahr 1967 bei $1,44 \times 10^{-8}$ m/s. Über die gesamte Zeitdauer ergab sich ein Mittelwert von $2,1 \times 10^{-8}$ m/s, der aus 40 Proben ermittel wurde (Abb. 8).

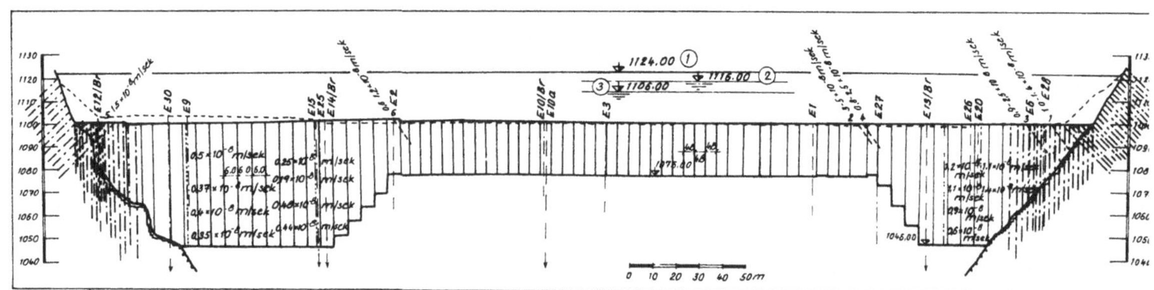

Abb. 8: Schlitzwand, Längenschnitt; Überprüfung der Durchlässigkeit
(1) Kronenhöhe – (2) Stauziel – (3) Absenkziel

3.5 Messungen nach Fertigstellung des Dammes und während des ersten Einstaues

3.51 Setzungen

Wie bereits erwähnt, war mit erheblichen Setzungen des Untergrundes unter der Dammauflast zu rechnen. Unter der Annahme eines Verformungsmoduls von 140 kp/cm² für den in den oberen 23 m liegenden Schluffhorizont und von 1500 kp/cm² für die darunter liegenden Schichten aus Sanden und Kiesen wurde eine max. Setzung von 0, 8 m ermittelt. Es konnte jedoch bereits während der Dammschüttung festgestellt werden, daß in der Linie der etwa 45 m luftseits der Dammachse gelegenen Entspannungsbrunnen Setzungen von 0,6 m auftraten, so daß zu vermuten war, daß die vorberechneten Setzungsbeträge überschritten würden. In 5 knapp luftseits der Dammachse hergestellten Setzungspegeln wurde nach Beendigung der Dammschüttung festgestellt, daß fast über die ganze Talbreite hinweg Setzungen von 2 m bis 2, 20 m auftraten. In einem nahe dem linken Hang abgeteuften Setzungspegel wurde — obwohl an dieser Stelle nur mehr eine blockige, sandig kiesige Überlagerung mit 17 m Stärke vorhanden war — eine Setzung von 30 cm gemessen. Eine mit den tatsächlichen Setzungsbeträgen durchgeführte Nachrechnung ergab, daß in den 23 m tiefen Schluffsanden ein Verformungsmodul von 80 kp/cm² und in den sandig kiesigen Überlagerungen ein solcher von 400 kp/cm² vorhanden sein mußte. Um einen Überblick über die Auswirkungen dieser überraschend großen Setzungen auf die Dichtheit der Schlitzwand zu erhalten, wurde eine Nachrechnung der Beanspruchung der Schlitzwand infolge der festgestellten Setzungen durchgeführt. In dieser Rechnung mußten einige Male verschiedene Annahmen variiert werden, um den nicht konstanten Spannungs-Dehnungsbestimmungen des Bodens und Erdbetons Rechnung zu tragen.

Diese Nachrechnung ergab, daß in der seichten Wand die maximalen Vertikalspannungen 7-11 kp/cm² bei Seitendrücken von 1-2, 8 kp/cm² und in der tiefen Wand 11-19 kp/cm² bei einem Seitendruck von 2-5 kp/cm² betrugen.

Um aussagen zu können, welche Auswirkungen durch die Setzungen und die damit verbundenen Spannungen auf die Schlitzwand zu erwarten sind, muß man den zeitlichen Verlauf der Veränderung von Festigkeit und Verformungsmodul beim Erdbeton kennen. Es wurden im Sommer 1967 aus der fertigen Schlitzwand Proben entnommen und die Festigkeitsentwicklung überprüft. Im Zusammenhang mit den Überprüfungen vor und während der Herstellung der Schlitzwand ergab sich für die beiden Mischungen folgendes Bild:

Typ 1 B

Die Dreiachsialversuche ($\varnothing$ 8,5 cm, h = 17 cm, Seitendruck 2,5 kp/cm²) ergeben bei Belastungsgeschwindigkeiten von 0,0004 mm/min nach 21 Tagen σ_1 = 9, 5 kp/cm². Bei Belastungsgeschwindigkeiten von 0, 15 mm/min nach 28 Tagen σ_1 = 10, 4 kp/cm². Die Ergebnisse der verschiedenen einachsialen Zylinderdruckversuche sind in Abb. 9 zu ersehen. Im Juni und August 1967 wurden an zwei Stellen aus der fertigen Schlitzwand Proben im Alter von rund 300 Tagen entnommen. Die festgestellten einachsialen Zylinderdruckfestigkeiten lagen bei 2, 16 bzw. 3, 02 kp/cm². Die Alterung des Erdbetons und damit verbunden die Zunahme der Druckfestigkeit wird etwa linear mit dem Zeitlogarithmus erfolgen. Für die Druckfestigkeit im Oktober 1968 (Zeitpunkt der Setzungsmessungen), das ist nach einem Zeitraum von ungefähr 800 Tagen, erhält man den Wert von 3, 1 kp/cm².

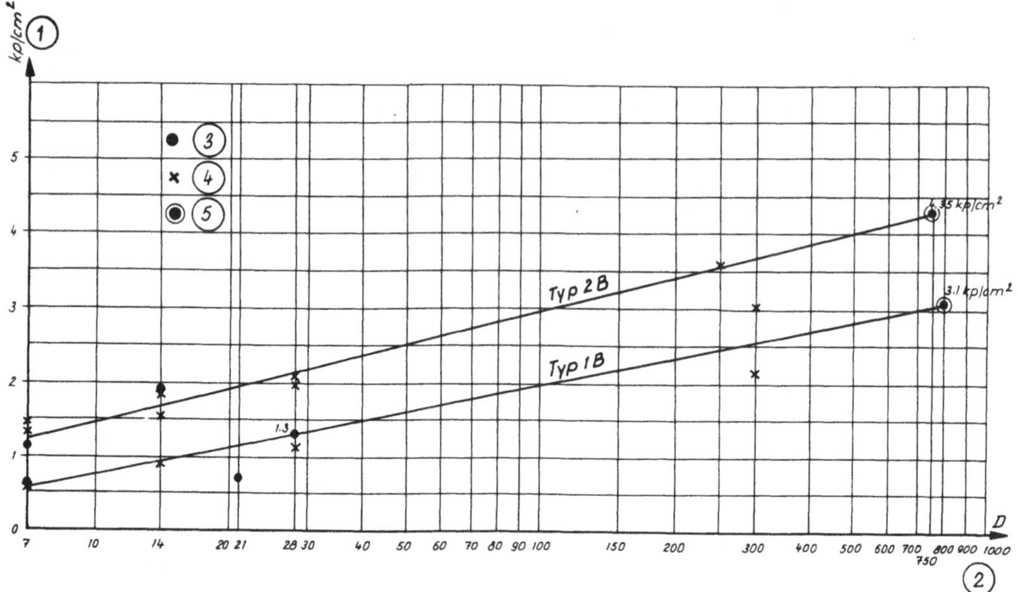

Abb. 9: Plastischer Erdbeton, Einachsiale Druckfestigkeit in Abhängigkeit vom Probenalter
(1) Druckfestigkeit – (2) Probenalter (log.) – (3) Ergebnisse der Voruntersuchungen – (4) Ergebnisse der Baustellenüberprüfung – (5) errechnete Festigkeiten

Aus den "Mohr'schen Spannungskreisen" ist zu ersehen, daß bei der vorsichtigen Annahme einer Zunahme von $\mathrm{tg}\,\varphi = 0,7$ auf $0,8$ zufolge der Erhärtung des Erdbetons nach 800 Tagen bei einem σ_3 von $2,5$ kp/cm² σ_1 auf 14 kp/cm² gegenüber ca. 10 kp/cm² nach 28 Tagen ansteigt (Abb. 10). Für die rechnungsmäßigen Seitendrücke $\sigma_3 = 1$-$2,8$ kp/cm² betragen $\sigma_1 = 7,60$ - $15,20$ kp/cm² und sind damit größer als die errechneten Vertikalspannungen von 7 bzw. 11 kp/cm².

Das Verhältnis der Verformungsmoduli verschiedenen Alters ist gleich der Wurzel aus dem Verhältnis der Druckfestigkeiten der Proben gleichen Alters (6).

Der Verformungsmodul für den in Frage kommenden Spannungsbereich war nach 21 Tagen 75 kp/cm² und daher nach der o. a. Formel nach 800 Tagen rund 130 kp/cm².

Typ 2 B

Die Dreiachsialversuche (Ø 8,5 cm, h = 17 cm, Seitendruck 5 kp/cm²) ergaben bei Belastungsgeschwindigkeiten von 0,0004 mm/min nach 14 Tagen $\sigma_1 = 19,0$ kp/cm², bei Belastungsgeschwindigkeiten von 0,15 mm/min nach 28 Tagen $\sigma_1 = 19,4$ kp/cm².

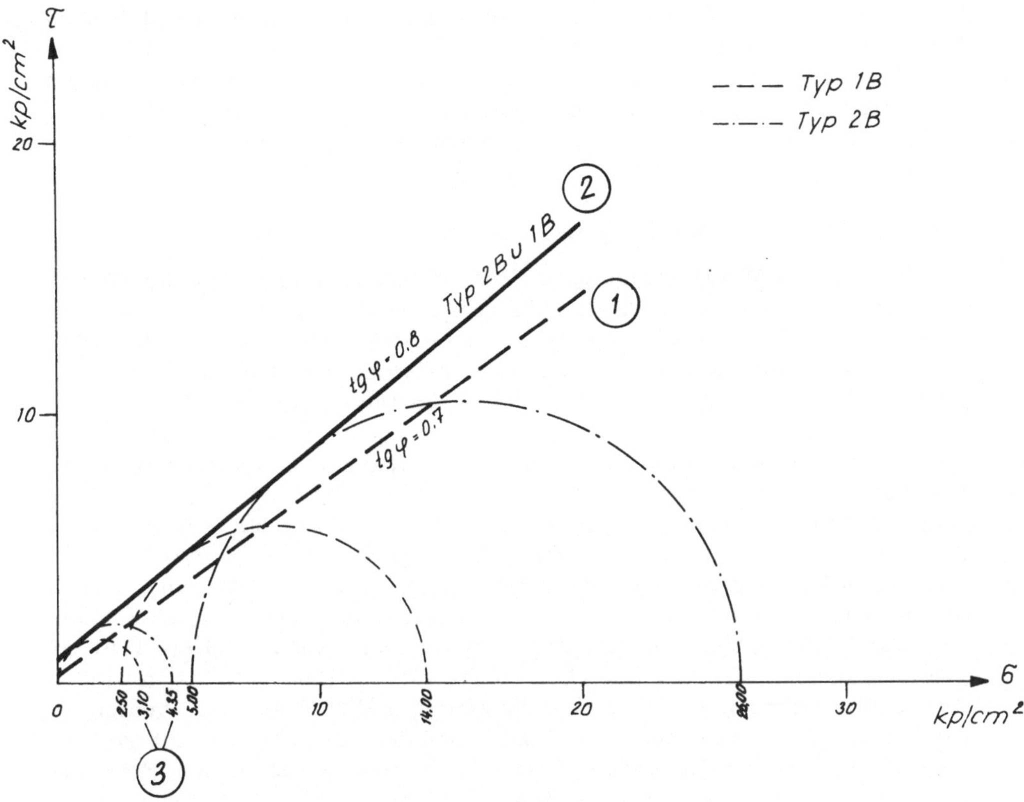

Abb. 10: Plastischer Erdbeton, Mohrsche Spannungsfiguren
(1) geprüft nach 28 Tagen — (2) errechnet in einem Probenalter von
750-800 Tagen — (3) Werte analog Abb. 9

Die Ergebnisse der einachsialen Zylinderdruckversuche sind der Abb. 9 zu entnehmen.

Im Juni 1967 wurde an einer Stelle aus der fertigen Schlitzwand eine Probe im Alter von rund 250 Tagen entnommen. Die fertiggestellte einachsiale Zylinderdruckfestigkeit lag bei 3, 6 kp/cm². Aus der linear mit den Zeitlogarithmen zunehmenden Druckfestigkeit errechnet sich die Druckfestigkeit nach 750 Tagen, das ist zum Zeitpunkt der Setzungsmessungen Im Oktober 1968, mit 4, 35 kp/cm². Bei einer Zunahme von tg φ von $\sim$ 0,7 auf 0,8 zufolge der Erhärtung des Erdbetons nach 750 Tagen ist aus den "Mohr'schen Spannungsfiguren" bei einem σ_3 von 5,0 kp/cm² eine Zunahme von σ_1 auf 26 kp/cm² gegenüber 19 kp/cm² nach 28 Tagen festzustellen (Abb. 10). Für den rechnungsmäßigen Seitendruck von σ_3 = 2,0- 5 kp/cm² betragen σ_1 = 12, 5 - 26 kp/cm² und sind damit größer als die errechneten Vertikalspannungen von 11-19 kp/cm². Der Verformungsmodul für den in Frage kommenden Spannungsbereich war nach 21 Tagen

230 kp/cm² und ergab nach der gleichen Formel wie beim Typ 1 B nach
750 Tagen rund 290 kp/cm².

Der Versuch der Nachrechnung der auftretenden Beanspruchungen
hat gezeigt, daß die errechneten Spannungen in der Schlitzwand kleiner
sind als die aus den Materialuntersuchungen abgeleiteten Bruchfestig-
keiten.

3.52 Wasserspiegelmessungen

Vor der im Mai 1969 erfolgten Inbetriebnahme des Kraftwerkes Mayrhofen und der zum selben Zeitpunkt vorgesehenen Aufnahme des Staubetriebes im Stillupspeicher bis Kote 1116 m wurde die Wirksamkeit der
Untergrunddichtung während eines mehrere Wochen andauernden, niedri-
geren Probestaues beobachtet. Der erste Einstau erfolgte im Februar und
März 1969, wobei der Speicherspiegel, dem geringen Winterzufluß entsprechend, nur sehr langsam anstieg. Die Messungen des Grundwasserspiegels in den Piezometern und in den Entspannungsbrunnen erfolgte täglich, und es konnte hiebei festgestellt werden, daß sich der Grundwasserstand in den für die Messung maßgebenden, unmittelbar luftseits der
Dichtungsschürze gelegenen Piezometern mit ungefähr 95% und in den
Entspannungsbrunnen mit etwa 90% des Spiegelanstieges im Speicher an-
hob. Der höchste Speicherspiegel wurde am 25. 3. 1969 mit Kote 1104, 02
erreicht, dann mußte der Speicher aus betriebsbedingten Gründen wieder
abgesenkt werden. In Tallängsrichtung konnte in der Ebene der Dichtungswand eine Differenz zwischen dem Stau- und dem Grundwasserspiegel von
rund 4, 3 m festgestellt werden. Da die Rohroberkante in den Entspannungsbrunnen auf Kote 1100 m liegt, fand noch kein Überfließen statt.
Nach den Meßergebnissen ist anzunehmen, daß der Damm im wesentlichen
in Talmitte im Bereich der 23 m tiefen Schürze unterströmt wird und ein
Großteil des Sickerwassers, dem gemessenen Quergefälle des Grundwasserspiegels entsprechend, nach den Talrändern hin abfließt. Der luftseits
des Dammes beobachtete Grundwasserspiegel dürfte die Geländeoberfläche
bei der Stauhöhe 1104, 50 m im Speicher erreichen. Ab diesem Zeitpunkt
werden die Entspannungsbrunnen überlaufen, und das Sickerwasser wird
in den Flächen-Filter austreten. Erst dann liegt ein annähernd stationäres
Strömungsproblem vor. Mit dem weiteren Aufstau wird sich das Strom-
liniennetz nur mehr wenig ändern. Aus den während des Vorstaues durchgeführten Messungen lassen sich zwar noch keine konkreten Angaben über
die eintretenden Sickerwasserverluste ableiten, es bestehen jedoch keine
Bedenken gegen den Stau bis zum derzeit vorgesehenen Stauziel von 1116 m.

Für den Entwurf und während der Ausführung war als Berater für
bodenmechanische Fragen Herr o. Prof. Dr.-Ing. H. Breth, Darmstadt, tätig. Die geologischen Vorarbeiten wurden in Zusammenarbeit mit Herrn
Dr. G. Horninger ausgeführt. Die Herstellung der Schlitzwand erfolgte
durch die Firma Soletanche, Paris, unter Mitwirkung der Firma RODIO
SA, Mailand.

LITERATURHINWEIS

(1) Kropatschek H. / Rienößl K. "Travaux d'étanchement du sous-sol du barrage de Durlaßboden"
   Q. 32 R. 42 Neuvième Congrès Instamboul, 1967
(2) Kropatschek H. / Rienößl K. "Speicher Durlaßboden — Ergebnisse Teilstau 1967"
   ÖZE 21. Jahrgang August 1968, Heft 8
(3) Breth H. "Staudamm Durlaßboden. Das Ergebnis des Teilstaues 1967. Versuch einer Analyse"
   ÖZE 21. Jahrgang August 1968, Heft 8
(4) Kropatschek H. / Rienößl K. "Die Untergrunddichtung des Durlaßbodendammes"
   ÖZE 21. Jahrgang August 1968, Heft 8
(5) Breth H. / Günther K. "Die Anwendung von Entspannungsbrunnen zur Verhütung von Erosionsschäden beim Erddamm Eberlaste"
   Der Bauingenieur 1967, Heft 8
(6) C E M "Empfehlungen zur Berechnung und Ausführung von Stahlbetonbauwerken"
   2. Auflage 1966

E. Magnet und R. Mußnig
Österreichische Draukraftwerke AG. Klagenfurt

1.   Einleitung

Die Drau, Österreichs bedeutendster Fluß südlich des Alpenhauptkammes und einer der größten Flüsse Jugoslawiens, weckte schon vor mehr als einem halben Jahrhundert das Interesse der Energiewirtschaftler. Von 1913 bis 1918 baute die Steiermärkische Elektrizitätsgesellschaft im geologisch und topographisch günstigen Flußabschnitt zwischen Völkermarkt und Marburg das KW Faal (Fala) mit beachtlicher Fallhöhe von 14 m. Im Jahre 1939 setzte die Alpenelektrowerke AG (AEW) Wien mit dem Bau der Stufen Schwabeck, Lavamünd, Unterdrauburg (Dravograd) und Marburg (Mariborski Otok) die Wasserkraftnutzung an diesem Fluß in großzügiger Weise fort. Wiederum war die Bautätigkeit mit besonderen Ingenieurleistungen verbunden: bei Schwabeck durch die Steigerung der Fallhöhe auf über 20 m, bei den übrigen Anlagen durch erstmalige Ausführung der Pfeilerbauweise Grengg-Lauffer.

Nach dem zweiten Weltkrieg übernahm Jugoslawien die unterhalb von Lavamünd errichteten Anlagen und vollendete in der Folge die Werkskette bis Marburg mit weiteren drei Pfeilerkraftwerken. Derzeit wird die Drau unterhalb von Marburg in 2 Umleitungskraftwerken ausgebaut.

In Österreich erhielt die 1947 gegründete Österr. Draukraftwerke AG (ÖDK) die Anlagen Schwabeck und Lavamünd zum Betrieb sowie die Aufgabe, für die oberhalb anschließende Flußstrecke bis Villach einen Stufenplan auszuarbeiten.

Dieser Stufenplan umfaßt nach dem letzten Planungsstand 5 Kraftwerke, von denen die Anlagen Edling (1959-1962) und Feistritz (1965-1969) bereits verwirklicht sind. Im Endausbau sollen zwischen Villach (Österreich) und Ormoz (Jugoslawien) in einer geschlossenen Kraftwerkskette von 15 Stufen im Regeljahr 5200 GWh erzeugt werden. Derzeit sind mehr als zwei Drittel dieses Energiedargebotes genützt (Abb. 1).

2.   Die Kraftwerke Edling und Feistritz

Die Planung der KW Edling und Feistritz erfolgte in engem Zusammenhang mit der Ausarbeitung eines Rahmenplanes für die Draustrecke Villach-Schwabeck (85 km, 116 m Fallhöhe). Ziel dieses Rahmenplanes war eine möglichst vollständige Ausnützung der Rohenergie. Den Forderungen der Energiewirtschaft nach einer geschlossenen Kraftwerkskette mit hohen Staustufen standen aber neben den geologischen und topographischen Gegebenheiten die Interessen der Land- und Forstwirt-

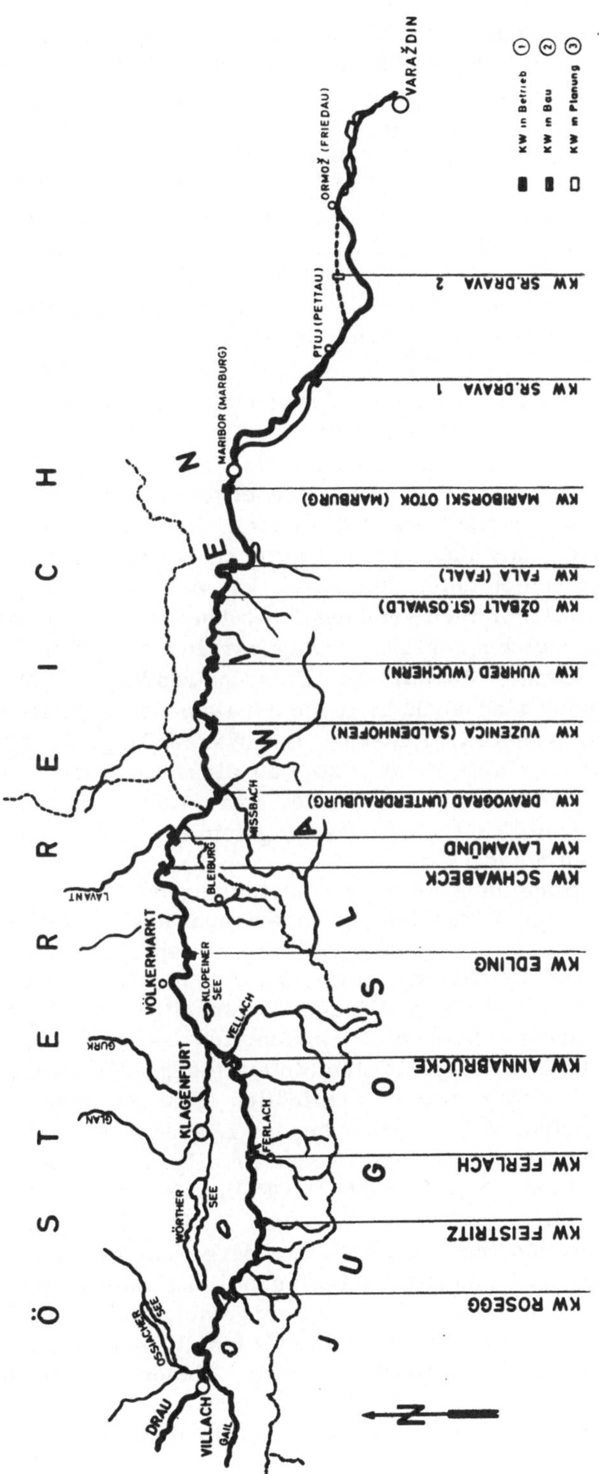

Abb. 1: Kraftwerkskette Villach – Ormoz, Übersichtskarte
(1) Kraftwerk in Betrieb – (2) Kraftwerk in Bau – (3) Kraftwerk in Planung

schaft, der Wohnsiedlungen, des Verkehrs u. a. gegenüber. Es war daher in manchen Fällen nicht leicht, bei den einander widersprechenden Interessen zu einvernehmlichen Lösungen zu kommen.

Zum Unterschied zur Drauschlucht flußabwärts von Völkermarkt, wo sich der Fluß tief in die Schotterfluren und in das Grundgebirge eingesenkt hat, fließt die Drau zwischen Villach und Völkermarkt in einem breiten Trogtal oder in weiträumigen Becken. Der Fluß wird hier daher häufiger von Niederfluren begleitet, die das Einfügen einer geschlossenen Kraftwerkskette erschweren und den Bau von Uferdämmen erfordern. Hinzu kommt, daß in diesem Abschnitt das dichte Grundgebirge bis zu 200 m tief unter der Talsohle liegt. Nur vereinzelt steht es an der Flußsohle oder an den Ufern an. Meist ist es in wechselvoller Lagerung mit feinkörnigen, eiszeitlichen Stauseeablagerungen, mit Schwemmkegeln der seitlichen Geschiebebringer und mit Flußkiesen überdeckt. Es ist ein Vorteil, daß die eiszeitlichen Feinkornablagerungen durch Eis- und Moränenüberlagerungen vorgepreßt sind. Sie ergeben dadurch auch für große Bauwerke einen tragfähigen und dichten Baugrund. Die diesen Boden überdeckenden, durchlässigen Schotterschichten verschiedener Mächtigkeit erfordern jedoch unter den Bauwerken eine Abdichtung.

Die geringe, im allgemeinen genügend hoch über dem Fluß liegende Besiedlung, die in ausreichender Entfernung parallel zum Fluß verlaufenden bzw. nur in kleiner Anzahl den Fluß querenden Verkehrswege (Straßen und Eisenbahn) sind auch in diesem Talabschnitt günstige Voraussetzungen für den Wasserkraftausbau. Das Wasserdargebot ist allerdings geringer als flußabwärts davon, so daß diese Draustrecke lange Zeit als weniger ergiebig beurteilt worden war. Der hiefür von der AEW im Jahre 1942 erstellte Ausbauvorschlag enthielt 13 niedrige Stufen mit Fallhöhen zwischen 6 und 13 m.

Die ÖDK hat im Sinne der weiteren Entwicklung des Tief- und Wasserbaues die Stufenteilung fortlaufend geändert und das wirtschaftliche Gesamtergebnis verbessert. Es gelang ihr, die Stufenhöhen immer weiter zu steigern und die Anzahl der Stufen zu verringern, nicht zuletzt durch den technischen und wirtschaftlichen Fortschritt in der Abdichtung des Untergrundes, worüber hier noch ausführlich berichtet wird. Mit den in Abb. 2 und Tabelle 1 dargestellten Stufen Rosegg, Feistritz, Ferlach, Annabrücke und Edling wurde schließlich eine großzügige, dem modernen Wasserkraftausbau entsprechende Lösung erreicht. Jede Stufe ist über 20 m hoch; für Flußkraftwerke im allgemeinen und für die hier gegebenen Verhältnisse sehr beachtliche Fallhöhen.

Die Kraftwerke Edling und Feistritz haben in der künftigen Werkskette zwischen Villach und Staatsgrenze besondere Funktionen zu erfüllen. Aus betrieblichen Gründen wurde Edling mit Schwabeck und Lavamünd zur Werkskette "Untere Drau" zusammengefaßt. Der große Stausee von Edling (10,5 km² Oberfläche, 80 Mio m³ Inhalt) ermöglicht einen energiewirtschaftlich wertvollen Schwellbetrieb. Diesem Schwellbetrieb sind durch ein Übereinkommen zwischen Österreich und Jugoslawien bezüglich der Wasserabgabe nach Jugoslawien allerdings gewisse Gren-

Tabelle 1

Kraftwerkskette Drau von Villach bis Staatsgrenze, Hauptdaten

	Kraftwerk	Stauziel	Rohfall-höhe	Ausbau-durch-fluß	Max. Leistung	Jahres-arbeit
		(m ü. A.)	(m)	(m³/s)	(Mw)	(Mio kWh)
A. Kraftwerkskette	Rosegg*)	485,00	23,50	390	78	360
"Mittlere Drau"	Feistritz	461,50	23,70	390	80	390**)
	Ferlach	437,80	21,40	390	70	330
	Annabrücke	416,40	25,60	390	82	400
	Summe A		94,20		310	1 480
B. Kraftwerkskette	Edling	390,80	21,78	390	70	375
"Untere Drau"	Schwabeck	369,02	20,38	360	60	340
	Lavamünd	348,64	9,20	360	25	140
	Summe B		51,36		155	855
	Summe A und B		145,56		465	2 335

*) in Bau
**) ohne Einstauverluste durch KW Ferlach

zen gesetzt, Er kann also nicht nach rein österreichischen Bedürfnissen durchgeführt werden. Ein Durchlaufspeicherbetrieb nach rein österreichischem Bedarf wird daher nur in den zur Werkskette "Mittlere Drau" zusammengefaßten Stufen zwischen Villach und Edling möglich sein. Feistritz wird hiebei als Taktwerk eingesetzt werden, da hier der größere Stauraum (4,8 km² Oberfläche, 50 Mio m³ Inhalt) geschaffen werden konnte als bei der obersten Stufe Rosegg. Als Gegenspeicher zur Erfüllung der Forderungen gemäß dem erwähnten Abkommen Österreich-Jugoslawien wird der Stausee Edling eingesetzt werden.

Die beiden Werksketten werden nach den Erkenntnissen moderner Betriebsführung jeweils von einer Stelle aus ferngesteuert und fernüberwacht. In Feistritz wird dies unter Einsatz eines dafür besonders geeigenten Prozeßrechners erfolgen.

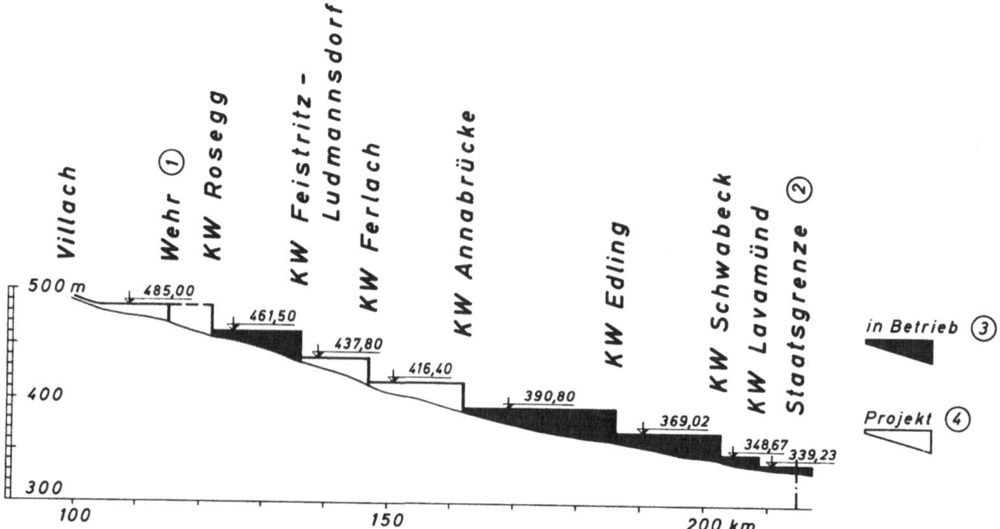

Abb. 2: Kraftwerkskette Villach — Staatsgrenze, Übersichtslängenschnitt
(1) Wehr — (2) Staatsgrenze — (3) in Betrieb — (4) Projekt

3. Die Untergrunddichtungen des KW Edling

Das Hauptbauwerk des KW Edling, Krafthaus, Wehranlage und Abschlußdamm, konnte noch in günstiger geologischer Lage in der Drauschlucht unterhalb von Völkermarkt situiert werden. Kraftstation und Wehr wurden auf einer niedrigen Flußbegleitterrasse im Innenbogen angeordnet und sind auf dolomitischen Kalkstein gegründet. Der Abschlußdamm mit immerhin 30 m Höhe schließt die Lücke des alten Flußbettes und fand in der Sohle und auch an der Flanke direkt den Felsanschluß (Abb. 3).

Lediglich die rechte Talflanke wird aus durchlässigen Schotterterrassen gebildet, die Umläufigkeiten erwarten ließen und entsprechende bauliche Vorkehrungen erforderten. Diese bestanden aus der Anordnung

Abb. 3: KW Edling, Luftbild Hauptbauwerk

eines Dichtungsspornes als Verlängerung der rechtsufrigen Einlaufmauer zum Wehr und aus einer groß bemessenen Quellfassungsgalerie längs der rechten Ufermauer. Der Dichtungssporn wurde in herkömmlicher Weise als Injektionswand ausgeführt. Im flach fundierten Flügel der Ufermauer wurde zusätzlich zu einer den Fels nicht erreichenden Stahlspundwand eine einfache bis doppelte Reihe von Dichtinjektionen mit insgesamt rd. 390 Bohrmetern und rd. 75 t Injektionsgut eingebracht und im Anschluß daran nach Süden der eigentliche Sporn als dreifache Injektionsbohrreihe mit rd. 50 m Länge, rd. 1225 m Bohrmetern und rd. 325 t Injektionsgut ausgeführt. Die einzelne Bohrung erreichte Tiefen bis zu 25 m.

Die Umströmung der völlig offenen, rechten Talflanke mit fast 22 m
Gefälle konnte so ganz entscheidend eingeschränkt werden. Zum Zeitpunkt des Vollstaues wurde an der unterwasserseitigen Ausmündung der
rechtsufrigen Quellgalerie nur eine Gesamtwassermenge von rd. 400 l/s
gemessen, wobei Grundwasser inbegriffen war. Dreieinhalb Jahre nach
Errichtung des Vollstaues hat sich die Gesamtgrund- und -sickerwasser-
menge bei 160 l/s eingependelt. Entscheidend für diese Abnahme war die
zunehmende Abdichtung des Staubeckens durch die Ablagerung von
Schwebstoffen. Schon beim Bau des KW Schwabeck konnten gute Erfahrungen mit der Selbstdichtung der Drau gemacht werden; beim Bau
von Feistritz und der weiteren Draustufen wurde dieses Phänomen bereits in die Konstruktion und den Ausführungszeitplan eingeplant.

Die Dämme des Stauraumes von Edling erreichen nur relativ geringe
Höhen bis zu 11 m. Sie stehen jedoch durchwegs auf durchlässigen Böden
und erforderten daher eine Untergrunddichtung. Diese wurde dort angeordnet, wo neben den Wasserdurchtritten auch die Gefahr einer Boden-
erosion zufolge des hohen Potentialgefälles bestand. Bezüglich des
Wasserdurchtrittes bei geringer Wasserspiegeldifferenz wurde mit der
zunehmenden Selbstdichtungskraft des Flusses gerechnet. Diese Annahme
wurde inzwischen auch bestätigt. Immerhin blieb noch eine Durchtritts-
fläche von rd. 11.000 m² zu dichten.

An Dichtungselementen standen damals (1969) Stahlspund- und Injek-
tionswände zur Auswahl. Keine konnte aus technischen und wirtschaftlichen Gründen voll befriedigen. Technisch war insbesondere die Boden-
schichtung ein hinderlicher Faktor. Die Schichtfolge ab Oberfläche war:
2-3 m lehmiger Ausand mit großem Rammwiderstand, darunter wechselnd Kiese und Sande und schließlich auf den eiszeitlichen Stauseeablagerungen aufliegend grobe Kiese und Steine mit großen Hohlräumen.

Es wurden daher Versuche eingeleitet, um andere, billigere und
dennoch wirksame Dichtungsmethoden zur Anwendung zu bringen. So
wurde schon sehr frühzeitig versucht, eine Dichtwand im Schlitzwandverfahren mit Suspensionsstützung herzustellen. Leider scheiterte dieser
Versuch am ungeeigneten Geräteeinsatz. Weiters wurde eine Bohrme-
thode entwickelt, bei der Bindemittel — wahlweise bestehend aus Bentonit,
Zement, Flugasche und Lehm — mittels Schaufel- und Propellerbohrer
in den Untergrund eingemischt wurden, wodurch eine bohrpfahlähnliche
Dichtwand hergestellt wurde. Diese Methode eignete sich recht gut für
locker gelagerte Sand-Kiesböden, jedoch weniger für Grobkies und fest-
gelagerte Feinböden. Immerhin konnten im Zuge dieses Versuches rd.
1000 m² Dichtwand von 0,4 bis 0,6 m Stärke und mit Durchlässigkeits-
werten von 1.10^{-7} bis 1.10^{-9} m/s eingebracht werden.

Am erfolgreichsten gestalteten sich die Versuche nach dem ETF-
Verfahren (Etudes et Travaux de Foundation), bei dem Stahlprofile in
einer Reihe gerammt und beim Ziehen derselben die Hohlräume mit
einem Dichtungsmaterial, bestehend aus Lehm, Zement und Flugasche,
unter Druck ausgefüllt werden. Obwohl dieses Verfahren, heute allgemein Schmalwandverfahren genannt, damals noch in den Kinderschuhen

steckte, konnten damit rd. 9000 m² mit Tiefen von 6-8 m in kurzer Zeit hergestellt werden. Die Dichtheit dieser Wand an sich war ausreichend, obwohl beim Rammen wegen der dichten Lagerung der Bodenschichten verschiedentlich Ausbiegungen der Profile festzustellen waren. Die Selbstdichtung der Drau unterband in Kürze den Sickerwasserdurchtritt durch so entstandene Lücken.

4.   Die Untergrunddichtungen des KW Feistritz

     Ermutigt durch die Erfolge in Edling und durch den weiteren bautechnischen Fortschritt bei der Errichtung von Untergrunddichtungen konnten bei der nächsten zur Ausführung gelangenden Draustufe Feistritz weitere Grenzen gesteckt werden.

     Auf Grund der Überlegungen bei der Stufeneinteilung des Rahmenplanes ergab sich in Hinblick auf die geologischen Verhältnisse, auf Aufschließung und Betrieb der Baustelle die günstigste Lage inmitten eines breiten Talabschnittes, knapp oberhalb der Einmündung eines Wildbaches. Am linken Drauufer konnte hier für die Fundierung des Krafthauses und der Wehranlage noch Festgestein in Form einer in das Tal nach Süden vorspringenden Konglomeratplatte gefunden werden. Das Vorland zwischen Drau und dem nördlich parallel zum Fluß ziehenden Konglomeratstock der Sattnitz reichte aus, um das Hauptbauwerk neben dem Fluß zu errichten (Abb. 4).

     Der Anschluß zum Hochufer konnte durch einen kurzen, rd. 23 m hohen Damm hergestellt werden. Die hier dünne Überlagerungsschichte zwischen Dammaufstandsfläche und Konglomeratplatte konnte mit einer Betonschürze leicht abgedichtet werden.

     Rechtsufrig weitet sich das Tal zu einer Terrassenlandschaft aus Lockergesteinen. (Das nördlich der Drau anstehende Konglomerat taucht schon vom linken Flußufer ab in die Tiefe.) Das Abschließen dieser offenen Flanke mittels eines Dammes erfordert wohl großen Aufwand, der aber durch den Gewinn eines energiewirtschaftlich äußerst wertvollen Schwellraumes gerechtfertigt erschien. Der Abschlußdamm an der rechten Flanke, genannt "Damm Feistritz", mußte wegen der Ortschaften des Hinterlandes und zur Erhaltung des intensiv bewirtschafteten Kulturlandes in möglichst naher Lage zum Fluß errichtet werden. So erreichte der Damm bei einer Gesamtlänge von rd. 2,5 km auf eine Länge von 600 m die Höhe von 22 m, bei der Drauquerung sogar eine solche von 28 m. In seiner Linienführung ergaben sich zwei charakteristische Abschnitte, die sich auch hinsichtlich ihrer Untergrundverhältnisse grundsätzlich unterscheiden (Abb. 7):

a) eine Hauptdammstrecke über Drau und Drauniederflur,
b) eine Terrassenstrecke am Rande der Schwemmkegel des Kleinen Dürrenbaches und des Feistritzbaches.

Abb. 4: KW Feistritz, Luftbild Hauptbauwerk und Damm Feistritz

4.1 Bodenaufschlüsse beim Damm Feistritz

Schon die ersten Bodenaufschlüsse zeigten, daß in der Drauniederflur bis in Tiefen von über 20 m sandige Kiese, darunter kiesige Sande bis über 30 m, dann bis rd. 45 m Sande, darunter bis über 60 m Feinsande und schließlich Schluffe anstehen. Das Grundgebirge konnte in einer 100 m tiefen Bohrung noch nicht erreicht werden. Im Bereich der Schwemm- kegel war eine formlose Kreuzschichtung von wechselnden Grob- und

78

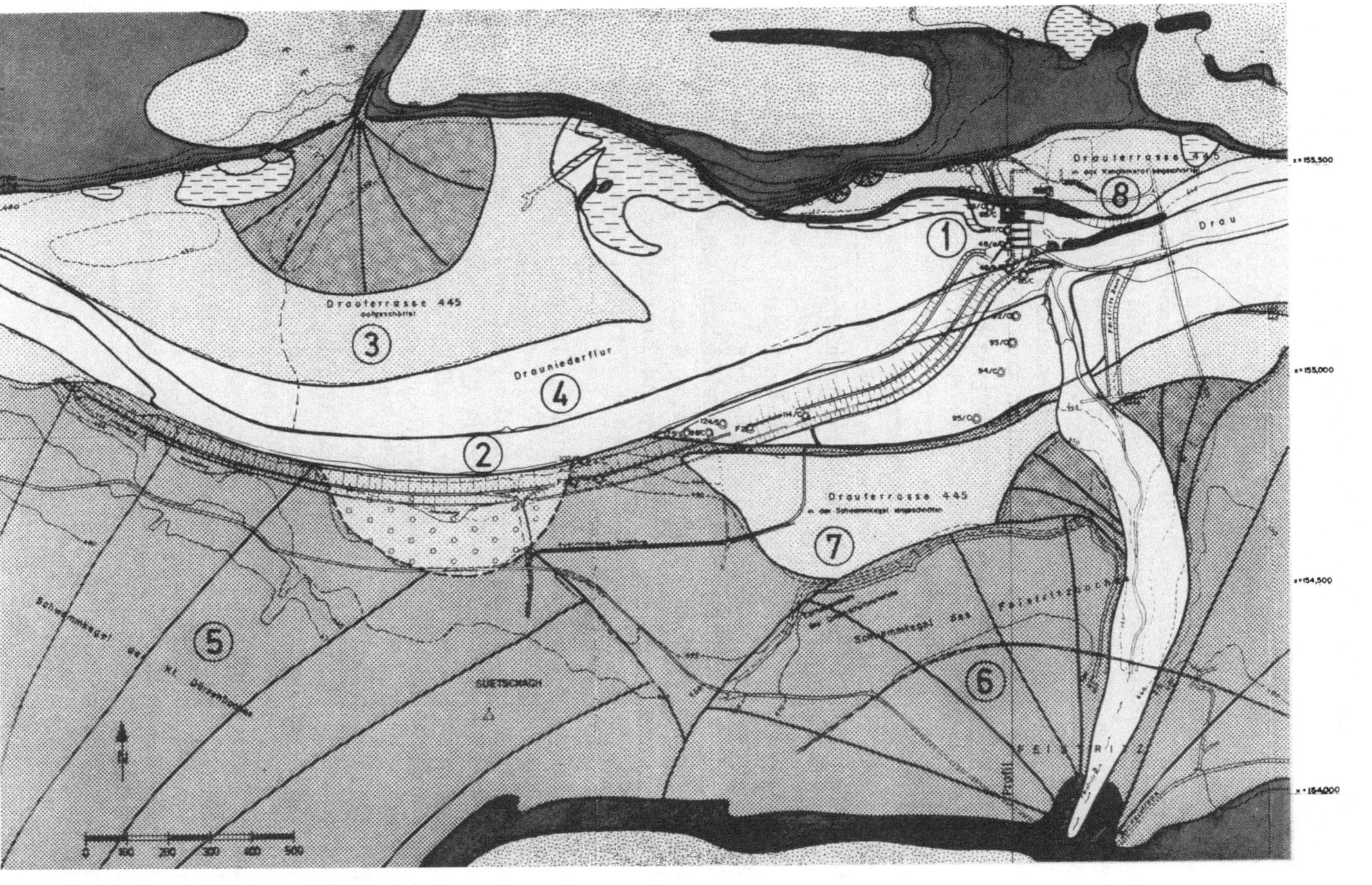

Abb. 5: KW Feistritz, geologische Karte
(1) Hauptbauwerk — (2) Damm Feistritz — (3) Drauterrasse 445 aufgeschüttet — (4) Drauniederflur
(5) Schwemmkegel des Kleinen Dürrenbaches — (6) Schwemmkegel des Feistritzbaches — (7) Drauterrasse 445 in den Schwemmkegel eingeschnitten — (8) Drauterrasse 445 in das Konglomerat eingeschnitten

Feinkornablagerungen sowie mit eingestreuten Flußablagerungen zu erwarten (Abb. 5).

Wie bis zu jener Zeit üblich, wurden zur näheren Erkundung des Dammuntergrundes in den Lockergesteinsbereichen Schlagbohrungen angesetzt. Diese Art der Bohrung ergab zwar nur ein ungefähres Bild der durchörterten Bodenschichten, bot aber bis dahin die einzige Möglichkeit, auch die Durchlässigkeit zu prüfen. Besonders im Schwemmkegelbereich reichten aber diese Aufschlüsse bald nicht mehr aus, da augenscheinlich gleichwertiges Material verschiedene Durchlässigkeitskoeffizienten ergab.

In vergleichenden petrographischen Kornanalysen natürlicher Aufschlüsse und Schürfröschen konnte dann in der Folge der Unterschied geklärt werden, der sich aus Schwemmkegelmaterial und Flußablagerungen ergab. Jedoch konnten trotz dieser Klärung und genauester Auswertung die feineren Unterschiede in der Schichtfolge nicht registriert werden. Da eine technische Verbesserung des Schlagbohrverfahrens aber nicht möglich schien, wurden schon 1962 Versuche angestellt, das Rotationsbohrverfahren im Lockergestein einzuführen. Das Hauptinteresse galt einem möglichst vollständigen Kerngewinn, wodurch Spülungen beim Bohren ausgeschlossen waren. Dem anfänglich großen Verschleiß an Bohrkronen konnte durch Verbesserung des Verfahrens so weit begegnet werden, daß schließlich auf wirtschaftlichem Wege ein fast hundertprozentiger Kerngewinn zu erzielen war. Schließlich wurde auch in Anlehnung an das Schlagbohrverfahren eine brauchbare und einfache Methode gefunden, in Rotationsbohrungen k - Wertbestimmungen durchführen zu können.

Da die k-Werte des Untergrundes für die Beherrschung der Sickerwasserströmungen und letzten Endes für die Standfestigkeit des Dammes entscheidend waren, erfolgte ihre Ermittlung mit besonderer Sorgfalt. Es wurden mehr als 1000 Feldversuche in rd. 250 Bohrungen ausgewertet. Darüber hinaus wurden eine Reihe von Filterbrunnen eingebaut, um damit bei Dauerpumpversuchen aus der Form des Absenktrichters den k-Wert genau bestimmen zu können. Ein weiterer Weg zur Bestimmung der Durchlässigkeitswerte ergab sich aus den Kornverteilungskurven der Proben aus den Rotationsbohrungen. Wichtig ist, daß die Proben einwandfrei entnommen und nicht entmischt sind. Ferner darf das Material nicht zu grobkörnig sein. Die gute Übereinstimmung der k-Werte aus Pumpversuchen und Kornverteilungskurven zeigt Abb. 6.

Zur groben Übersicht der angetroffenen Verhältnisse sei angeführt, daß die k - Werte im Bereich des Flußkieses in der Niederflur (Hauptdammstrecke) im Mittel 2.10^{-2} m/s, in den darunterliegenden Mittelbis Feinsandzonen 1.10^{-4} m/s und in der Terrassenstrecke im Mittel 3.10^{-3} m/s betrugen.

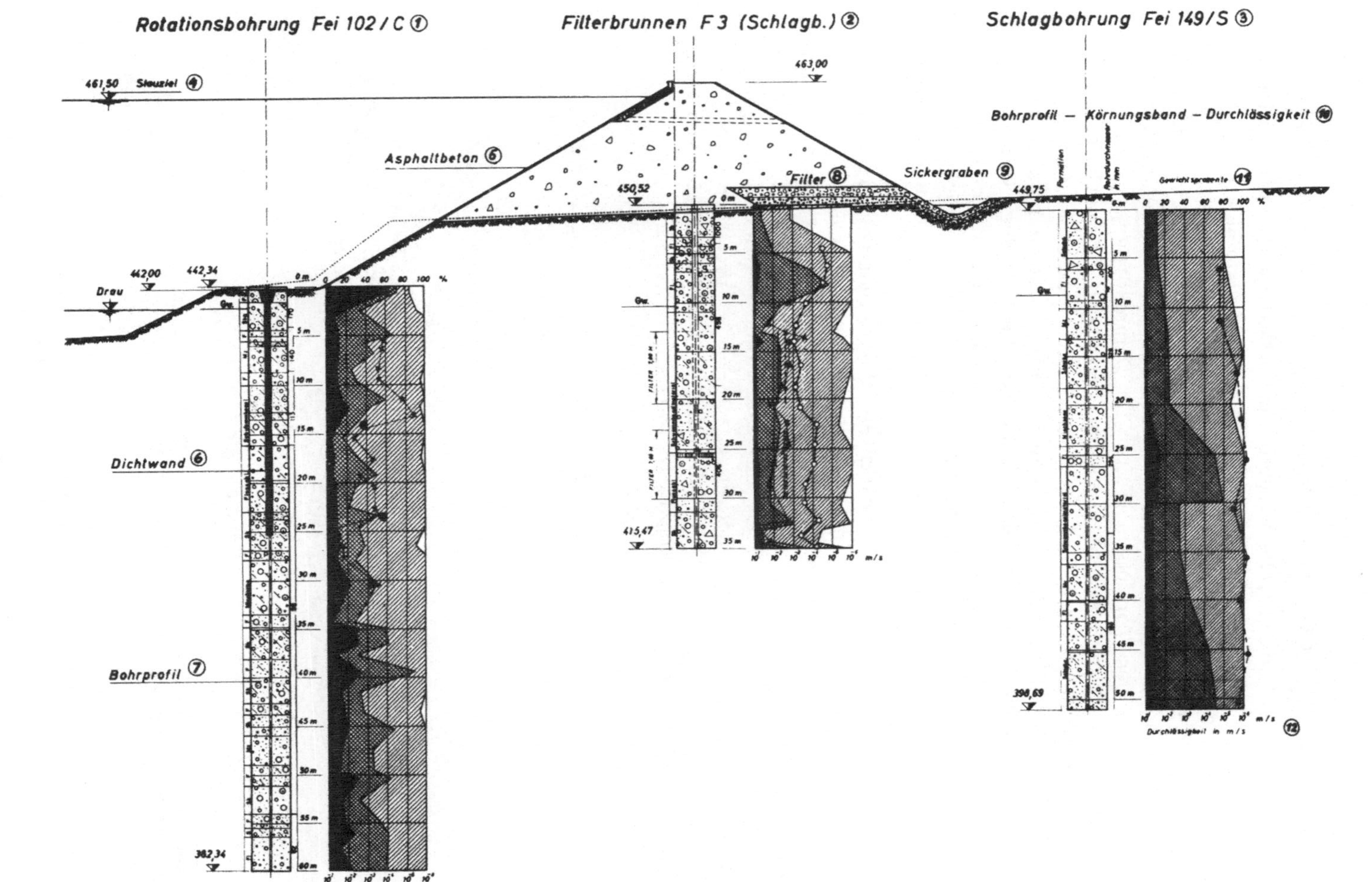

Abb. 6: KW Feistritz, Bodenaufschlüsse mit k-Wert-Bestimmungen
(1) Rotationsbohrung – (2) Filterbrunnen – (3) Schlagbohrung – (4) Stauziel – (5) Asphaltbeton – (6) Dichtwand – (7) Bohrprofil – (8) Filter – (9) Sickergraben – (10) Bohrprofil-Körnungsband-Durchlässigkeit –
(11) Gewichtsprozente – (12) Durchlässigkeit in m/s

4.2 Bemessung der Untergrunddichtung beim Damm Feistritz

In der Hauptdammstrecke waren die durchlässigen Kiesschichten auf jeden Fall durch eine verläßlich wirkende Dichtungswand abzuriegeln. Die Wand sollte in die Feinsandschichten mindestens 4-5 m eingebunden werden, damit der Stauwasserdruck auf dem Sickerweg durch den Sand nahezu vollständig abgebaut werden und das Sickerwasser entspannt über die Kiesschichte den Vorflutern (Filter im Dammkörper, Sickergraben, Bachgerinne, Unterwasser) zufließen konnte. So ergab sich nach den Bohraufschlüssen in der Hauptdammstrecke eine Tiefe der Dichtungswand von 19 bis 47 m. Die Einbindungstiefe der Schürze in den Sandhorizont erfolgte unter Berücksichtigung der Erosionssicherheit des Sandes unter der Beanspruchung des Stauwasserdruckes. Außerdem wurde die Filterfähigkeit des aufliegenden Kieses im Laboratorium überprüft, so daß Sicherheit darüber bestand, daß der Sand nicht in die Anschlußzonen ausgespült werden konnte.

In der Terrassenstrecke war für die Bemessung der Dichtwand bei wesentlich geringerem Differenzwasserdruck nur die Erosionssicherheit des Untergrundes maßgebend, nachdem hier eine ausgeprägte dichte Bodenschichte fehlte, in die eine verläßliche Einbindung der Dichtung möglich gewesen wäre. Die Tiefe der Dichtwand wurde so festgelegt, daß der reziproke Sickerwegquotient $C = \frac{1/3\ b + 2\ t}{h}$ nicht den Wert 7 (für feinen Sand) unterschreitet. Es ergaben sich so Dichtwandtiefen von 10 m und 5 m im obersten Dammabschnitt (Abb. 7).

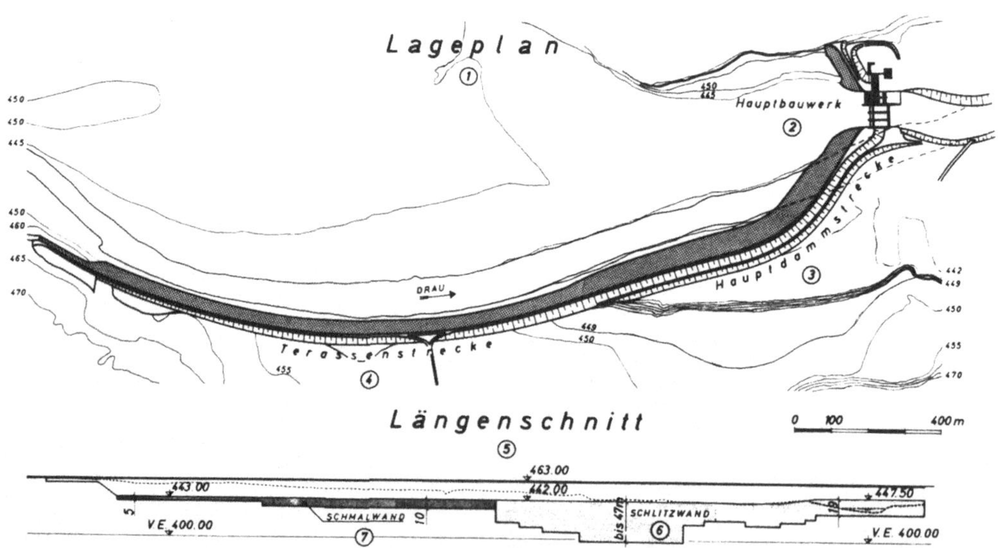

Abb. 7: KW Feistritz, Lageplan und Längenschnitt Damm Feistritz
(1) Lageplan – (2) Hauptbauwerk – (3) Hauptdammstrecke – (4) Terrassenstrecke – (5) Längenschnitt – (6) Schlitzwand – (7) Schmalwand

Nach dieser Konzeption wurden nun die zu erwartenden Sickerwassermengen berechnet und der Filter im Dammkörper bemessen. Die Berechnungen wurden durch Modellversuche mit dem Hele-Shaw-Apparat
an der Technischen Hochschule Darmstadt bei Prof. Breth unterstützt.
Prof. Breth führte diese Untersuchungen in seiner Eigenschaft als Gutachter und Berater der Österreichischen Draukraftwerke AG durch.

Die Berechnung der Sickerwassermengen erfolgte an Hand der
zeichnerisch und im Modell ermittelten Strömungsnetze, wobei in der
Hauptdammstrecke der Fließwiderstand in der Kiesschichte wegen der
200 mal größeren Durchlässigkeit vernachlässigt und der k-Wert in der
Terrassenstrecke unter Vernachlässigung des vielschichtigen Aufbaues
des Untergrundes mit einem Mittel von 3.10^{-3} m/s angenommen wurde.
Ebenso konnte die Sickerung im Dammkörper vernachlässigt werden, da
der Dammkörper mit insgesamt 1,5 Mio m³ Schüttkubatur aus Schwemmkegelmaterial mit äußerst günstiger Kornabstufung errichtet und mit Asphaltbeton abgedeckt wurde (Abb. 8). Die Durchlässigkeit des verdichteten
Dammschüttmaterials beträgt 1,5 bis 8,6 . 10^{-9} m/s bei einem Trockenraumgewicht bis 2,4 t/m³. Die Asphaltbetonverkleidung besteht aus
2 Schichten, der 6 cm starken Binderschicht und der 5 cm starken Deck-
schichte.

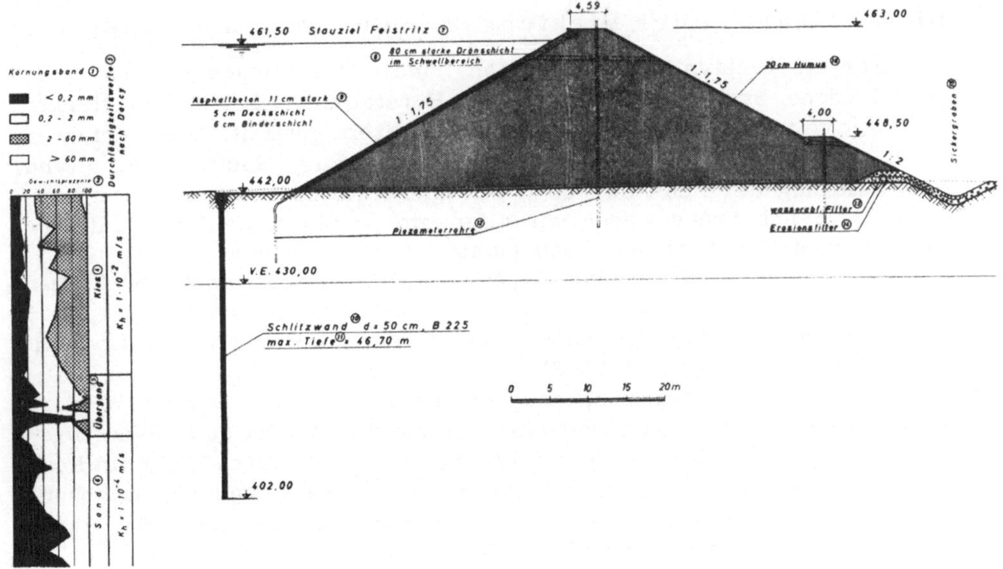

Abb. 8: KW Feistritz, Querschnitt Hauptdammstrecke Damm Feistritz
(1) Körnungsband — (2) Gewichtsprozente — (3) Durchläßigkeitswerte nach
Darcy — (4) Kies — (5) Übergang — (6) Sand — (7) Stauziel — (8) 80 cm
starke Dränschicht im Schwellbereich — (9) Asphaltbeton 11 cm stark —
(10) Schlitzwand — (11) max. Tiefe — (12) Piezometerrohre — (13) was-
serführende Filter — (14) Erosionsfilter — (15) Sickergraben — (16) 20 cm
Humus

Die mit Hilfe der Strömungsnetze errechneten Sickerwassermengen betrugen für die Terrassenstrecke 6, 5 m³/s, für die Hauptdammstrecke 1, 0 m³/s, also insgesamt 7, 5 m³/s. Es bestand aber noch eine Möglichkeit, diese beträchtliche Sickerwassermenge zu reduzieren. Wie erinnerlich, konnten schon in Schwabeck und in Edling dank der Selbstdichtungskraft der Drau Sickerungen eingeschränkt oder ganz abgedämmt werden. So wurden im Bereich des Feistritzer Dammes bewußt durch einen um ein Jahr vorgezogenen Teilstau große Schwebstoffmengen zur Ablagerung gebracht, die sich wie ein Dichtungsteppich vor den Damm hinlegten. Diese feinen Drausedimente haben abgelagert einen mittleren k-Wert von 2.10^{-7} m/s. Es wurde errechnet, daß eine Schwebstoffschichte von 1 m Stärke die Sickerwassermenge von 7, 5 auf 1, 6 m³/s reduzieren könnte. Nachdem aber ein solcher gleichmäßig über das ganze Dammvorland abgelagerter Dichtungsteppich kaum zu erhoffen war, konnte für die Anfangszeit nur mit einer Teilreduktion gerechnet werden. Tatsächlich hat sich der Schweb, wie Lotungen ein Jahr nach Errichtung des Teilstaues zeigten, hauptsächlich in der alten Flußrinne abgelagert, während die Vorländer erst mit einer dünneren Schwebstoffschichte überlagert waren.

4.3 Die Ausführung der Dichtungswand beim Damm Feistritz

Für die Dichtungswand wurde an Hand der vorliegenden Anbote für verschiedene Systeme schließlich die Herstellung einer 0, 5 m starken Betonschlitzwand nach dem Saugbohrverfahren gewählt. Das Verfahren stellt eine Kombination zwischen Schlagbohrung, Saugbaggerung und Stabilisierung der Schlitzwände durch Bentonitsuspension dar. Die Vorteile des Saugbohrens liegen vor allem im größeren Baufortschritt und im einfachen Transport des Bohrgutes durch den Spülstrom.

Der Aushub erfolgte lagenweise in einzelnen Schlitzwandabschnitten im Pilgerschritt, daß heißt, es wurden zunächst die Abschnitte 1, 3, 5 usw. und darauffolgend die dazwischenliegenden Abschnitte 2, 4 usw. mit je 6 m Länge hergestellt (Abb. 9).

Der mit dem Bohrgut abgesaugte Bentonitschlamm wurde zur Wiederverwendung entsandet und über ein Absetzbecken erneut dem Abteufungsschlitz zugeführt. Der fertiggestellte Schlitz wurde durch Beton im Kontraktorverfahren verfüllt. Die Praxis erwies, daß dabei keine Vermischung mit dem Bentonitschlamm erfolgt, sondern daß dieser durch den eingebrachten Beton restlos verdrängt wird.

Zur einwandfreien Ausbildung der Trennfugen zweier Abschnitte wurde der Beton des zuerst erstellten Abschnittes durch ein Fugenrohr begrenzt. Es entstand so eine halbkreisförmige Hohlfuge, in welche das Saugbohrgerät beim Aushub des folgenden Abschnittes satt eingreifen konnte, so daß keine Bodenreste verblieben.

Die mit einseitigem Wasserdruck beanspruchte Wand wurde unbewehrt ausgeführt, nachdem mit dem Steifezifferverfahren von KANY unter Berücksichtigung ihrer elastischen Bettung im Boden das maximale Biege-

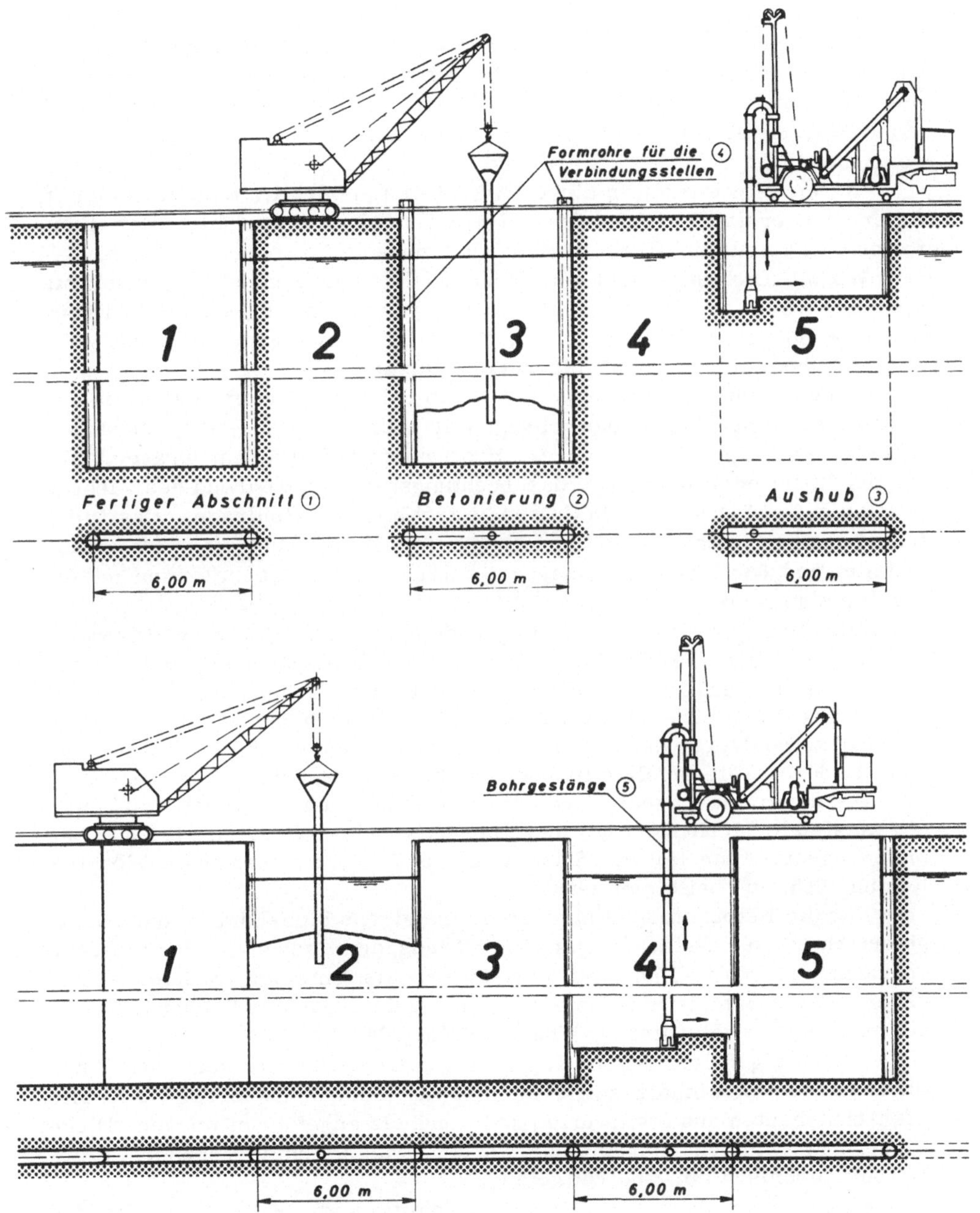

Abb. 9: KW Feistritz, System Schlitzwandherstellung Damm Feistritz
(1) Fertiger Abschnitt — (2) Betonierung — (3) Aushub — (4) Formrohre
für die Verbindungsstellen — (5) Bohrgestänge

moment 7 Mpm und seine zugehörige Randspannung nach Zustand I mit $\sigma = 10$ kp/cm² errechnet wurden. Zur Gütekontrolle des Schlitzwandbetons wurden schräge, die Fugen schneidende Kernbohrungen in der Längsachse durchgeführt.

Der Bohrkern erbrachte den Beweis einwandfreier Betonqualität. Die Fugen zwischen den Wandabschnitten konnten im Kern kaum wahrgenommen werden. Im Bohrloch durchgeführte Abpreßversuche zeigten fast keine Wasserverluste an und erbrachten damit den Nachweis der ausreichenden Dichtheit der Schlitzwand.

In Feistritz wurden in dieser Art 32.400 m² Schlitzwand mit einer in Österreich erstmalig erreichten Tiefe von 47 m ausgeführt. Der Baufortschritt betrug im Mittel 3,75 m² je Stunde.

Wo die Dichtungswand (im Bereich der Terrassenstrecke) nur bis maximal 10 m Tiefe vorgesehen war, wurde das spezifisch billigere Schmalwandsystem der Soletanche, Paris, zur Anwendung gebracht.

Das System beruht auf folgendem Prinzp:

In der Dichtungswandachse wird ein I-Träger Profil 800 mm in den Boden gerammt. Durch das Ziehen mit hydraulischer Vorrichtung hinterläßt der Träger im Boden ein Hohlraumprofil. Ein am Träger befestigtes Injektionsrohr bringt das Dichtungsgemisch während des Ziehens mit 3 bis 8 atü Druck direkt in den hinterbliebenen Hohlraum. Das Dichtungsgemisch bestand aus 150 kg Zement, 50 kg Bentonit, 700 1 Sand 0/3 mm und 835 1 Wasser, insgesamt 1250 1 flüssiges Injektionsgut für 1m³ Fertigprodukt.

Für die Herstellung der Untergrunddichtung waren zwei Schlitzwandgeräte der Firma Rodio-Marconi und ein Schlitzwandgerät der Firma Soletanche im Einsatz; für die Herstellung der Schmalwand ein Gerät der Firma Soletanche. Weiters waren im Bereich der Drauquerung je ein Schlitzwandgerät der Firmen Bade und Soletanche eingesetzt. Der Einsatz der Geräte erfolgte in zweischichtigen Dekaden.

Die maximale Tagesleistung eines Schlitzwandgerätes betrug 157 m², die maximale Monatsleistung bei Einsatz von drei Geräten 5724 m²; die max. Tagesleistung für die Schmalwand 515 m², die maximale Monatsleistung 6659 m² bei einem Gerät.

Für die Betonaufbereitung wurde eine eigene Sieb- und Betonieranlage errichtet, der Frischbeton mittels Transportmischer zur Einbaustelle gebracht und schließlich über Luttenrohre als Unterwasserbeton eingebracht. Die maximale Stundenleistung der Betonieranlage betrug 18,5 m³, die maximale (zweischichtige) Tagesleistung 240 m³.

Es sei angeführt, daß im Zuge der Schlitzwandherstellung auch Findlinge und Schwemmholz sowie im Bereich der Drauquerung auch alte Uferschutzbauten aus Steinwürfen und Rundholz angefahren wurden. Diese Hindernisse mußten ausgemeißelt werden, was bei entsprechendem Zeitaufwand technisch einwandfrei gelang.

Eine weitere Anwendung fand das Schlitzwandverfahren auch im Bereich der Turbineneinläufe. Hier bestand die Gefahr, daß sich zufolge des durchlässigen Konglomerates unter der Turbineneinlaufsohle ein unzulässig hoher Druck aufbauen könnte. Es wurde also eine Schlitzwand angeordnet, die den Einlauf kastenförmig umschließt und in etwa 13 m Tiefe in eine dichte Lehmschichte einbindet. Die Oberkante der Dichtungswand ist mit einem Fugenband an die Einlaufsohle angeschlossen. Der Schlitz konnte technisch ohne besondere Schwierigkeiten aus dem Konglomerat herausgemeißelt und mit unbewehrtem Beton wasserdicht aufgefüllt werden.

4.4 Feststellung des Dichtungserfolges beim Damm Feistritz

Die Verfolgung der Vorgänge der Grund- und Sickerwasserströmungen vor, während und nach dem Aufstau geschieht im besonderen auch zur Feststellung der Sicherheit des Bauwerkes und nicht nur zur Ermittlung der Wasserverluste aus dem Staubecken. Die für diesen Zweck erforderlichen Messungen umfaßten daher Feststellungen über die oberflächlichen Sickerwassermengen, den Sickerlinienverlauf im Damm und Untergrund und schließlich über die Umschichtung der Grundwasserströmungen. Zur Beobachtung dieser Vorgänge wurden zahlreiche Beobachtungsrohre im Damm und dessen Hinterland gesetzt sowie im Sickergraben und den übrigen Vorflutern eine Reihe von Meßgerinnen eingebaut.

Die Bestimmung des Dichtungserfolges wurde nun auf mehrere sich ergänzende Arten vorgenommen. Hiebei zeigt der Damm Feistritz als talparalleler Begleitdamm Eigenheiten, die sich von denen eines Dammes, der als Talsperre wirkt, unterscheiden.

4.41 Gegenüberstellung von rechnerischen und gemessenen Sickerwassermengen

Wie erwähnt, erfolgte die Berechnung der Sickerwassermengen mit und ohne Vorlanddichtung zufolge des abgelagerten Schwebstoffteppichs. Die Ergebnisse dieser beiden Berechnungen sind im Längenschnitt durch den Sickerwassergraben West und dessen Vorflutgerinne in Abb. 10 aufgetragen. Die tatsächlichen und nach Erreichen des Vollstaues gemessenen Wassermengen sind den rechnerischen Werten gegenübergestellt. Der Abfluß im Sickergraben Ost, der direkt in die Drau mündet, ist nicht dargestellt.

Die gemessenen Wassermengen entsprechen dem Abfluß im Sickerwassergraben bei Vollstau. Es muß jedoch betont werden, daß diese Wassermengen nicht unmittelbar mit den berechneten Sickerwassermengen verglichen werden können, denn die luftseitig des Dammes zum Abfluß gelangenden Wassermengen setzen sich aus drei Komponenten zusammen:

a) Sickerwasser als Folge der Unterströmung des Dammes,

b) Sickerwasser als Folge der Umströmung der oberen Dammeinbindung,

c) Grundwasser aus dem engeren Einzugsgebiet des Dammes, vermehrt durch solches, das als Folge der Umstellung der Grundwasserverhältnisse nach dem Aufstau aus flußaufwärts liegenden Gebieten abgedrängt wurde.

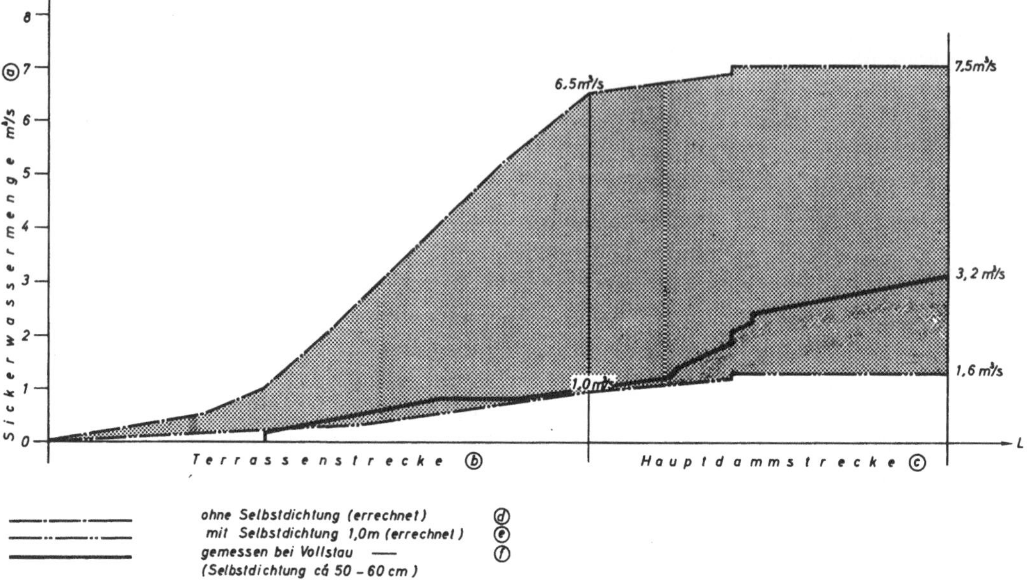

Abb. 10: KW Feistritz, Sickerwassermengen im Längenprofil Damm Feistritz
a) Sickerwassermenge m³/s — b) Terrassenstrecke — c) Hauptdammstrecke — d) ohne Selbstdichtung (errechnet) — e) mit 1,0 m Selbstdichtung (errechnet) — f) gemessen bei Vollstau (Selbstdichtung 50 − 60 cm)

Diese drei Wasserarten fließen etwa dem Damm parallel teils als Grundwasser, teils als Oberflächenwasser abwärts. Es steht außer Zweifel, daß ein großer Teil der angeführten Wässer als Grundwasser abgeführt wird. Bis zur Staukote 456, d. i. 5, 50 m unter Vollstau, war die Grundwasserströmung in der Terrassenstrecke imstande, die gesamte Wasserabfuhr zu übernehmen. Bei Vollstau hat sich das Grundwassergefälle gegenüber den Verhältnissen vor Stau verfünffacht, ebenso stieg der Grundwasserspiegel um 4-18 m.

Es liegen also zwei Komponenten vor, die die Vergleichbarkeit beeinflussen:

Einerseits sind mehr Wässer da als nur das Sickerwasser, andererseits findet ein hydraulischer Ausgleich statt, weil ein Teil des Sickerwassers als Grundwasser abgeführt wird. Nur die als Grundwasser nicht mehr abführbare Wassermenge tritt in den Sickerwassergraben ein und wird dort als "Sickerwasser" gemessen. Vergleiche auf dieser Basis können also nur ein ungefähres Bild über die Dichtheit des Dammes und seiner Untergrunddichtung geben, obwohl gesagt werden muß, daß die beiden Komponenten einander mehr oder weniger aufheben. Jedenfalls gibt dieser Vergleich einen Gesamtüberblick über die Wassermengen im Sickerwassergraben. Zu beachten ist, daß die Neigungen der Mengenlinie — die den Wasserzudrang pro Längeneinheit angeben — sich merklich von den rechnungsmäßigen Werten unterscheiden. Die vergleichsweise

stärkeren Neigungen am unteren Ende des Sickergrabens West und im
Vorflutgerinne treten auf, weil dort jeweils am Terrassenfuß Wassermengen in den Sickerwassergraben austreten, die bis dahin im Grundwasser abgeführt wurden.

4.42 Feststellung von Wassereigenschaften

Bei Unterschieden zwischen physikalischen oder chemischen Meßwerten des gestauten Wassers und des aus dem Hinterland gespeisten
Grundwassers ist es möglich, Unterscheidungen dieser Wasserkörper
vorzunehmen und die Strömungsbereiche gegeneinander abzugrenzen. Das
aus dem Stau stammende Sickerwasser ist auch dann feststellbar, wenn
es mit seiner Aufenthaltszeit im Boden seine Eigenschaften allmählich
verändert. Gerade diese Anpassung der Eigenschaften läßt Rückschlüsse
auf die Aufenthaltsdauer zu, und je näher die Meßwerte im Grundwasser
denen des Stauwassers liegen, desto unmittelbarer ist die Einwirkung.

Beim Damm Feistritz wurden routinemäßig elektrolytische Leitfä-
higkeit und Wassertemperatur gemessen, fallweise wurden auch chemische
Volluntersuchungen vorgenommen. Bei der elektrolytischen Leitfähig-
keit waren immer ausreichende Unterschiede zwischen dem Drauwasser
und dem natürlichen Grundwasser vorhanden, um Unterscheidungen vorneh-
men zu können. Durch die Wassertemperaturen waren nur dann Unterscheidungen möglich, wenn jene des Drauwassers deutlich über oder unter
der Grundwassertemperatur lag. Eine sehr markante Unterscheidung
ergab sich durch Differenzbildung zwischen den Wassertemperaturen im
Frühherbst und Hochwinter. Da beim Grundwasser die Temperatur nahezu
konstant bleibt, läßt es sich auf diese Weise klar von dem aus der Drau
stammenden Sickerwasser unterscheiden. Es können also Gebiete mit
Grundwassertemperaturänderungen kleiner als $1,0°$ C mit Sicherheit dem
natürlichen Grundwasser zugerechnet werden. Temperaturänderungen
zwischen $1,0$ bis $7,0°$C charakterisieren Mischbereiche, während höhere
Werte als dem Drauwasser zugehörig anzusehen sind (Abb. 11).

Der Wert dieser Untersuchung liegt vor allem in der Auffindung ört-
licher Undichtheiten, die durch Meßwerte auffallen, die weitgehend denen
des Stauwassers entsprechen. Diese Möglichkeit ist natürlich durch die
Zahl der vorhandenen Meßrohre beschränkt.

4.43 Ermittlung des Sickerwasserspiegels

Durch Standrohrmessung kann deren Grund- bzw. Sickerwasser-
spiegel festgestellt werden. Die Verbindung dieser Wasserspiegellagen in
den Standrohren gibt etwa die Sickerwasseroberfläche. Sowohl die Spiegellage als auch das Spiegelgefälle im Dammquerschnitt sind ein Maß für den
Erfolg von Untergrunddichtungsmaßnahmen.

Abb. 12 zeigt die nach Erreichung des Vollstaues festgestellte Sickerwasseroberfläche im Vergleich mit dem ungestörten vor dem Aufstau
vorgefundenen Grundwasserspiegel. Es ist ersichtlich, daß die vom Stau
her stammende Druckhöhe hinter der Untergrunddichtung bereits um $18,7$ m

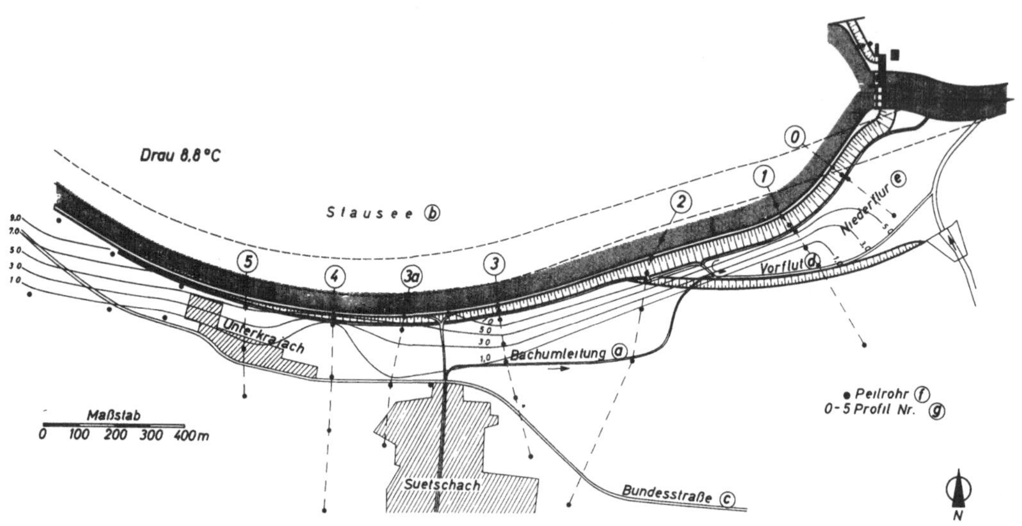

Abb. 11: KW Feistritz, Temperaturdifferenzen im Grundwasserkörper beim Damm Feistritz
a) Bachumleitung — b) Stausee — c) Bundesstraße — d) Vorflut — e) Niederflur — f) Peilrohr — g) 0—5 Profil Nr.

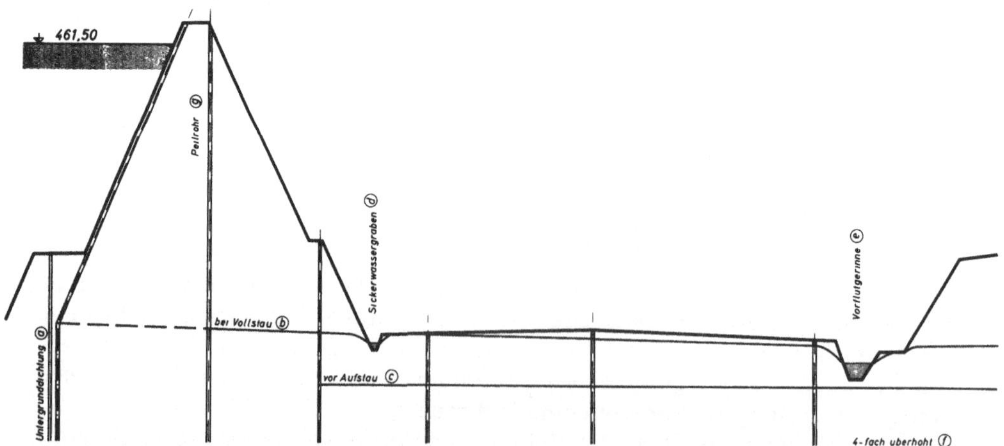

Abb. 12: KW Feistritz, Sickerlinien Meßprofil 1 Damm Feistritz
a) Untergrunddichtung — b) Sickerlinie bei Vollstau — c) Sickerlinie vor Aufstau — d) Sickerwassergraben — e) Vorflutgerinne — f) 4-fach überhöht

abgebaut wurde. Das verbleibende Restpotential ist unbedeutend und der Dichtungserfolg erwiesen.

Diese Methode liefert sicherlich brauchbare und anschauliche Ergebnisse, obwohl man sich bewußt sein muß, daß diese Art der Sickerspiegelbestimmung theoretisch nur bedingt entspricht.

Bei den meist verwendeten Piezometerrohren wird der Potentialdruck — sei es punktweise oder streckenweise — tief unter dem Wasserspiegel aus dem Boden abgenommen. Nur bei horizontalen Strömungen ist der Potentialdruck in der Tiefe identisch mit jenem an der Oberfläche. Bei Strömungen, die eine Vertikalkomponente geben, ist der Unterschied zwischen Potentialdruck in der Tiefe und Oberflächenwasserspiegel nur dann klein, wenn die Vertikalkomponente der Strömung klein gegenüber der Horizontalkomponente ist. Entstehende Fehler liegen jedoch bei einer aufwärts gerichteten Strömung auf der sicheren Seite. Sowohl Wasserspiegel als auch Gefälle charakterisieren deutlich den Dichtungserfolg im Meßquerschnitt. Auftretende Undichtheiten würden sofort durch Veränderungen in der Wasserspiegellage und im Gefälle deutlich werden. Die Kontrolle durch ein solches Meßprofil ist aber auf dessen nähere Umgebung beschränkt.

Von den drei geschilderten Verfahren war gewiß die Ermittlung des Sickerwasserspiegels das deutlichste und verläßlichste. Seine Schwäche liegt nicht im Verfahren selbst, sondern in der Tatsache, daß man diese Meßprofile kaum eng genug setzen kann, um einen Damm in seiner ganzen Länge lückenlos erfassen zu können. Die Messung der Wassermengen im Sickerwassergraben hat ermöglicht, pauschal auch Wasserdurchtritte erfassen zu können, die zwischen den Standrohrprofilen erfolgen und daher dort nicht erfaßt werden können. Die Messung von Wassereigenschaften ermöglichte die Ortung des Sickerwassers und der wichtigsten Durchtrittsstellen.

Somit hat jedes der geschilderten Ermittlungsverfahren eine bestimmte Aufgabe zu erfüllen. Durch die Zusammenschau der Ergebnisse konnte eine verläßliche Aussage über den erfolgreichen Verlauf der gewählten Dichtungsmaßnahmen gewonnen werden.

4.5 Untergrunddichtungen bei den Dämmen im Stauraum des KW Feistritz-Ludmannsdorf

Im Stauraum kamen zur Einpolderung tiefgelegener Ortschaften drei Dämme von insgesamt rd. 5 km Länge und mit maximalen Höhen von 6 m zur Ausführung. Diese Dämme stehen alle auf jungen Flußbegleitterrassen der Drau. Der Aufbau des Untergrundes besteht in der Schichtfolge von oben nach unten aus 2 bis 3 m mächtigen Feinsandüberlagerungen, darunter bis in Tiefen bis 25 bis 30 m durchlässige Flußkiese, vermischt mit dichten Schwemmkegeleinlagerungen und Sandlinsen. Erst dann kommen praktisch undurchlässige Schluffe.

Es war also von vornherein klar, daß bei diesen Polderdämmen ein Dichtschluß des Untergrundes mit wirtschaftlichen Mitteln nicht zu erreichen war. Die Untergrunddichtung mußte darauf beschränkt bleiben, die Erosionssicherheit des durchströmten Untergrundes zu gewährleisten, wobei die Dichtung den Schwebstoffablagerungen im Stausee überlassen blieb. Zur Ausführung gelangte eine Schmalwand nach dem verbesserten ETF-Verfahren, wie es schon im Zusammenhang mit Edling beschrieben wurde. Insgesamt wurden im Stauraum rd. 5300 m² Dichtungswand eingebaut.

LITERATURHINWEIS

H. Grengg und H. Lauffer. "Das Kraftwerk im Strom"
        Österr. Wasserwirtschaft 1949, Heft 9, 10
A. Grzywiensky. "Das Draukraftwerk Schwabeck"
        Österr. Bauzeitschrift 1948
E. Magnet. "Die Projektierung des Draukraftwerkes Edling"
        Österr. Zeitschrift f. Elektrizitätswirtschaft, 16. Jahrgang, 1963, Heft 1
R. Mussnig. "Die Bauplanung für Wehr, Kraftstation und Anschlußdamm"
        ÖZE, 16. Jahrgang, 1963, Heft 1
H. Kelenc. "Die Bauplanung für den Stauraum Edling"
        ÖZE, 16. Jahrgang, 1963, Heft 1
E. Kurzmann. "Erdbautechnische, eingepreßte und aus Beton gefertigte Stau- und Stützwände in Lockerböden"
        Baumaschinen und Bautechnik, 11. Jahrgang, 1964, Heft 11
E. Magnet. "Der Wasserkraftausbau an der mittleren Drau"
        ÖZE, 20, Jahrgang, 1967, Heft 4
R. Mussnig. "Sonderbauweisen im Wasserkraftwerksbau"
        ÖZE, 20. Jahrgang, 1967, Heft 8
E. Magnet. "Das Draukraftwerk Feistritz - Ludmannsdorf der Österr. Draukraftwerke"
        Der Bauingenieur, 43. Jahrgang, 1968, Heft 10
E. Magnet. "Zur Projektierung des Draukraftwerkes Feistritz-Ludmannsdorf"
        ÖZE, 21. Jahrgang, 1968, Heft 10
W. Demmer und E. Grollitsch. "Über die Erschließung von Lockerböden mittels Rotationsbohrungen samt Durchlässigkeitsbestimmungen beim Bau des Dammes Feistritz"
        Mitteilung d. Gesellschaft f. Geologie- und Bergbaustudenten Österreichs, 18. Band 1967
R. Mussnig. "Damm Feistritz, Projekt und Baudurchführung"
        ÖZE, 21. Jahrgang, 1968, Heft 10
H. Schlatte. "Methoden zur Erfassung der Grund- und Sickerwasserströmungen am Damm Feistritz"
        ÖZE, 21. Jahrgang, 1968, Heft 10
H. Kelenc. "Die Baulichkeiten des Rückstauraumes des KW Feistritz-Ludmannsdorf"
        ÖZE, 21. Jahrgang, 1968, Heft 10

37/6 GRÜNDUNGSPROBLEME BEI DEN AUF SCHLIER GEGRÜNDETEN KRAFTWERKEN WALLSEE UND OTTENSHEIM

R. Fenz, J. G. Kobilka, F. Makovec
Donaukraftwerke AG

Allgemeine Erläuterungen

Im Jahre 1946 wurde vom Österreichischen Wasserwirtschaftsverband der "Donau-Ausschuß" gegründet, und dieser wiederum betraute 1947 die Österreichische Donaukraftwerke AG mit der Erstellung eines Rahmenplanes. In dem nun vorliegenden Stufenplan wurde die Ausnützung der Rohfallhöhe mit 80% erreicht, was einer Jahresarbeit von 14, 5 Milliarden kWh entspricht. In dieser Summe sind mit je 50% ihrer Jahresarbeit die Grenzkraftwerke Jochenstein und Wolfsthal enthalten.

Auf österreichischem Gebiet verfügt der Donaustrom über eine Gesamtlänge von 350 km und eine Rohfallhöhe von 160 m. Das Einzugsgebiet ist durch folgende Zahlen charakterisiert:

Ursprung bis Innmündung (deutsche Staatsgrenze)   76. 600 km^2
Ursprung bis Marchmündung (österr. Staatsgrenze) 104. 700 km^2

Die Abflußverhältnisse sind für die Energiewirtschaft sehr interessant, da sie sehr ausgeglichen sind. Der Abfluß beträgt im Sommer 57% und im Winter 43%. Mit den 2 Grenzkraftwerken Jochenstein und Wolfsthal sind an der österreichischen Donau insgesamt 12 Kraftwerke geplant. Das Projekt sieht einen lückenlosen Stufenausbau vor, um flußbaulich einwandfreie Verhältnisse zu gestalten. Von den projektierten Kraftwerken wurden folgende Stufen der Reihe nach seit 1950 ausgebaut:

	Leistung	Arbeitsvermögen
1. Jochenstein als Gemeinschaftskraftwerk zwischen Österreich und Deutschland	132 MW	850 GWh
2. Ybbs-Persenbeug	204 MW	1250 GWh
3. Aschach	272 MW	1566 GWh
4. Wallsee-Mitterkirchen	210 MW	1315 GWh
Als nächste Stufe: Ottensheim-Wilhering	163 MW	1017 GWh

Es ist offenkundig, daß von unserer Gesellschaft primär die energiewirtschaftliche Seite der Donau betrachtet wird. Es wäre jedoch einseitig und unvollständig, wollte man als Projektant von Kraftwerken nicht auch andere volkswirtschaftlich bedeutsame Belange ins Kalkül ziehen. Einer dieser Belange, der an Bedeutung ständig und steigend zunimmt, ist die Frage der Flußschiffahrt. Als Grundlage für die Dimensionierung der Kraftwerksanlagen und den Ausbau

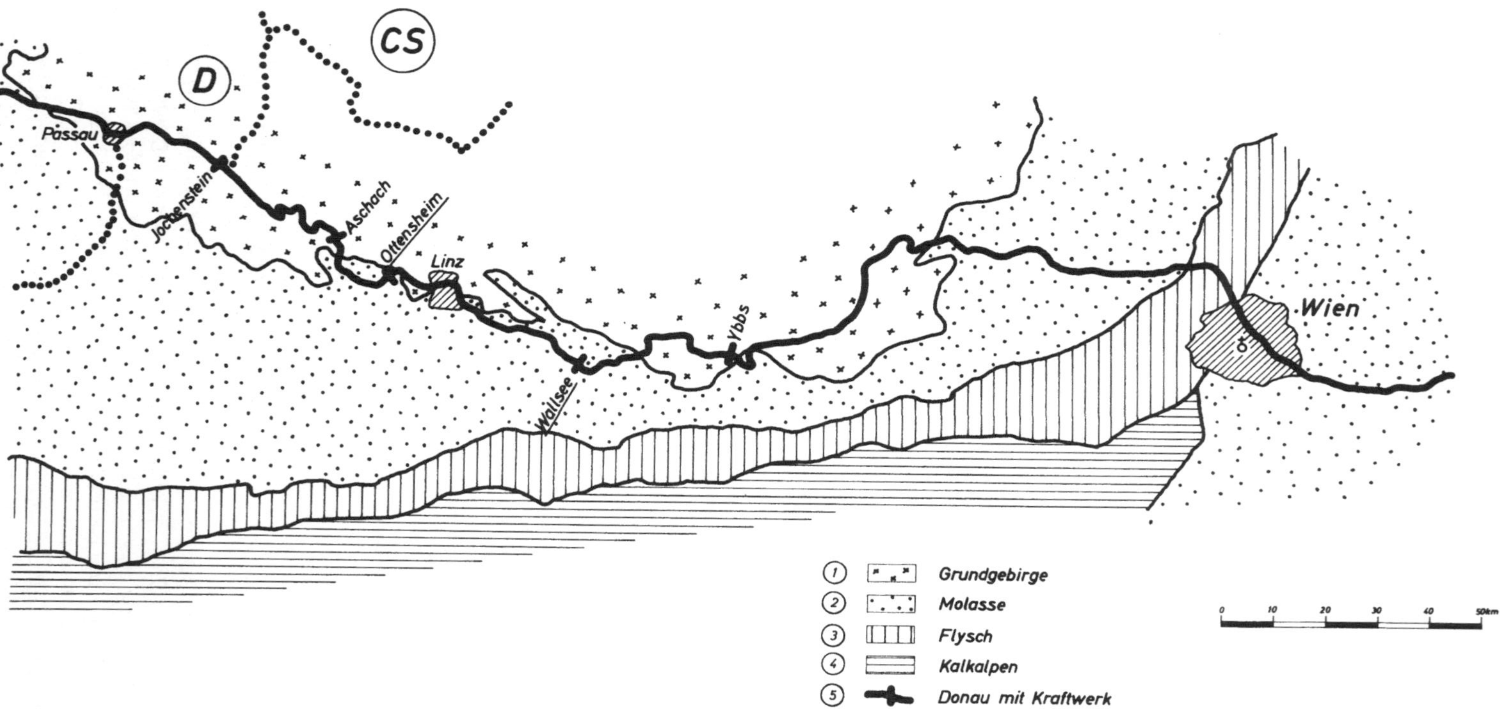

Abb. 1: Skizze und Lageplan der österreichischen Donau mit Lage der Kraftwerke und schematischer Geologie

der Stauräume dienen die Empfehlungen der Internationalen Donaukommission, deren Ziel es ist, die Entwicklungsmöglichkeit der europäischen Flußschiffahrt für eine weite Zukunft sicherzustellen.

Für die beiden Donaustaustufen WALLSEE-MITTERKIRCHEN und OTTENS-HEIM mußten bei der Aufschließlung desBaugrundes, bei der Gestaltung derGründungskonstruktionen und bei der Baudurchführung teilweise neue Wege beschritten werden, da im Gegensatz zu den anderen Donaukraftwerken nicht mehr Massengesteine und kristalline Schiefer des Grundgebirges, sondern tertiäre Sedimente als Gründungsgesteine dienen. Es sind wechselnd sandige Schiefertone des mittleren Tertiärs (Aquitan), überverdichtet und teilweise durch tektonische Vorgänge gestört und durchklüftet. Konnten bei den Gründungen auf Fels die zulässigen Spannungen meist nicht voll ausgenützt werden, so besteht bei den Gründungen im Schieferton sehr leicht die Gefahr einer Überbeanspruchung des Baugrundes.

Voruntersuchungen

Eingehende geologische Untersuchungen durch Bohrungen und geophysikalische Messungen haben den Aufbau der Projektsräume und die geologischen Bedingungen so weit geklärt, daß eingehende Variantenstudien über die Lage des Hauptbauwerkes möglich waren. Lithologische Änderungen, Schwankungen in den Schichtmächtigkeiten, Brüche, Verwerfungen, Störungslinien usw. nehmen großen Einfluß auf die Gründungsbedingungen, die Standsicherheit und die Baudurchführung. Letztlich wurde ein optimaler Kompromiß zwischen konstruktiven Notwendigkeiten und geologischen Gegebenheiten erreicht.

Die Lage des Kraftwerkes WALLSEE wurde durch einen tektonischen Bruch bestimmt, an dem die nördliche Scholle 100 bis 150 m gegenüber der südlichen abgesunken ist. Das Hauptbauwerk wurde knapp nördlich dieser Bruchlinie situiert, die Schiefertone erreichen dort eine Mächtigkeit von 100 bis 180 m, zwischen ihnen und dem Grundgebirge liegt eine 40 m mächtige Lage von Sanden, Sandsteinen und Mergel.

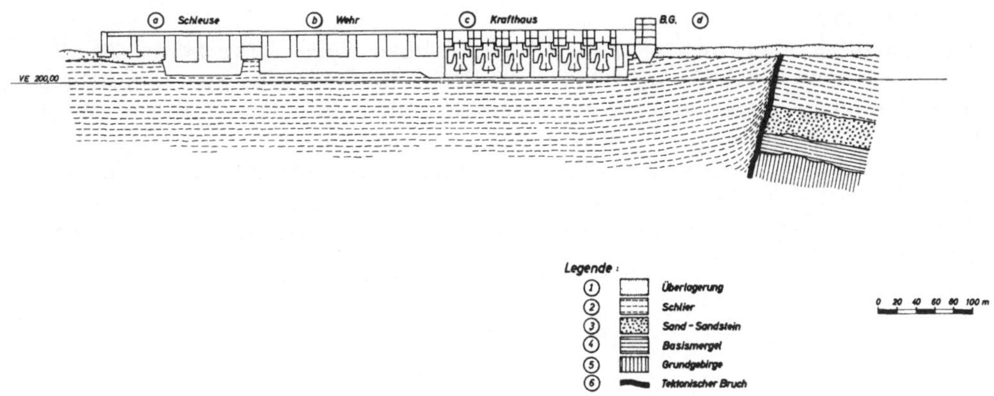

Abb. 2: KW Wallsee — Krafthauslängenschnitt mit Geologie

Das Kraftwerk OTTENSHEIM liegt am östlichen Rand eines mit Tertiär-
sedimenten gefüllten Einbruchbeckens, der Baugrund ist demgemäß engräumig
sehr different und inhomogen. Erst nach eingehenden Untersuchungen für mehrere
Varianten konnte eine Staustelle mit einheitlichen Gründungenverhältnissen gefunden werden. Das Kraftwerk wird in einer 30 bis 35 m starken Schieferton-
schichte zu gründen sein, zwischen dieser und dem Grundgebirge liegt eine 5
bis 10 m mächtige Sandschichte, die mit Druckwasser gefüllt ist, dessen Druckhöhe ungefähr der natürlichen Geländehöhe entspricht.

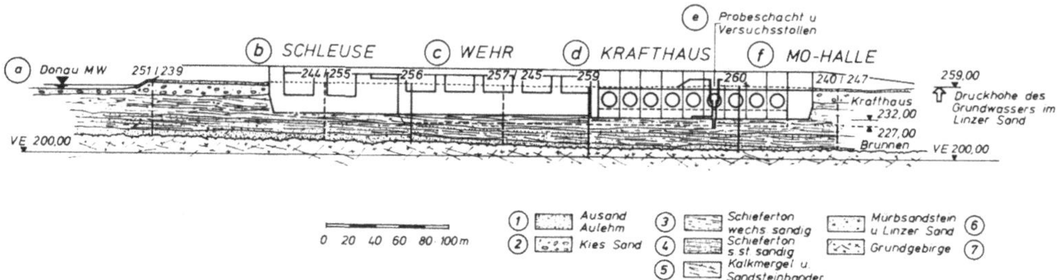

Abb. 3: KW Ottensheim — Kraftwerkslängenschnitt mit Geologie

Nach Fixierung der Bauwerkslage erfolgten die geotechnisch-technologi-
schen Eignungsprüfungen des Gründungsmaterials. Bekannt war die geringe
Standfestigkeit, die Rutschgefährlichkeit und die große Verwitterungsanfälligkeit des Schiefertones, bautechnische Erfahrungen waren aber nur beschränkt
vorhanden. Es mußten daher grundlegende Untersuchungen ausgeführt und alle
jene Faktoren, die die Festigkeitseigenschaften des Materials und des Gefüge-
verbandes beeinflussen, so genau als möglich bestimmt werden.

C h e m i s c h e Gesteinsanalysen dienten dem Nachweis betonschädlicher
Bestandteile; sie verliefen negativ, daher konnte auf besondere Maßnahmen
verzichtet werden.

B o d e n p h y s i k a l i s c h e Laboruntersuchungen wurden für beide Kraftwerke als Serienversuche ausgeführt, vor allem die Versuche zur Ermittlung
der Scherfestigkeit in wesentlich größerem Umfang als üblich. Größter Wert
wurde auf die Bestimmung der Restreibung gelegt. Durch mehrmaliges Ab-
scheren gestörter und ungestörter Proben wurde der Reibungsabfall und das
Minimum der Scherfestigkeit ermittelt. Die Untersuchungen ergaben eindeutig,
daß es sich um rutschgefährliche Tone handelt, bei denen besondere Gründungs-
maßnahmen erforderlich sind.

Ergebnisse (Mittelwerte):

		Wallsee	Ottensheim
Spezifisches Gewicht	g/cm³	2, 69	2, 71
Trockenraumgewicht	g/cm³	1, 88	1, 89
Feuchtraumgewicht	g/cm³	2, 18	2, 18
Natürlicher Wassergehalt	%	15, 5	15, 5
Porenvolumen		0, 30	0, 30
Glühverlust	%	15, 4	14, 3
Konsistenzgrenzen:			
Fließgrenze	%	80, 4	51, 7
Ausrollgrenze	%	24, 2	22, 4
Plast. Ind.	%	55, 1	29, 2
Kornverteilung:			
Mehlsand	%	17	15
Schluff	%	41	52
Ton	%	42	32
Scherversuche - $\epsilon_{const.}$:			
ungestört mehrmalig	°	12	11
ungestört erstmalig	°	19	—
gestört mehrmalig	°	6	10
gestört erstmalig	°	–	23
Druckfestigkeit:			
0° zur Scherrichtung	kp/cm²	34	24, 5
45° zur Scherrichtung	kp/cm²	19	—
90° zur Scherrichtung	kp/cm²	30	23

Druckversuche mit unbehinderter und teilweise behinderter Seitendehnung an über 100 Bohrkernen ergaben eine Zunahme der Druckfestigkeit und eine Verminderung der Deformationen (steigender E-Modul) mit zunehmender Tiefe.

Verformungsmessungen an Bohrkernen aus verschiedenen Tiefen zeigten sehr deutliche Reaktionen auf Änderungen des Spannungszustandes (Entlastung) und auf Änderungen der Volumskräfte (Quellung, Schrumpfung). Die Versuche ließen erkennen, daß mit Baugrundhebungen als Folge der Aushubarbeiten gerechnet werden mußte und daß Durchnässung und Austrocknung zu bedeutenden Deformationen in den Gründungssohlen führen können.

Verwitterungsanfälligkeit und Frostempfindlichkeit wurden in Form von Serienversuchen ermittelt. Wasserentzug und Wasserzugabe beeinflussen die Material- und Gefügefestigkeit sehr stark und können in kürzester Zeit zu einer völligen Zerstörung des Materials führen. Bei ungünstigen atmosphärischen Einflüssen kommt es zu einer totalen Reduktion der Festigkeitswerte, diese Erkenntnis erzwang besondere Vorschreibungen für die Arbeitsdurchführung an der Baustelle.

Abb. 4: KW Ottensheim — Scherkörper im Schieferton

Abb. 5: KW Ottensheim — Versuchseinrichtung für Scherversuche

In situ-Versuche in Form von Scherversuchen (Wallsee und Ottensheim) und Felsdehnungsversuche (Ottensheim) bildeten den Abschluß der geotechnischen Untersuchungen. Bestimmt wurde das Formänderungsverhalten, die Scherfestigkeit, der Reibungswiderstand, der Reibungsabfall usw. in natürlicher Lagerung und im ungestörten Zustand. Bei den Scherversuchen wurden sowohl Schlierblöcke abgeschert als auch Betonblöcke auf Schlier in der Kontaktfuge der beiden Medien. Durch wiederholte Scherversuche in wechselnder Richtung konnten die unteren Grenzwerte des Reibungswiderstandes ermittelt werden.

Abb. 6: KW Ottensheim — Scherfläche eines Versuchsblockes

Abb. 7: KW Ottensheim — horizontaler Radialpressenversuch im Stollen

Abb. 8: KW Ottensheim — vertikaler Radialpressenversuch im Schacht

Felsdehnungsversuche mit der TIWAG-Radialpresse wurden in horizontaler und vertikaler Richtung vorgenommen, die Belastungen erreichten die 5 fachen max. Bauwerksbelastungen, aus den gemessenen Verformungen konnten die entsprechenden Festigkeitswerte für jede Belastungsrichtung errechnet werden.

Ergebnisse

Auf Grund der Versuchsergebnisse mußte der zulässige Reibungswinkel für den Gleitsicherungsnachweis in der Sohlfuge mit 10°, im ungestörten Schieferton mit 14° beschränkt werden, wobei die Sicherheit mindestens 1 betragen mußte. Die zulässige Belastung wurde mit 8 kp/cm², vermehrt um das Gewicht des ausgehobenen Materials, festgelegt. Dieser Wert ergab sich aus der Rückrechnung der zulässigen Verformungen aus den Kompressionsversuchen. Um einen Zerfall des Gründungsmaterials durch atmosphärische Einflüsse zu vermindern, mußte die Forderung aufgestellt werden, daß die Baugrubensohlen und Aushubwände nur in kleinsten Flächen auszuformen und sofort durch Aufbringen von Spritzbeton zu schützen seien.

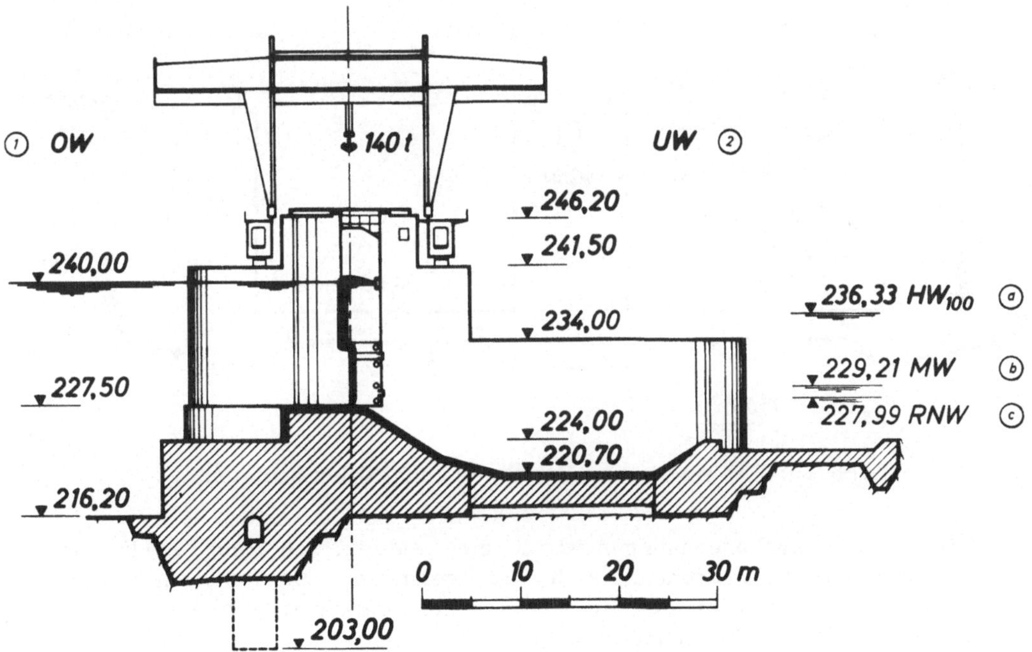

Abb. 9: KW Wallsee — Querschnitt durch das Wehr

Rechnungsannahmen und Baudurchführung. Wegen der niedrigen Bodenkennwerte war es nicht möglich, die einzelnen Bauglieder für sich allein standsicher zu gestalten; sowohl die Schleusenkammern und Schleusensohlen als auch die Wehrpfeiler und Wehrböden mußten statisch zu Gelenks-

ketten verbunden werden, in denen sich ein Bauteil auf den anderen abstützen
kann. Besonders bei den gewichtsarmen Wehrpfeilern mußte eine tiefgreifende
Schubverzahnung entworfen werden, da die Horizontalkräfte von 8500 t je Pfeiler
nur zu 75% durch die Reibung in der Sohlfuge entnommen werden konnten. Unter
den Wehrhöckern wurde ein tiefer Sporn angeordnet, der sich nach unten in
Brunnen von 7 m Tiefe und 4 m Ø fortsetzte, diese wurden bewehrungsmäßig
mit dem Hauptblock starr verbunden. Dadurch wurde die Gleitfläche in tiefere
Schichten verlegt, die vom Baugeschehen unberührt blieben und für die besseren
Bodenkennwerte in Rechnung gesetzt werden konnten. Die Blöcke der Wehrpfeiler wurden durch Verzahnung der Blockfugen, durch die durchlaufende Ar-
mierung und durch Auspressen der Arbeitsfugen starr miteinander verbunden,
so daß die mittlere Sohlpressung mit 6 kp/cm² beschränkt werden konnte.

Die Kammermauern der Schleusenanlage mußten durch stark armierte
Sohlplatten, die mit den Mauerfundamenten verzahnt wurden, gegenseitig abgestützt werden, die Blöcke des Oberhauptes erhielten ebenfalls eine Schubverzahnung durch Brunnen, der Stemmtorblock mit einem Horizontalschub von
ca. 9000 t mußte besonders tief gegründet und zusätzlich gegen den unterwasserseitigen Spornblock abgestützt werden.

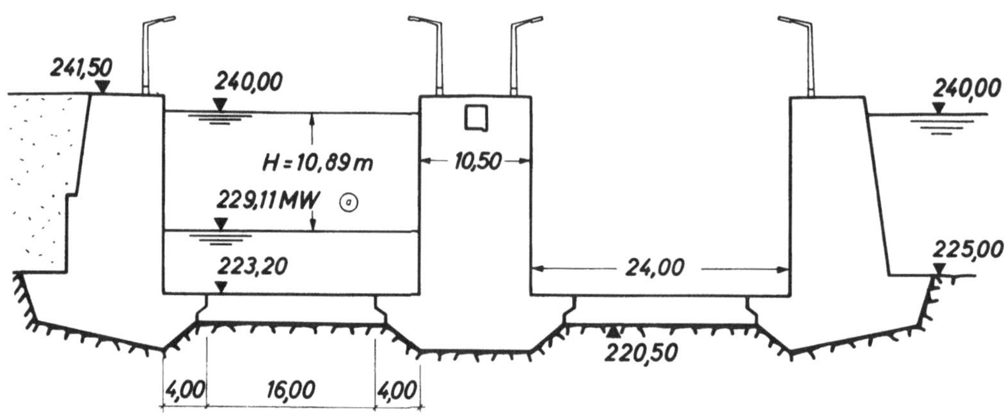

Abb. 10: KW Wallsee — Regelquerschnitt der Schleuse

Für die Setzungsberechnungen wurde ein E-Modul von rund 1000 kp/cm²
angenommen, damit errechneten sich Verformungen von 35-60 mm. Durch
konstruktive Maßnahmen wurden die Setzungsunterschiede zwischen den einzelnen Bauteilen so klein als technisch möglich gehalten.

Die sofort nach Betonieren der Fundamente begonnenen Kontrollmessungen
ergeben Maximalsetzungen von 9-14 mm. Alle Verformungen sind heute — 3 Jahre
nach Betonierbeginn — bereits voll abgeklungen.

Der Baugrubenaushub im Schieferton konnte ohne Sprengungen durch Reißen
mit Hoch- und Tieflöffelbaggern bewerkstelligt werden. Obwohl ein abschnitts-
weises und ringförmiges Öffnen wünschenswert gewesen wäre, mußte der Aushub großflächig und sehr rasch vorangetrieben werden. Dies führte in der Folge

Abb. 11: KW Wallsee — Großrutschung im Wehrbereich

Abb. 12: KW Wallsee — Krafthaustiefausbruch mit Stützbrunnen

zu Ablösungen und Rutschungen; insgesamt erfolgten 18 Böschungsbrüche mit Kubaturen bis 10.000 m³. Eine durchgehende Endausformung der bis 20 m hohen Aushubwände konnte daher ohne besondere Maßnahmen nicht gewagt werden. Die Standsicherheit der Böschungen wurde einerseits durch ein System von Stützblöcken (Wehranlage) und andererseits durch Entlastungsmaßnahmen und durch "Vernagelung" der Böschungen mittels Einzel- und Zwillingsschächten erreicht. Für jeden Turbinenblock wurden zwei hintereinanderliegende Zwillingsschächte ausgeführt, die durch Verzahnung und Bewehrung biegesteif verbunden waren, so daß in Fließrichtung 12 m lange Stützscheiben entstanden.

Diese für die Böschungssicherung erforderlichen Brunnen wurden in das statische System der Krafthausgründung mit einbezogen, sie reichen 5 m unter die tiefste Gründungssohle und gewährleisten die Gleitsicherheit der Turbinenblöcke.

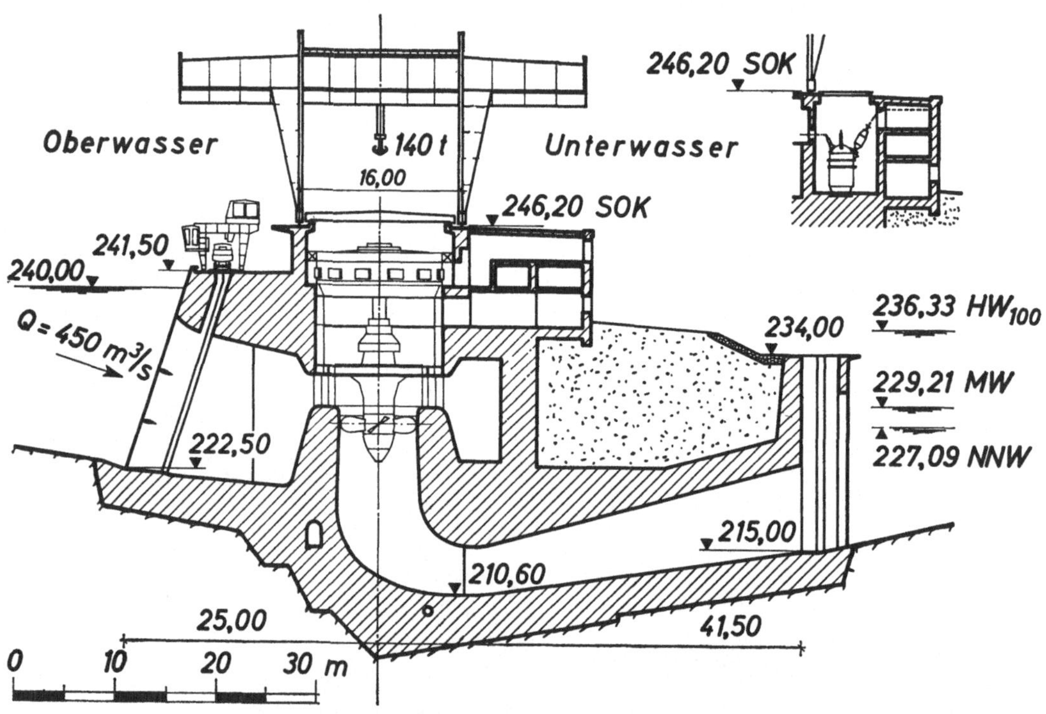

Abb. 13: KW Wallsee — Krafthausquerschnitt

Die beim Bau des Kraftwerkes Wallsee gewonnenen Erfahrungen können zur Gänze auf die Projektierungs- und Konstruktionsarbeiten für das Kraftwerk Ottensheim übertragen werden. Dort allerdings ist es zusätzlich erforderlich, das in der Sandschichte über dem Grundgebirge zirkulierende Druckwasser durch Brunnenreihen zu entlasten, um während der Bauzeit unkontrollierbare Baugrunddeformationen und spätere Setzungen zu vermeiden.

Abb. 14: KW Wallsee — Stützbrunnen zur Böschungssicherung

Abb. 15: KW Wallsee — Herstellung der Zwillingsbrunnen im Krafthaus

37/7 DAS VERHALTEN DES KUNSTSPEICHERBECKENS INNERFRAGANT AUF SETZUNGSEMPFINDLICHEM UNTERGRUND

H. Kießling

Einführung

Im Zuge des Ausbaues der Kraftwerksgruppe Fragant, die in der Goldberggruppe auf der Südseite der Hohen Tauern liegt, mußten einige Bauteile des mittleren Horizontes im Talkessel von Innerfragant zur Gänze oder auch nur teilweise auf setzungsempfindlichen Boden gestellt werden, weil ein beträchtlicher Bereich dieses im Hochgebirge gelegenen Talkessels von Lawinen und Muren bedroht ist. Da von den nicht bedrohten Flächen das Krafthaus und die Festpunkte der Druckrohrleitungen der Oberstufe für die Gründung den besten Platz beanspruchten, wurden das Kunstspeicherbecken und die Triebwasserleitung der Unterstufe auf den setzungsempfindlichen Teil des Beckens verlegt.

Das davon betroffene Kunstspeicherbecken der Unterstufe (27.400 m² Oberfläche, 175.000 m³ Inhalt) steht über einer Triebwasserleitung aus Beton mit quadratischem Querschnitt in unmittelbarer Verbindung mit dem Krafthaus der Oberstufe (150 MW), dem wiederum das Triebwasser aus Speicherbecken in Stahldruckrohrleitungen von drei Seiten zugeleitet wird.

Die Triebwasserleitungen wie auch das Kunstspeicherbecken nehmen an den allgemeinen Setzungen des Talkessels teil; im Gegensatz hiezu steht das Krafthaus auf Hangschutt und setzt sich im Vergleich zu den anderen Bauwerken nur wenig. Hiedurch gibt es schwierige Übergänge, weshalb auch die zum Speicher führende Triebwasserleitung im folgenden Bericht behandelt wird.

Die Setzungen der einzelnen Anlagenteile konnten je nach ihrer Unzugänglichkeit und Fertigstellung nur in unregelmäßigen Zeitabständen gemessen werden.

Der geologische Bestand des Talkessels

Sein Kern liegt, wie aus Abb. 1 (Lageplan) zu ersehen ist, im Setzungsbereich einer nahe der Oberfläche liegenden Schluff- und schlickigen Feinsandzone mit reichen Holzresten. Der gewachsene Fels jedoch steht erst etwa 200 m tiefer an. Die Überlagerung besteht im wesentlichen aus wechselnden Lagen von kiesigen, sandigen und schluffigen Sedimenten der Wildbäche sowie den Ablagerungen aus Murengängen. In beiden Fällen ist der Boden aus der mechanischen Zerkleinerung der abtransportierten Gesteinsteile hervorgegangen, weshalb die Korngrößen von Feinschluff bis zum Geröll reichen. Aus diesem Grunde kommen tonige Bestandteile, die aus einer chemischen Umwandlung hervorgegangen sind, nicht vor. Hingegen haben sich nun im Zuge der Auffüllung des vom Gletschereis geformten Tales mehrmals Teiche gebildet, die eine schichtweise Ablagerung von Feinsedimenten, aber auch von eingespülten organischen Stoffen begünstigten.

Von den mehr als 30 abgeteuften Bohrungen sind nur einige in der Abb. 1 (Lageplan) vermerkt und eine repräsentative Bohrung "C" ist im Schnitt darge-

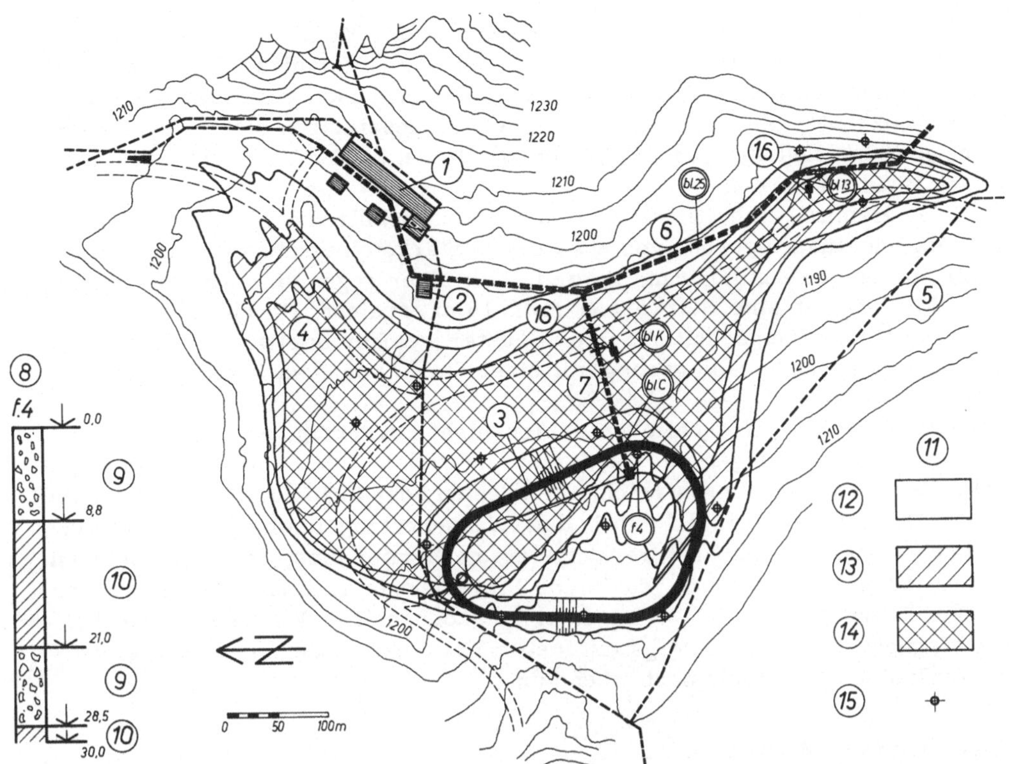

Abb. 1: (1) Krafthaus Innerfragant — (2) Pumpstation Haselstein — (3) Speicher Innerfragant — (4) Wurtenbach — (5) Beileitung Großfragantbach — (6) Triebwasserleitung — (7) Speicherleitung — (8) Charakteristisches Bohrprofil, Bohrloch 4, Bohrung bis 30 m Tiefe, Fels in ca. 200 m Tiefe — (9) Hangschuttablagerung — (10) Seeablagerung — (11) Mächtigkeit der setzungsempfindlichen Schichten — (12) bis 5 m — (13) bis 10 m — (14) über 10 m — (15) Bohrloch — (16) Hochspannungsmast

stellt. Die Bohrproben sind in der Bodenprüfstelle des Kärntner Landesbauamtes (Hofrat Dipl.-Ing. W. Ludwig) untersucht worden:

Ihre Ergebnisse zeigen im einzelnen, daß die dort befindlichen Schichten als Folge ihres wechselnden Anteiles an organischen Bestandteilen und torfähnlichen Fasern sowie des hohen Glimmergehaltes des Feinsandes einen Kompressionsindex nach TERZAGHI von $C_c = 0,05$ bis $C_c = 0,03$ besitzen. Sie sind daher setzungsempfindlich und weisen auch keine geologische Vorbelastung auf. Die sehr wesentliche Eigenschaft der Scherfestigkeit wurde sowohl an direkten als auch an triaxialen Scherversuchen ermittelt.

Außerdem traten in einigen Bohrlöchern in Tiefen ab 5 m zur Oberfläche nahezu parallel verlaufende, torfige Schlickschichten bis zu einer Stärke von 0,5 m auf, deren Scherfestigkeit in triaxialen Scherversuchen nachgewiesen wurde. Hatte dabei das Porenwasser die Möglichkeit, während des Schervorganges zu entweichen, dann ergaben sich für diese Schichten nach den drainierten Scherversuchen Werte für den Winkel der inneren Reibung von 36 1/2° - 39°. Bei undrainierten Scherversuchen lagen diese Werte zwischen 26 1/2° und 30°. Eine Kohäsion konnte bei beiden Versuchsarten nicht nachgewiesen werden.

Dieses ziemlich einheitliche Bild der Bohrergebnisse zeigt nun, daß unter einer Hangschuttüberlagerung von etwa 6-7 m Stärke eine setzungsempfindliche Schichte aus einer Seeablagerung liegt, die mit einer gegen die Talmitte zunehmenden Mächtigkeit eine Stärke von etwa 15 m erreicht. Darunter steht wiederum eine starke Hangschuttschichte an, unter welcher in etwa 7 m Tiefe noch Linsen einer älteren Seeablagerung mit einer Stärke von etwa 1-2 m eingestreut sind.

Größere Tiefen aufzuschließen schien nicht notwendig, weil kaum zu erwarten war, daß Setzungen infolge der nur geringen Auflast unter die oberste Schichte der Seeablagerungen reichen werden und der knapp unter dem Terrain liegende Grundwasserspiegel durch den Wasserentzug infolge der Ableitung einzelner Zuflüsse in das Kraftwerkssystem noch unter diese Schichte absinken wird. Es bestand kein Zweifel, daß beide Einwirkungen sich überlagern werden und daher Setzungen bis zu 30 cm entstehen können. Die Umrandung der Talebene hingegen bildet durchwegs ein fester Hangschuttboden, der nur bei größeren Auflasten geringfügig nachgeben kann.

Konstruktive Maßnahmen

Im Bereiche der Kraftstation waren solche für die Gründung nicht nötig. Wohl aber liegen Teile des Kunstspeicherbeckens und der Triebwasserleitungen im setzungsempfindlichen Bereich. In jenem Teil des Speicherbeckens, der auf Schluff zu gründen war, wurde schon 1 Jahr vorher eine Vorbelastung aufgebracht und dieses Material dann als erweiterter Dammvorfuß außen angeschüttet. Die Luftseite des Dammes ist daher verhältnismäßig flach geneigt und der Dammkörper nahezu doppelt so breit, als er statisch sein müßte.

Im Zuge des Nachweises der Standsicherheit mußte unter anderem auch die Gleitsicherheit entlang einer der bereits beschriebenen, torfigen Schlick - schichten ermittelt werden, wobei jedoch die ungünstige Annahme zu treffen war, daß die durch die Dammauflast in den Schlickschichten hervorgerufenen Porenwasserüberdrücke nicht zur Gänze abgeklungen waren. Dennoch konnte in den ungünstigsten Fällen eine Gleitsicherheit von 3,0 nachgewiesen werden, die im Vergleich zu dem erforderlichen Wert von 1,5 hinreichend war.

Um die Setzungen durch die Auflast möglichst klein zu halten, erhielt der Speicher nur die geringe Stauhöhe von 8 m. Das Einlaufbauwerk zur Triebwasserleitung und der Überlauftrichter für die Entlastungsanlage liegen noch im Setzungsbereich, zwangsläufig jedoch aus Gründen der längeren Bauzeit außerhalb jener Zone, die durch eine Aufschüttung vorbelastet wurde. Als Oberflächendichtung kam infolge der Setzungen nur eine Asphalthaut in Frage: sie besteht in der Sohle aus einer und in der Böschung, die im Dammauftrag eine Neigung von 1:1,75 und im Anschnitt des Hangschuttkegels eine von 1:2 erhielt,

aus zwei Lagen. Die Verbindungsleitung zum Speicher, überwiegend ein einge-
grabenes Betonrohr von 2,40 m Lichtweite, quert den Wasserlauf des Wurten-
baches im Talbecken als Brücke mit einem selbsttragenden Stahlrohr (siehe
Abb. 3); dieses Bauwerk wurde schon vor der Betonierung der Rohrleitung mittels Betonbohrpfählen in dem tiefgelegenen Hangschutt gegründet, der unter
der obersten Feinsandschichte liegt.

Die Messungen der Setzungen und ihr Verlauf

Sie begannen erst nach Errichtung der Bauwerke und beschränkten sich
vor allem auf den Triebwasserkanal aus Beton und den Speicherrand. Im Be-
lüftungs- bzw. Schieberschacht für den Speicherabschluß, der von der Sohle des
Betonkanals bis zur Dammkrone reicht, sind die beiden Messungssysteme
zusammengehängt. Wenn auch die ersten Meßpunkte am Speicherrand im Zuge
des Baugeschehens durch den Ausbau der benachbarten Straße auf der Dammkrone nicht mehr mit den späteren Meßpunkten übereinstimmen, so konnte doch
für diesen einen Punkt am oberen Ende des Belüftungsschachtes der Zusammenhang der neuen mit der alten Messung am Speicherrand rekonstruiert werden,
weil die Messungen in der Sohle des Belüftungsschachtes kontinuierlich weiter-
liefen. Dabei muß die Voraussetzung gelten, daß sich bei der sorgfältigen Verdichtung des Dammkörpers die Speicherkrone und der unter ihr befindliche Betonkanal mit gleichen Werten setzen. Die Setzungsmessungen auf dem Speicherrand zeigen für einige Punkte nahezu gleiche Werte an, so daß die Ergebnisse auf
nebenstehendem Plan (Abb. 2) in Gruppen zusammengefaßt werden konnten. Für

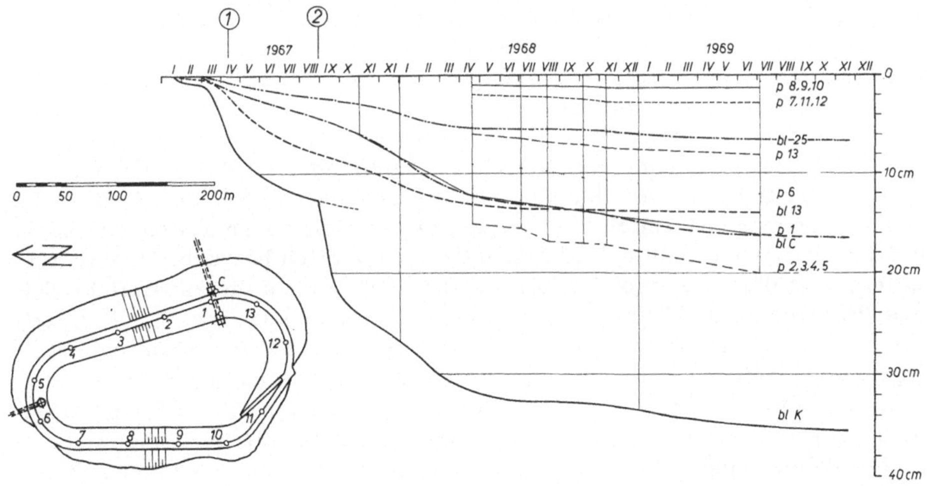

Abb. 2: Zeit-Setzungsdiagramm der Trieb-Speicherleitung und des Speichers
Innerfragant
Die Setzungen der Punkte C und 1 sind Absolutwerte, die der übrigen
Punkte 2–13 sind Relativwerte — (1) Inbetriebnahme (Wasserauflast) —
(2) Zeit der Rammung für die Mastgründung

den Punkt 1, der identisch dem Punkt C des Rohrkanals ist, beträgt die Setzung seit der Fertigstellung 17 cm. Diesem einzig absoluten Wert sind die weiteren Setzungslinien nur nachträglich zugeordnet worden. Sie enthalten aber alle auch die Setzungen der Frostkofferschichte der Straße, weshalb ihr Ausmaß erst nach dem April 1968 angeführt ist. Für den Betonkanal der Triebwasserleitungen (in Abb. 1 bezeichnet durch die Punkte bl C, bl K, bl 25 und bl 13) ist der Längenschnitt nahe dem Speicher in Abb. 3 dargestellt, sowie die dort gemessenen Setzungen aufgetragen, während die Abb. 2 den zeitlichen Verlauf der markantesten Punkte wiedergibt. Dabei wurden die Zwischenpunkte in der Linie des Punktes C wieder zum Teil aus der Messung der Oberflächenbewegung im Punkt 1 des Speicherrandes rekonstruiert, da Kontrollmessungen im Inneren des Triebwasserkanals später nur zu Betriebspausen möglich waren, die nur ungleichmäßig und in langen Zeitabständen anfielen.

Die Dauerlinien ließen den Schluß zu, daß in Trockenzeiten, vor allem im Winter, zu Zeiten, wo die Niederschläge als Schnee nicht in den Untergrund gelangen, die Setzungen größer sind als in der niederschlagsreichen wärmeren Jahreszeit. Dies bestätigt auch die Schüttung einer Quelle, die etwa am rechten oberen Bildrand der Abb. 1 liegt und die im ersten Betriebswinter fast und im letzten vollkommen versiegte, obwohl dem Tieferwandern des Grundwasserspiegels eine Vertiefung des Brunnens bis zu 2 m folgte. Die drei Setzungslinien der Abb. 3, die auch den Setzungsvorgang unter dem Speicherdamm anzeigen, sind von einer größeren Anzahl vorhandener Messungen so ausgewählt worden, daß die erste Setzungslinie den Zustand gleich nach Betonierung der Rohrleitung und Schüttung des Dammes, die zweite den nach Füllung des Speichers und der Triebwasserwege und die dritte den nach Anschütten der Betonrohre zeigen. Während der Speicherdammschüttung und des Betonierens des Triebwasserkanals unterblieben die Messungen.

Zwischen erster und zweiter Messung wurde im Talkessel eine 110 kV-Leitung zum Krafthaus der Oberstufe ausgebaut, deren Fundamente im setzungsempfindlichen Bereich auf Betonbohrpfählen stehen, die bis unter die erste Seeablagerungsschichte reichen. Das Einbringen der Betonbohrpfähle für die Speicherzuleitung nahe der Rohrbrücke bewirkte durch das Meißeln der Steine im Untergrund zusätzliche Setzungen, die so weit ausstrahlten, daß sogar die schon geschlagenen Pfähle der Rohrbrücke zusätzlich beträchtliche Setzungen erlitten. Aus dem beiliegenden Schnitt der Abb. 3 kann die zusätzliche Setzung des Blockes K im Bereich der Mastfundamente aus der Überlagerung durch das nachträgliche Bohren und Meißeln mit etwa 23 mm entnommen werden. Gegen den Speicher hin reicht die Beeinflussung bis auf 50 m Entfernung, gegen den Hang bis zu 40 m, da hier anscheinend die hangseitige Pfahlgründung der Rohrbrücke Halt bot. Der tiefste Punkt der Setzungslinie der Triebwasserleitung läge daher ohne diese zusätzliche Einwirkung an einer anderen Stelle, nämlich unter dem Block C des Einlaufbauwerkes.

Die Setzungen des Einlaufbauwerkes im Speicher haben zwar nur das Maß von 10 cm erreicht. Trotzdem ist das Einlaufbauwerk an seiner schwächsten Stelle am Übergang zwischen Rechenfuß und Betonplatte gerissen, wodurch dort Wasserverluste bis zu 5 l/s aufgetreten sind. Diese Angabe ist deshalb verläßlich, weil unter der Speichersohle, ausgehend vom Einlaufbauwerk nach beiden

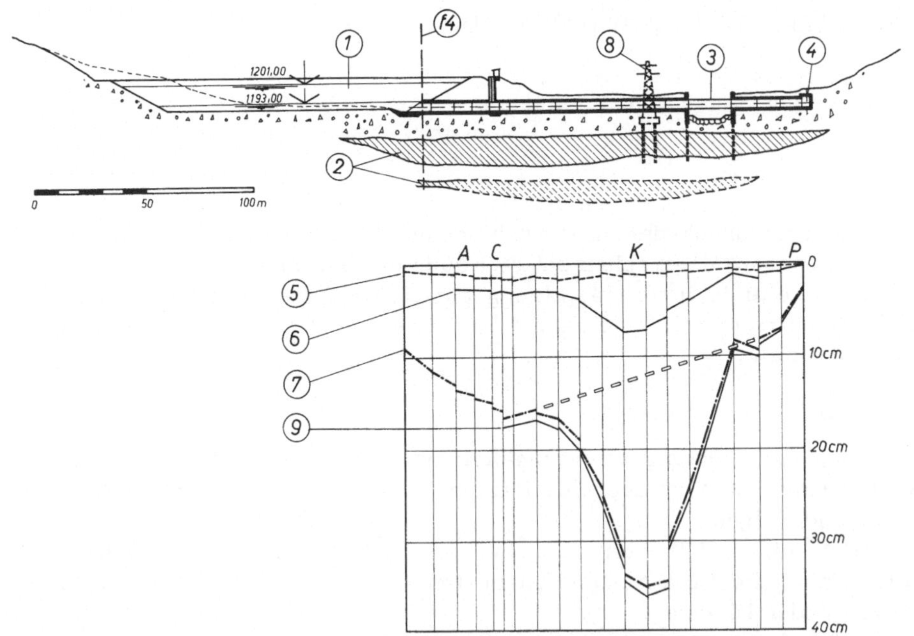

Abb. 3: Setzungen der Speicherleitung Innerfragant
   (1) Speicher Innerfragant — (2) Seeablagerung — (3) Rohrbrücke — (4) Triebwasserleitung — (5) Setzungen vom 16.1. - 6.3.1967 — (6) Setzungen bis
   14.4.1967 — (7) Setzungen bis 26.4.1969 — (8) Hochspannungsmast —
   (9) Setzungen bis 19.11.1969

Seiten entlang des inneren Böschungsfußes bekriechbare Drainagekanäle in der
Filterschichte verlegt worden sind, durch welche der Eintrittsort des Wassers
eindeutig festzustellen ist. Bereits nach Entleerung des Speichers, der anschließend die Dichtung der Risse folgte, ging der Wasserverlust wieder zurück.
Alle Messungen von Setzungen in der Speichersohle außer jenen am Einlaufbauwerk versagten, da durch die Eisbildung im Winter die versetzten Standrohre
bei dem Tagesspeicherbetrieb trotz Verankerung ausgehoben wurden.

   Im ganzen Becken war die Asphalthaut des Speichers elastisch genug, um
ohne Beschädigung den ungleichen Setzungen nachzugeben.

   Zusammenfassend kann gesagt werden, daß die Setzungen trotz der Überlagerung von Auflast und Wasserentzug noch unter dem geschätzten Wert geblieben sind, jedoch durch das nachträgliche Bohren von Pfählen für die Frei-
leitung die eingeschätzten Werte schon überschritten haben. Es traten hier
Risse in den Betonrohren auf, die gerade noch in Kauf genommen werden können. Sollten die Setzungen nicht ausklingen, müßte in diesem Abschnitt eine
Konsolidierung des Untergrundes durch Injektionen angestellt werden. Die Setzungen hätten voraussichtlich schon früher aufgehört, wenn sich nicht im Winter
1968/69 der Grundwasserspiegel bis in die oberste Seeablagerungsschichte abgesenkt hätte.

F. Kropatschek und E. Tremmel

Unter dem Eindruck der in verschiedenen Ländern aufgetretenen folgenschweren Talsperrenkatastrophen hat sich auch die Österreichische Staubeckenkommission bereits in ihrer 14. Sitzung am 11. März 1960 über Ersuchen der Wasserrechtsbehörde mit der Frage der Talsperrenüberwachung und Talsperrensicherheit befaßt.

Dabei wurde ersucht um:

1. Sammlung und Sichtung aller zugänglichen Nachrichten und einen zusammenfassenden Bericht über die letzten Talsperrenkatastrophen, ihre Ursachen und Folgen
2. Erstattung eines Gutachtens, ob bei den in Österreich bestehenden Talsperren ähnliche Gefahrenquellen bestehen und wie sie gegebenenfalls beseitigt werden können
3. Vorschläge für zweckmäßige und ausreichende Vorkehrungen, die beim Bau und Betrieb von Talsperrenanlagen dauernde Sicherheit gewährleisten.

Die vorgenannten Punkte wurden in der 14. Sitzung behandelt; sie fanden ihren Niederschlag im Sonderheft "Talsperrenprobleme" der "Österreichischen Wasserwirtschaft" vom August-September 1960. Zur Frage 2 und 3 wurden Vorarbeiten geleistet, ferner wurde ein Entwurf für jene Vorschläge und Empfehlungen ausgearbeitet, die von der Staubeckenkommission an die Wasserrechtsbehörde erstattet werden sollten. Zu einem endgültigen Abschluß sind aber die Entwürfe nicht gelangt. Inzwischen hatten sich einige weitere zum Teil folgenschwere Talsperren- und Speicherunfälle ereignet. Die neuerlichen Katastrophen machten es unumgänglich notwendig, diese eher theoretischen Erörterungen abzuschließen und nunmehr endgültig Vorschläge für die bei der Bewilligung, dem Bau und Betrieb von Talsperrenanlagen einzuhaltenden Sicherheitsmaßnahmen zu erstatten.
Nachdem bereits im kleineren Kreis Besprechungen darüber stattgefunden hatten, hat sich die Staubeckenkommission in ihrer 21. Sitzung am 5. und 6. März 1964 neuerlich mit diesem Fragenkomplex befaßt. Dabei gelangte sie zur Überzeugung, daß zwar die geltenden Vorschriften und die bisher gehandhabte technische Überprüfung im Zuge des wasserrechtlichen Bewilligungs- und Kollaudierungsverfahrens im allgemeinen durchaus ausreichend waren, um die Errichtung von Talsperren und Stauanlagen nach ungeeigneten Entwürfen und an ungünstigen Stellen zu verhindern, daß aber trotzdem insbesondere auf dem Gebiet der laufenden und ständigen Überwachung bereits ausgeführter Talsperren gewisse ergänzende Maßnahmen notwendig erscheinen. Für Österreich waren hier auch die Erfahrungen der Schweiz bei der Ermittlung von Flutwellen und Erstellung eines permanent wirkenden Alarmsystems beispielgebend.

Zum Verständnis des innerstaatlichen Aufbaues Österreichs soll die nachstehende Einfügung dienen. Österreich ist ein Bundesstaat, der aus neun Bundesländern besteht. Die Bundesländer besitzen ebenso wie der Bundesstaat einen eigenen Verwaltungsapparat, wobei letzterer die gesamtstaatlichen Interessen zu wahren hat. Die Aufteilung der Kompetenzen zwischen Bund und den Ländern ist in der Verfassung festgelegt. Im besonderen Fall des Wasserrechtes ist das "Wasserrechtsgesetz 1959" die für das gesamte Bundesgebiet gesetzliche Richtlinie.

Dieses Gesetz weist bestimmte Aufgaben den Landesbehörden zu, behält aber dem Bundesministerium für Land- und Forstwirtschaft, das in Österreich als Oberste Wasserrechtsbehörde fungiert, die Aufgaben einer letzten Instanz im wasserrechtlichen Verwaltungsverfahren vor. In diesem Gesetz ist auch festgelegt, in welchen Angelegenheiten das Bundesministerium für Land- und Forstwirtschaft in erster und damit auch als einzige Instanz zuständig ist. So ist es für Sperrenbauwerke, deren Höhe über Gründungssohle bei Dämmen 15 m, bei Ausführung in anderer Bauweise 40 m übersteigt oder durch die eine Wassermenge von mehr als 5 Mio m^3 künstlich zurückgehalten wird, zuständig.

Jede physische oder juridische Person, die ein solches Sperrenbauwerk zu errichten beabsichtigt, hat daher um wasserrechtliche Bewilligung anzusuchen. Die Projekte werden hier vom technischen und rechtlichen Standpunkt eingehend geprüft, wobei insbesondere die Wahrung des "öffentlichen Interesses" von Bedeutung ist. Hier ist besonders darauf Bedacht zu nehmen, daß alle Gefahrenquellen, soweit menschliche Erkenntnis und Voraussicht reichen, vermieden werden.

Die Beurteilung der technischen Probleme obliegt im Wasserrechtsverfahren dem technischen Amtssachverständigen. Da im Wasserbau eine große Zahl technischer Teildisziplinen und benachbarter Wissengebiete berührt werden, sieht das Wasserrechtsgesetz zur Unterstützung der Amtsexperten die Bildung einer besonderen Kommission, nämlich der "Staubeckenkommission" vor, deren Wirkungskreis sich auf die fachliche Begutachtung der auf Staubeckenanlagen und Talsperren sich beziehenden technischen Fragen im Zuge oder außerhalb eines wasserrechtlichen Verfahrens bezieht.

Die Staubeckenkommission wurde bereits im Jahre 1935 gegründet und nach dem Kriege mit Verordnung des Bundesministeriums für Land- und Forstwirtschaft vom 20.12.1946 wieder ins Leben gerufen. Die Tätigkeit wurde in der Verordnung vom 24.3.1948 festgelegt.

Die Verordnung des Jahres 1948 wurde auch im Hinblick auf die Talsperrenkatastrophen gänzlich überarbeitet und die Neufassung in der Verordnung BGBl. Nr. 367 vom 30.12.1965 kundgemacht. Nach diesen Bestimmungen gehören ihr neben Vertretern dreier Ministerien Fachleute des Talsperrenbaues und aller einschlägigen technischen Wissenschaften an. Sie umfassen den Wasserbau, die Statik und Betontechnologie, den Grundbau und die Bodenmechanik, die Geologie und Felsmechanik sowie die Sperrenbeobachtung und die Meßeinrichtungen und die Wildbach- und Lawinenverbauung. Letzterer Sparte wurde, zusammen mit der Geologie, besonders im Hinblick auf die Gefahr von Bergstürzen und Gletscherabbrüchen besonderes Augenmerk zugewendet.

Die Staubeckenkommission gliedert die zu treffenden Maßnahmen in drei Gruppen:

1. Solche, die von den Eigentümern der Talsperrenanlagen durchgeführt werden müssen,
2. solche, die auf der Behördenseite durchzuführen waren und schließlich
3. in solche, die in den Rahmen der Staubeckenkommission fallen.

Als Grundsätze, nach denen sich diese Maßnahmen zu richten hätten, wurde folgendes festgestellt:

1. Für die Sicherheit des Bestandes und Betriebes von Talsperren und Stauanlagen ist der Eigentümer der Anlage (Wasserberechtigte) verantwortlich.
2. Dem Staat bzw. seinen behördlichen Organen obliegt die Aufsicht darüber, ob die Instandhaltung der Sperrenbauwerke und Speicheranlagen und der zu diesem Zweck eingerichteten Beobachtungs- und Meßeinrichtungen durch die Wasserberechtigten in verläßlicher und technisch sinnvoller Art und Weise erfolgt und ob die entsprechenden Folgerungen aus den diesbezüglichen Beobachtungen gezogen werden.
3. Es ist zu unterscheiden zwischen jenen Maßnahmen und Beobachtungsauswertungen, die bei normalem Betrieb und normalem Verhalten der Sperrenanlage durchzuführen sind, und jenen außerordentlichen Maßnahmen (Alarmfall), die dann zu ergreifen sind, wenn die Beobachtungen ein ungewöhnliches und gefahrdrohendes Ereignis erkennen und befürchten lassen.

Während bis zur Herausgabe der Stellungnahme der Staubeckenkommission vom Juni 1964 die Behandlung eines Talsperrenprojektes mit der Schlußkollaudierung endete, wurde durch die vorgenannte Stellungnahme im Erlaß des Bundesministeriums für Land- und Forstwirtschaft vom 5.Juni 1964 an die Landeshauptmänner die ständige Talsperrenüberwachung geregelt.

Die Punkte dieses Erlasses lauten:

1. Im Rahmen des Gewässeraufsichtsdienstes (§§ 130 bis 136 WRG. 1959) ist ein Organ des höheren Baudienstes namentlich mit der Aufsicht über Talsperren und Stauanlagen zu betrauen. Vor seiner Bestellung ist im Hinblick auf die erforderlichen Fachkenntnisse das Einvernehmen mit der Geschäftsführung der Staubeckenkommission herzustellen. Die Bestellung dieses Aufsichtsorganes und seines Vertreters ist bis 30. Juni d. J. der Obersten Wasserrechtsbehörde zu melden. In gleicher Weise ist bei Veränderungen in der Person dieses Aufsichtsorganes vorzugehen.
2. Die Wasserberechtigten von Stauanlagen mit einer Sperrenhöhe über 15 m ab Gründungssohle oder mit einem Staurauminhalt von mehr als 500.000 m^3 (Flußkraftwerke jedoch ausgenommen) sind unverzüglich im Sinne des §9 VStG (Verwaltungsstrafgesetz) zu veranlassen, aus dem Kreise ihres technischen Führungsstabes einen Sperrenverantwortlichen zu bestellen, dem die Verantwortung für die ordnungsgemäße laufende Instandhaltung der Stauanlage, für die Einhaltung der behördlich vorgeschriebenen Bedingungen und Auflagen und für die in einem Gefahrenfalle vom wasserberechtigten Unternehmen zu treffenden Maßnahmen obliegt, dem aber auch die ent-

sprechenden Vollmachten vom Unternehmen übertragen sind. Wasserberechtigte, die nicht in der Lage sind, einen Sperrenverantwortlichen aus dem eigenen technischen Führungspersonal zu bestellen, können mit dieser Funktion auch einen Zivilingenieur des Bauwesens betrauen. Die Bestellung des Sperrenverantwortlichen und seines Vertreters hat bis spätestens 31. Juli d. J. zu folgen und bedarf im Hinblick auf Verläßlichkeit und Eignung der Bestätigung der Aufsichtsbehörde (§ 131 WRG. 1959). Nach der Bestätigung ist der Name des Sperrenverantwortlichen der Staubeckenkommission und der örtlich zuständigen Bezirksverwaltungsbehörde bekanntzugeben. Bei Änderungen in der Person des Sperrenverantwortlichen oder seines Vertreters ist in gleicher Weise vorzugehen.

3. Die unter Punkt 2 genannten Wasserberechtigten sind aufzufordern.
   a) den Zustand der Stauanlagen selbst und ihrer unmittelbaren Umgebung in allen für die Sicherheit maßgeblichen Gesichtspunkten und unter Heranziehung des vorhandenen Beobachtungsmateriales zu beurteilen;
   b) den Bereich ihrer Stauanlagen unter Einschaltung geologischer Sachverständiger auf latente Gefahren größerer Hangbewegungen, Bergstürze, Muren, Lawinen, Gletscherbrüche u. dgl. zu untersuchen;
   c) das Ergebnis dieser Überprüfung in einem zusammenfassenden, aber hinreichend ausführlichen Bericht bis 30. November d. J. der Aufsichtsbehörde und der Staubeckenkommission vorzulegen;
   d) besondere Beobachtungen und Vorkommnisse jeweils unverzüglich und auf dem kürzesten Wege dem im Punkt 1 genannten Gewässeraufsichtsorgan sowie der Geschäftsführung der Staubeckenkommission zu melden.

4. Um eine Gefährdung von Menschenleben auch für den Fall von Naturkatastrophen oder unvorhersehbaren Schadensereignissen möglichst auszuschalten, erscheint es notwendig, im Hinblick auf die Bestimmungen der §§ 49, 122 und 131 WRG. 1959 unter Ausschöpfung aller organisatorischen Möglichkeiten rechtzeitig geeignete Vorkehrungen für einen etwaigen Alarmfall vorzubereiten, die wohl am zweckmäßigsten mit denen des allgemeinen Katastrophendienstes und Zivilschutzes zu verbinden wären. Ein Bericht über das Bestehen von Warnanlagen und über die Vorkehrung für einen Gefahrenfall wird bis 30. November d. J. gewärtigt.

5. Zur Erläuterung der Überlegungen der Staubeckenkommission wird deren Stellungnahme zur gefälligen Kenntnis und Weitergabe an die Talsperrenunternehmungen beigeschlossen.

Vor Herausgabe dieses Erlasses wurde bei der Bewilligung einer Talsperre nachstehender Weg eingehalten:

Über Ersuchen der Wasserrechtsbehörde befaßte sich die Staubeckenkommission vor dem Bewilligungsverfahren in einer Sitzung mit der technischen Prüfung. Es wurde ein Team von Fachleuten der zuständigen Fachgebiete bestellt und um Erstattung eines Referates ersucht. Die Referenten prüften den Entwurf und berichteten in ihrem Referat den übrigen Mitgliedern der Staubeckenkommission. Nach eingehender Diskussion der Probleme durch die Mitglieder der Kommission wurde vom Vorsitzenden bzw. einem der Referenten ein zusammenfassender Bericht mit den Empfehlungen bzw. Ergänzungen, deren Einhaltung bei der Verwirklichung des Projektes notwendig ist, der Wasserrechtsbehörde vorgelegt. In der darauffolgenden Bewilligungsverhandlung, bei der die Begutachtung des Projektes durch den technischen Amtssachverständigen unter Beiziehung von Sondersachverständigen erfolgte, wurde unter Vorschreibung von technischen und sonstigen Bedingungen, die zur Wahrung der öffentlichen Interessen notwendig sind, die wasserrechtliche Bewilligung erteilt. Gleichzeitig wurde bei schwierigeren Bauvorhaben eine wasserrechtliche Bauaufsicht (ein Bauingenieur und ein Geologe) bestellt. Vor Inbetriebnahme war vom Konsenswerber eine vorläufige Betriebsvorschrift vorzulegen. Desgleichen wurde meist eine Vorkollaudierung abgehalten, bei der die unter Wasser kommenden Bauteile abgenommen wurden. Nach mehrjähriger Betriebszeit wurde die Schlußüberprüfung vorgenommen, auf Grund der gewonnenen Erfahrungen die endgültige Betriebsvorschrift genehmigt und dem Konsenswerber das Bauwerk zur laufenden Betreuung und Instandhaltung überlassen. Lediglich bei Kollaudierungen im letzten Jahrzehnt wurden bei Talsperren in Abständen von 5 bis 10 Jahren Gesamtüberprüfungen durch Spezialsachverständige dem Wasserrechtsinhaber vorgeschrieben.

Durch den vorgenannten Erlaß tritt nun insoferne eine Änderung ein, als ein Sperrenverantwortlicher zu benennen ist und dieser über die vom Amt der Landesregierung bestellten Organe des Gewässeraufsichtsdienstes einen Jahresbericht vorzulegen hat. Diese Berichte werden seit der Erstvorlage im Jahre 1965 nunmehr laufend vorgelegt und vom Unterausschuß für Talsperrenüberwachung der Staubeckenkommission geprüft. Dieser Unterausschuß wurde auf Grund der neuen Staubeckenverordnung im März 1966 gebildet. Er besteht aus je einem Sachverständigen für Statik, Dammbau, Geologie, Felsmechanik, Sperrenbeobachtung und Wasserbau. Die Prüfberichte des Unterausschusses werden der Wasserrechtsbehörde zur weiteren Veranlassung übermittelt. Die Meß- und Beobachtungsergebnisse werden in Sitzungen des Unterausschusses besprochen. Ferner werden die Sperren in einem 5 jährigen Turnus an Ort und Stelle an Hand der Pläne und Meßergebnisse geprüft. Bisher wurden im Jahre 1966 die Anlagen der Salzburger Stadtwerke und der Salzburger Aktiengesellschaft für Elektrizitätswirtschaft, 1967 die Anlagen der Kärntner Elektrizitätsaktiengesellschaft und der Österreichischen Draukraftwerke AG und 1968 die der Tauernkraftwerke AG geprüft. Im Jahre 1969 war die Überprüfung der Sperren der Steirischen Wasserkraft und Elektrizitäts AG, der Österreichischen Bundesbahnen und der Oberösterreichischen Kraftwerke AG vorgesehen. Im Jahre 1970 werden schließlich die Anlagen der NEWAG, der Vorarlberger Illwerke AG, der Vorarlberger Kraftwerke AG und der Tiroler Wasserkraftwerke AG geprüft.

Mit dem Schreiben der Staubeckenkommission vom 22.12.1966 an die Organe des Gewässeraufsichtsdienstes sowie an die Sperrenverantwortlichen wurde auf die Nachreichung von in Berichten angeführten Aktenvermerken über Begehungen und Besprechungen hingewiesen. Ferner wurde darauf hingewiesen, daß über die Beobachtung ungünstiger Fakten (Auftreten von Rissen usw.) auch dann berichtet werden muß, wenn sie zunächst noch unbedeutend erscheinen. Es wurde auch festgestellt, daß Jahresberichte in dieser Hinsicht nicht immer ganz vollständig sind.

Im allgemeinen ging aus den bisherigen Ergebnissen der Sperrenüberwachung ein befriedigender Zustand der Talsperren hervor, bzw. konnte durch Ergänzungsmaßnahmen (Sperre Gmünd) ein solcher erzielt werden.

Aber nicht nur die ständige Talsperrenüberwachung nach der Schlußüberprüfung, sondern auch die Prüfung der großen Talsperren und Dämme während des Baues hat die Staubeckenkommission in den letzten Jahren bedeutend intensiver befaßt. So wurden beim Gepatschdamm und beim Durlaßbodendamm auch der Teilstau und der Vollstau in der Staubeckenkommission behandelt. Mit diesen Dämmen und der Kopssperre waren die Referenten der Staubeckenkommission auch während des Baues als Experten bis über den Vollstau hinaus befaßt. Es wurde das Stauprogramm, das Meß- und Beobachtungsprogramm und die Betriebsvorschrift gemeinsam geprüft und auch in wesentlichen Stauphasen an Ort und Stelle die Überprüfung durchgeführt. Bei diesen Bauvorhaben, deren Kollaudierung noch nicht stattgefunden hat, wurde für die Inbetriebnahme die Durchführung einer Flutwellenberechnung für den Totalbruch bzw. für eine Teilbresche verlangt. Auf Grund der ermittelten Überflutungsgrenzen wurden die Warneinrichtungen vom Kraftwerksunternehmen erstellt und von den zuständigen Dienststellen im Rahmen des Zivilschutzes die Alarmpläne und die damit zusammenhängenden Maßnahmen veranlaßt. In Österreich wurden bis heute 20 Flutwellenberechnungen vorgenommen, 4 Berechnungen sind in Ausführung begriffen. Soweit es die Mittel des Zivilschutzes erlauben, werden die Flutwellenberechnungen auch für die älteren, bereits überprüften Sperren nachgetragen. Die in Österreich verwendeten Beobachtungsmethoden und Meßeinrichtungen unterscheiden sich kaum von den allgemein üblichen, auf eine nähere Beschreibung kann hier verzichtet werden. Im übrigen sei dazu auf die ausführlichen Arbeiten von Petzny-Widmann und Ganser verwiesen. Die in unserem Land in jüngster Zeit bei der Sperrenüberwachung verfolgten Tendenzen seien jedoch in den folgenden Punkten kurz umrissen:

1. Neben den Pegelanzeigern sowie den Thermometern ist mindestens eine Gruppe jener Meßeinrichtungen, die unmittelbare Aufschlüsse über den Deformationszustand liefern, mit Fernübertragung zur Meßzentrale und Registriereinrichtung auszustatten; bei neuen Sperren Pendellote, bei bestehenden älteren Anlagen: nachträglicher Einbau von Klinometern.

2. Anordnung einer hinreichenden Anzahl von Meßeinrichtungen zur wirklichkeitstreuen Erfassung der Sohlwasserdruckverteilung, vor allem bei Gewichtsmauern.

3. Abteufen von Piezometerbohrungen zur Beobachtung des Bergwasserspiegels.

4. Ständige Beobachtung allfälliger im Bauzustand oder im Betrieb aufgetretener Risse (temperaturbedingte Änderung der Rißweiten usw.).

5. Erfassung des Jahresganges der Blockfugenweiten.

6. Felsdehnungsmessungen zur Überprüfung der Krafteinleitung sowie der Stau- und Temperaturabhängigkeit der örtlichen Gebirgsbeanspruchung.

7. Von Baubeginn an durchgeführte geodätische Messungen (Nivellements, Triangulierungen und Polygonzüge), die zusammen mit den Ergebnissen der statischen Berechnung und der Modellversuche die Grundlagen für die

Beurteilung des "regulären Verhaltens" der Talsperre während des ersten
Aufstaues bzw. während der ersten Betriebsjahre liefern; im weiteren dienen diese geodätischen Beobachtungen der Erfassung der Absolutgrößen
der elastischen und plastischen Deformation des Sperrenkörpers und des
Felsuntergrundes; nicht zuletzt können mit ihnen Hangbewegungen im Staubereich und an den Talflanken frühzeitig erkannt werden.

Wir bringen nun einige Auszüge aus den jüngsten Prüfberichten des Unterausschusses für Talsperrenüberwachung, die auf Grund der kritischen Sichtung
und Interpretation der von den Unternehmungen vorgelegten Beobachtungsergebnisse sowie der gemeinsam vorgenommenen Begehungen der Anlagen ausgearbeitet wurden.

Silvrettasperre (Obervermuntwerk der Vorarlberger Illwerke Aktiengesellschaft, VIW; Vorarlberg; Gewichtsmauer 1939-1948 erbaut, Höhe 80 bzw.
31 m (Seitenmauer), Kronenlänge 357 m; Kubatur 407.000 + 18.000 m^3; Stauziel
2030 ü.M., Nutzinhalt des Speichers 38,6 hm^3).

Die Ganglinien der an der Silvrettasperre 1967 beobachteten Pendelausschläge weisen wie in den vergangenen Jahren keine Besonderheiten auf. Die
vorliegenden Berichte wurden übrigens durch eine Zusammenstellung der seit
1950 — also über einen Zeitraum von 17 Jahren — gemessenen Pendelausschläge
ergänzt; alle diese Aufzeichnungen lassen auf ein vom jeweiligen Stauablauf
und den Temperaturverhältnissen beeinflußtes, durchaus reguläres Verhalten
der Sperre schließen.

Die gemessenen Blockfugenweiten zeigen keine merklichen Abweichungen
gegenüber den in den vergangenen Jahren festgestellten Werten: die größte
Veränderung wurde mit 0,5 mm gemessen.

Die im Oktober 1966 bei Vollstau bis auf 2,9 1/s angestiegene Sickerwassermenge ist unter den gleichen Verhältnissen im Oktober 1967 wieder auf 1 1/s
zurückgegangen; die Verringerung ist auf die im Frühjahr 1967 vorgenommene
Abdichtung der Sickerstelle bei der Blockfuge 12/13 zurückzuführen.

Sohlwasserdrücke: Im Sinne einer in der Stellungnahme zu den Berichten
1966 gegebenen Empfehlung haben die VIW den vorliegenden Bericht nunmehr
durch ausführliche Darstellungen der für die einzelnen Meßstellen aus den
Druckanzeigen abgeleiteten Ganglinien ergänzt. Aus diesen geht hervor, daß die
der Berechnung zugrunde gelegte Sohlwasserdruckverteilung an mehreren Stellen überschritten wird. Die an den wasserseitigen Meßstellen beobachteten
Drücke lassen eine starke Stauabhängigkeit erkennen. Die Unterdrücke sind
allerdings, wie der Vergleich der Ganglinien für die Jahre 1966 und 1967 zeigt,
im wesentlichen stationär geblieben. Es wird nun abzuwarten sein, in welcher
Weise sich die im März 1968 für die Piezometer getroffene Neuregelung — Of-
fenhalten bzw. Öffnen der Ventile zur Verhinderung des Aufbaues zu hoher
Drücke — auswirken wird. Die Notwendigkeit zusätzlicher Maßnahmen wie
Schaffung weiterer Meßstellen, um Aufschlüsse über die Verteilung der Drücke
zu erhalten, Abteufen von Drainagebohrungen ist im Laufe des kommenden
Jahres zu erörtern.

Die mit den im September 1966 und Juli 1967 vorgenommenen Alignements
festgestellten Kronenbewegungen blieben im Rahmen der Ergebnisse früherer

Beobachtungen. Das gleiche gilt für die durch ein Präzisionsnivellement ermittelten lotrechten Kronenbewegungen. Mit den im Jahre 1967 längs des luftseitigen Mauerfußes verlegten Nivellementbolzen werden in Zukunft auch die lotrechten Bewegungen dieser im Bereich der größten Felspressungen liegenden Punkte zu erfassen sein.

Weder an den Ufern noch in der Umgebung des Silvrettaspeichers sind Veränderungen gegenüber dem Vorjahr beobachtet worden. Die Seeufer sind — wie ausdrücklich zu betonen ist — vollkommen stabil.

Aus den Berichten über die ständigen Überprüfungen der mechanischen Einrichtungen sowie der sonstigen beweglichen Konstruktionen geht hervor, daß die Betriebsbereitschaft dieser Anlagen gesichert ist.

Den in der letztjährigen Zusammenfassung vom Überwachungsausschuß ausgesprochenen Empfehlungen ist die Unternehmung vollinhaltlich nachgekommen.

Zusammenfassend kann festgestellt werden, daß auf Grund der Ergebnisse der von den VIW mit größter Sorgfalt durchgeführten Beobachtungen und Messungen die erforderliche Sicherheit der Anlage gewährleistet erscheint.

Die Tauernkraftwerke AG berichtet über die im Zuge der Sperrenüberwachung durchgeführten Messungen sowie alle sonstigen in diesem Zusammenhang vorgenommenen Beobachtungen an den nachstehend angeführten Anlagen: Speicher Margaritze, Mooserboden, Wasserfallboden, das Ausgleichsbecken Schwarzach und den Speicher Gmünd der Gerloswerke. Im Rahmen von Bereisungen des Überwachungsausschusses wurden die in den Bundesländern Salzburg und Kärnten liegenden Talsperren der TKW AG am 2., 3. und 4. 7. 1968, die Sperre Gmünd (Tirol) am 19. 9. 1968 eingehend besichtigt.

Wir bringen hier zunächst einen Auszug aus dem Prüfbericht des Überwachungsausschusses sowie aus der Niederschrift über die Begehung der beiden Sperren des Margaritzenspeichers (Möllüberleitung zum Speicher Mooserboden der Tauernkraftwerke Glockner - Kaprun, Kärnten/Salzburg; Möllsperre : Gewölbemauer 1950-52 erbaut, Höhe 93 m, Kronenlänge 164 m, Kronenradius 62, 3 m, Kubatur 35.000 m³; Margaritzensperre 1951-52, Höhe 40 m, Kronenlänge 150 m, Kubatur 33.100 m³; Stauziel 2000 ü.M., Nutzinhalt 3, 2 hm³).

Für die Möllsperre wurden die nachstehend angeführten Extremwerte der Radialverschiebungen im Kronenscheitel aus den Anzeigen der Klinometer abgeleitet:

Datum	Radialverschiebung in mm		Lufttemperatur Wochenmittel	Stauhöhe m
15. 12. 1966	+16 (talwärts)	max.	- 6°	1992, 00
13. 9. 1966	- 4	min.	+10°	1997, 5
12. 1. 1967	+17, 4	max.	- 6°	1982, 00
22. 8. 1967	- 4, 8	min.	+10°	1985, 00

Für die Margaritzensperre wurden nach Einbau der Klinometer erstmalig folgende Werte ermittelt:

Datum	Radialverschiebung in mm	Lufttemperatur Wochenmittel	Stauhöhe m
10.1. 1967	- 1,4	- 7°	1982,00
17.7. 1968	-12	+10°	1985,00

Die Werte sind auf den jeweiligen Beginn der laufenden Messungen bezogen (Möllsperre Oktober 1965, Margaritzensperre Oktober 1966).

Die Ergebnisse der geodätischen Messungen halten sich für beide Sperren im Berichtsjahr innerhalb der auf Grund der Berechnungsergebnisse sowie der bisherigen Erfahrungen als normal zu betrachtenden Grenzen.

Auf die Durchführung von Großspülungen des Speicherraumes wurde wegen der geringen Anlandungen auch in diesem Jahr verzichtet.

An der rechten Flanke der Möllschlucht gegenüber Grundablaß 2 — einer potentiellen geologischen Schwächestelle — wurden im Felszustand keine nennenswerten Veränderungen wahrgenommen.

Die Betriebsbereitschaft der mechanischen Einrichtungen ist nach Ergebnissen der vorgenommenen Erprobungen gewährleistet.

Im Zuge der erwähnten Besichtigungsfahrt wurde die Möll- und Margaritzensperre am 2.7.1968 von den Mitgliedern des Unterausschusses für Talsperrenüberwachung begangen.

Aus der diesbezüglichen Niederschrift seien folgende Stellen zitiert: Der behördliche Gutachter hebt hervor, "daß der bei der heutigen Begehung festgestellte Zustand der Sperren als gut zu bezeichnen ist": ebenso lassen die Beobachtungsresultate auf ein durchaus reguläres Verhalten der Mauern schließen. Der Sachverständige für Geologie, Prof. Horninger, stimmt diesen Feststellungen zu und äußert sich im weiteren über die Besichtigung einiger Stellen, "die er auf Grund seiner Kenntnis aus der Bauzeit für denkbare Schwächebereiche ansah." Anzeichen für irgendwelche, die Sicherheit der Sperren bedrohende Veränderungen wurden nicht beobachtet.

Zusammenfassend erklärt er, "daß auch in geologischer Hinsicht gegen den derzeitigen Zustand der Sperre und der Nebeneinrichtungen kein Einwand zu erheben ist."

Mit Befriedigung wird festgestellt, daß nach dem Ausfall anderer Meßeinrichtungen in beide Sperren nachträglich Klinometer eingebaut wurden, deren Anzeigen durch den 11 km langen Möllstollen in die Meßzentrale Mooserboden übertragen werden.

Mit der damit möglichen sofortigen Feststellung irregulärer Deformationszustände können nun auch die dann erforderlichen Sicherheitsmaßnahmen unverzüglich eingeleitet werden.

Sperre Gmünd (Gerloswerk, Tirol; als Gewölbemauer 1943-45 erbaut; Höhe 39 m, Kronenlänge 69 m; Kubatur 10.240 m³; nach Berggleitungen am linken Talhang Mauer verstärkt durch talseitiges Vorsetzen eines Gewichtsmauerblocks sowie massiver Wangenmauern zur Abstützung der Hänge).

In ihrem Bericht (R 37) zur Frage 34 (Talsperrenkongreß Istanbul 1967) befassen sich G. Horninger und H. Kropatschek (Österreich) mit den unterhalb der Sperre Gmünd in den Jahren 1963 und 1964 aufgetretenen Hanggleitungen und beschreiben die zur Sicherung der Sperre getroffenen Maßnahmen sowie die der Beobachtung dienenden Meßeinrichtungen.

Es ist verständlich, daß dieser Anlage von seiten der Behörde größte Aufmerksamkeit gewidmet wird; wir lassen daher einen Auszug aus dem Bericht des Überwachungsausschusses vom Jahre 1968 folgen:

Die beim Gewichtsmauerblock am Mittellot gemessenen Absolutwerte der Ausschläge waren wie in den vergangenen Jahren gering. Im Hinblick auf die starke Temperaturabhängigkeit dieser Bewegung ist die Tendenz als unverändert zu betrachten. Ein Zuwachs der am linken Schwimmlot mit 1,5 mm gemessenen Extremwerte gegenüber 0,2 bzw. 0,5 mm in den Vorjahren ist unbedenklich.

Die an der Gewölbemauer am Kronenscheitel aus Klinometermessungen errechneten Extremwerte von 17 mm bzw. 12 mm sind stationär geblieben. Die angebenen Extremwerte wurden am 5.6. bzw. am 20.2.1967 beobachtet.

Die an den Meßstellen G_3, G_4 und G_5 im Kontrollgang beobachteten Spannungen haben mit 11 kg/cm² (Zug) und 17 kg/cm² (Druck) gegenüber den Werten vom Jahr 1966 (10 kg/cm² bzw. 13 kg/cm²) etwas zugenommen.

Änderungen der Fugenweiten zwischen Gewichtsmauerblock und Gewölbemauer in der Größenordnung von +1 mm entsprechen den Werten der vergangenen Jahre. Die Bewegungen der Radialfugenflächen der Gewölbemauer schwanken um ein Maß von max. 0,2 mm.

An den Wangenmauern lassen die mit Klinometern ermittelten Neigungsänderungen eine leichte Zunahme der winterlichen Extremwerte der gegen das Tosbecken gerichteten Verschiebungen erkennen, die gleichfalls auf starke Temperaturabhängigkeiten zurückzuführen ist: so ging z.B. der am Klinometer C_4 am 25.12.1967 mit -43 mm ermittelte Extremwert bis zum 8.8.1968 wieder auf +3 mm zurück. Der von der Behörde ausgesprochenen Empfehlung nachkommend, hat die TKW die Ergebnisse der an den Klinometermeßstellen C_3, C_5, C_6 und C_8 vorgenommenen Beobachtungen nachgereicht; auch an diesen Meßstellen konnten die charakteristischen jahreszeitlichen Schwankungen wahrgenommen werden, bei C_5 z.B. max. 70 mm am 20.12.1967 gegenüber min. -9 mm am 1.9.1967.

Bezüglich der Erörterung der Ergebnisse der geodätischen Messungen, die am linken luftseitigen Hang durchgeführt wurden, sei auf die weiter unten angeführte Äußerung des Geologen in der Niederschrift zur Begehung vom 19.9.d.J. verwiesen.

Nennenswerte Sohlwasserdrücke bei den Sammelglocken an der Aufstandsfläche der Betonplombe wurden nicht beobachtet. Die während der beiden vergangenen Jahre gemessenen Gesamtsickermengen sind in der nachstehenden Tabelle angeführt:

Meßstelle	KG m³	GE 1 m³	GE 2 m³
1966	7400	185	120
1967	7500	117	96

Der 1966 beobachtete Anstieg der Maximalwerte der Schüttungen an der Meßstelle KG (Kontrollgang linkes Widerlager) hat sich nicht fortgesetzt. Der

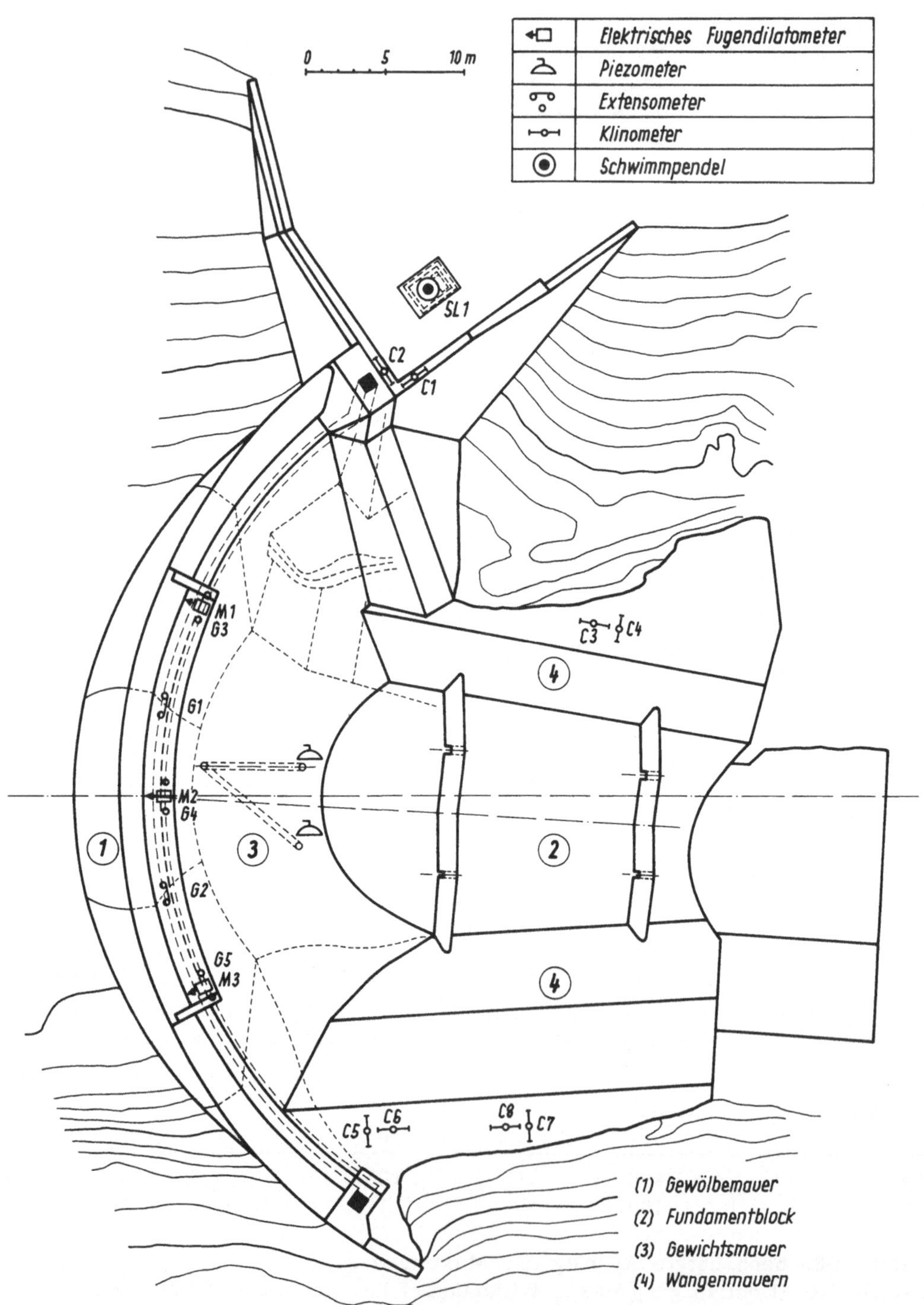

Abb. 1: Lageplan der Sperre Gmünd des Gerloswerkes

Maximalwert von 1,0 l/s ist wieder auf 0,7 l/s entsprechend dem Stand von
1965 abgesunken. Ebenso haben sich die Durchsickerungen an den Meßstellen
GE 1 und GE 2 bei einer allerdings um 1 1/2 Monate kürzeren Beobachtungs-
dauer gegenüber dem Vorjahr verringert.

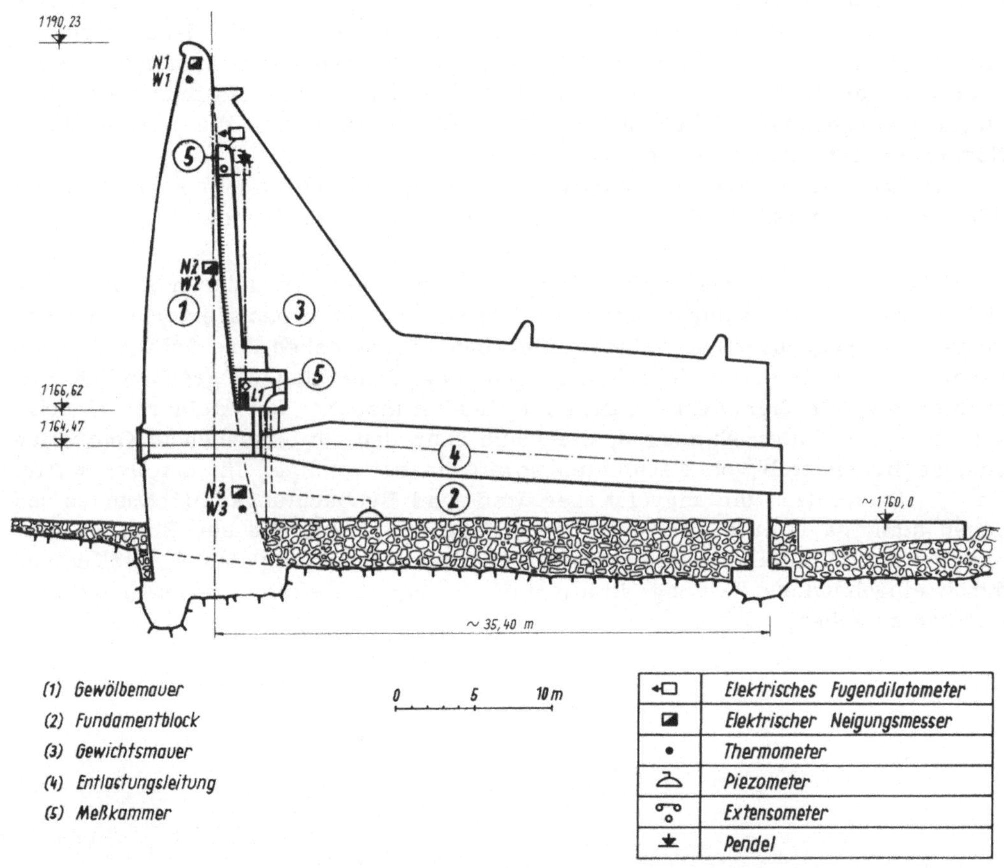

Abb. 2: Aufriß der Sperre Gmünd des Gerloswerkes

Die Sperre Gmünd und der Stauraum wurden von den Mitgliedern des Überwachungsausschusses mit den Vertretern der Unternehmung am 19. 9. begangen.
   Auf Grund der Erörterung der vorgelegten Meßergebnisse sowie der an Ort
und Stelle gewonnenen Eindrücke wurde das Verhalten des gesamten Sperren-
komplexes einschließlich Wangenmauern und Tosbecken als einwandfrei bezeichnet.
   In geologischer Hinsicht wird erklärt, daß "keine Veränderungen am Fels
im unmittelbaren Anschluß an die Sperre beobachtet wurden . . . Die bereits
stark aufgelockerten Gesteinsmassen talseitig vom Ende der linken Wangen-

mauer müssen nach den geodätischen Feststellungen im letzten Jahr in langsamer Talwärtsbewegung sein. Mit freiem Auge lassen sich in dem grob aufgeklüfteten Material allerdings keine Veränderungen feststellen. Es wird dazu bemerkt, daß mit kriechender Bewegung in der erwähnten, stark gelockerten Felsflanke seit jeher gerechnet wurde und daß aus diesen Bewegungen keine Rückschlüsse auf schädliche Auswirkungen auf das Bauwerk zu ziehen sind. Aus dem heutigen Besuch und der Besprechung der vorliegenden Meßergebnisse ist also kein Anhaltspunkt für eine ungünstige Veränderung des Zustandes an der Sperre zu ersehen. Die Beobachtungen des Schwimmlotes am linken Hang bestätigen vorgenannte Erklärung, daß vom linken Hang keine die Sperre beeinflussenden Bewegungen aufgetreten sind."

Der Zustand der Sperrenanlage Gmünd ist nun im dritten Jahr nach Abschluß der Sanierungsarbeiten als durchaus befriedigend zu bezeichnen.

In Österreich — das trifft wohl auch für die meisten anderen Staaten zu — stehen die größten Anlagen unter der Verwaltung gut organisierter Unternehmungen mit geschultem technischen Personal. Diese haben ihre Anlagen, schon bevor es diesbezügliche Vorschreibungen oder Empfehlungen gegeben hat, mit größter Sorgfalt überwacht. Anders ist dies bei manchen der kleineren Gesellschaften bzw. Unternehmungen, die kaum über den für eingehende Kontrollen erforderlichen Stab von Fachleuten sowie die notwendigen finanziellen Mittel für die Installation umfangreicherer Meß- und Beobachtungseinrichtungen und deren ständige Überwachung verfügen. Hier ist es Aufgabe der Behörde, zumindest die Minimalausrüstung für die Sperrenbeobachtung sicherzustellen und durch eingehendere Prüfung, in allenfalls kürzeren Zeitabschnitten, nach dem Rechten zu sehen.

38/9 STAUMAUER KOPS — MESSEINRICHTUNGEN
BEOBACHTUNGSMETHODEN UND AUSWERTUNG DER MESSERGEBNISSE

O. Ganser
Vorarlberger Illwerke Aktiengesellschaft

1. Einleitung

Die Staumauer Kops wurde von 1962 bis 1965 durch die Vorarlberger
Illwerke Aktiengesellschaft errichtet. In den Jahren 1965 und 1966 fand ein
Teilstau im Speicher Kops statt. Der erste Vollstau wurde im Herbst 1967
erreicht.

Die Staumauer und die Felswiderlager sind mit umfangreichen Meß-
und Beobachtungseinrichtungen ausgestattet.

In der vorliegenden Abhandlung wird über die wichtigsten Meßergebnisse und deren Auswertung berichtet.

2. Kurze Beschreibung der Staumauer Kops

Die Staumauer besteht aus einer Gewölbemauer mit Künstlichem Widerlager als Hauptabschlußbauwerk und einer als Gewichtsmauer ausgebildeten Seitenmauer.

Daten des Speichers Kops

Überstaute Fläche	1 km²
Nutzbarer Speicherinhalt	43,5 Mio m³
Speicherbares Arbeitsvermögen	107 Mio kWh

Hauptdaten der Mauer

Betriebsstauziel	1809,00 m ü. M.
Größter Hochwasserstand	1809,79 m ü. M.
Mauerkrone	1811,00 m ü. M.
Kronenstärke	6,00 m

Abflußmengen bei vollem Speicher

Grundablaß	19 m³/s
Zwischenablaß	41 m³/s
Hochwasserüberlauf	42 m³/s

Hauptmauer (Gewölbemauer)

Kronenlänge zwischen dem rechten Felswiderlager und dem linken Künstlichen Widerlager	400 m
Größte Mauerstärke im Fundament	30 m
Größte Mauerhöhe	122 m

Seitenmauer (Gewichtsmauer)

Kronenlänge	214 m
Neigung der Wasserseite	1:0,05
Neigung der Luftseite	1:0,68
Größte Mauerhöhe	43 m

Betonkubatur

Hauptmauer	485.000 m³
Künstliches Widerlager	97.000 m³
Seitenmauer	81.000 m³
Gesamtkubatur	663.000 m³
Felsausbruch	201.000 m³
Aushub von Überlagerungsmaterial	125.000 m³

Geologie und Gründung der Staumauer

Die Sperrenstelle liegt in den Gneisen und Amphiboliten des Silvretta-Kristallins. Die Kopser Mulde ist durch erosive Glazialverformung gestaltet worden. Der talseitige Abschluß des Beckens besteht aus einer Felsschwelle, die etwa 200 m unterhalb der Mauer mit einer Steilstufe zum tiefer gelegenen Erosionsniveau abfällt. Die Gesteine im Sperrenbereich streichen im großen und ganzen von WSW nach ONO und fallen mittel bis sehr steil gegen Norden ein. Die vorwiegend auftretenden Gesteinsarten sind Amphibolite und Aplitgneise mit Einschaltungen von Quarziten, Glimmerschiefern und Schiefergneisen.

Die Staumauer erhielt auf ihrer ganzen Länge einen lotrechten Dichtungsschirm, der einen Bereich von durchschnittlich 60 m Tiefe unter der Gründungssohle erfaßt.

Betontechnologie

Betonzuschlagstoffe aus den Alluvionen des benachbarten Kleinvermunttales. Korngruppen 0,06/1, 1/3, 3/10, 10/40, 40/80, 80/150 mm Naturkorn; 1/3 Brechkorn; rund 3 % künstliche Luftporen.

	Zementdosierung kg PZ 275	Größtkorn-Durchmesser mm	Wasser-Zement Verhältnis	Mittlere Druckfestigkeiten nach 90 Tagen
Kernbeton Gewichtsmauer u. Künstl. Widerlager	150	150	0,71	250
Kernbeton Gewölbemauer	180	150	0,60	302
Vorsatzbeton	230	150	0,49	366
Felsanschlußbeton	280	80	0,48	356

3. Disposition der Meßeinrichtungen

In Kops kommen folgende Meßeinrichtungen zur Anwendung:

1. Meßeinrichtungen zur Erfassung von Deformationen der Mauer und deren Umgebung einschließlich Felsuntergrund.

   Diesem Zwecke dienen
   1.1 Triangulation
   1.2 Alignement
   1.3 Polygonzüge
   1.4 Nivellements
   1.5 Lotanlagen
   1.6 Telerocmeter
   1.7 Klinometer
   1.8 Einrichtungen zur Messung der Fugenweite zwischen den Mauerblöcken

2. Thermometer zur Messung des Temperaturzustandes des Mauerbetons und des Gebirges

3. Einrichtungen zur Messung des Spannungszustandes im Mauerbeton.

   Dazu gehören
   3.1 Telepreßmeter (zur Messung von Druckspannungen)
   3.2 Teleformeter   (zur Messung von Zugspannungen)

4. Verschiedene Einrichtungen

   4.1 Sohlenwasserdruckmeßeinrichtungen
   4.2 Piezometer zur Messung des Wasserstandes im Gebirge

Man erkennt aus dieser Aufstellung, daß in erster Linie Bewegungsgrößen gemessen werden.

Bei der Staumauer Kops wurden zwei Schwerpunkte der Mauerbeobachtung gebildet, und zwar der Gewölbescheitel und ein Punkt am Künstlichen Widerlager. Beide Punkte können durch mehrere voneinander unabhängige Methoden gemessen werden, und zwar durch

Lotanlagen

Alignement

Polygonzüge,

der Punkt beim Künstlichen Widerlager außerdem durch Triangulation.

Es ist also eine mehrfache Kontrolle der Lage dieser Punkte gegeben. Von diesen Einrichtungen kommt den Lotanlagen die größte Bedeutung zu.

Die Beobachtung der Lotabweichungen ist relativ einfach, die gemessenen Werte sind sehr genau, haben einen direkten Aussagewert und können mit den Ergebnissen von Berechnung und Modellversuch — unter Berücksichtigung des Einflusses der Temperaturänderung auf die Verformung des Mauerkörpers — direkt verglichen werden. Da sich bekanntlich nicht nur die Mauer, sondern auch der Felsuntergrund verformt, ist es wichtig, daß die Lotanlagen in den Untergrund reichen. Diese Verlängerung

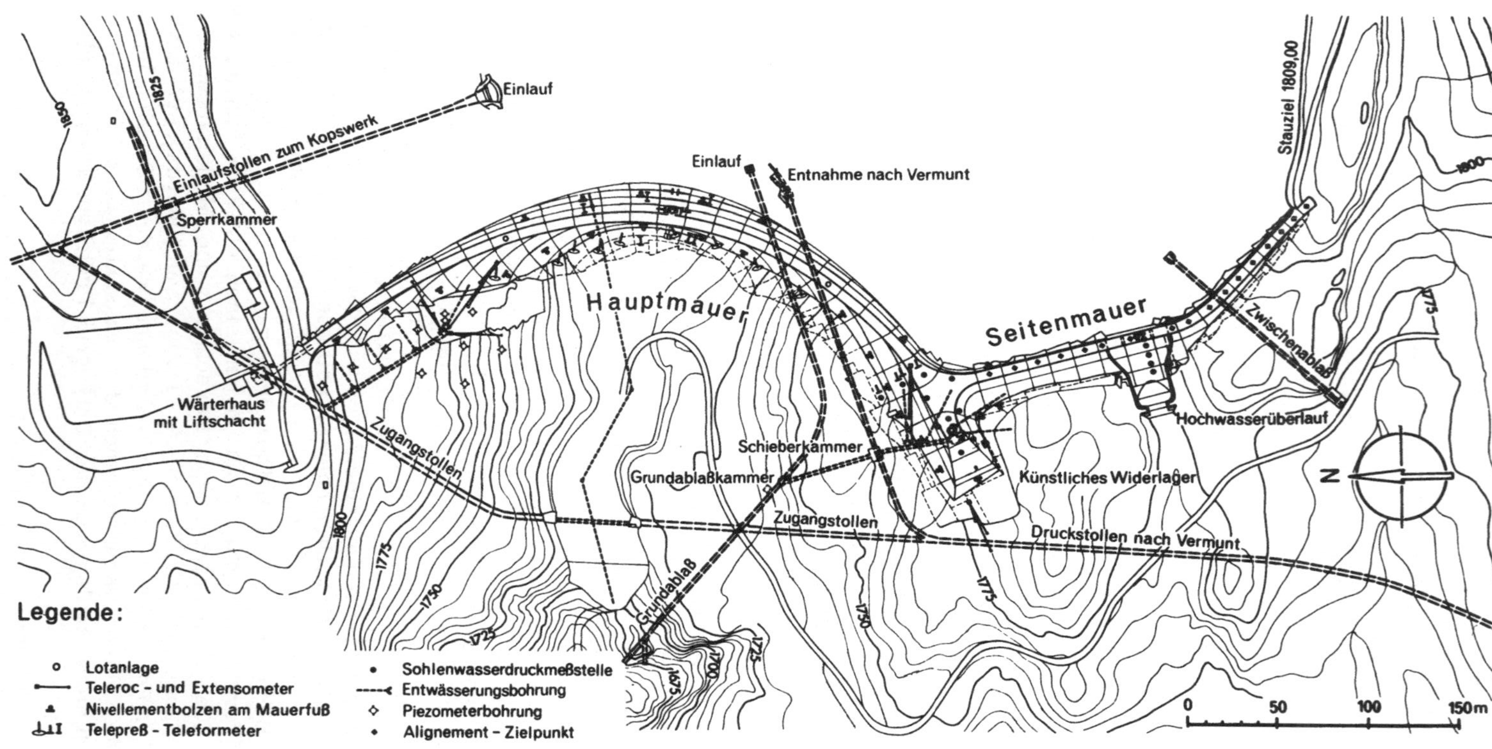

Legende:

- ○ Lotanlage
- — Teleroc – und Extensometer
- ▲ Nivellementbolzen am Mauerfuß
- ⊥⊥I Telepreß – Teleformeter
- • Sohlenwasserdruckmeßstelle
- ----< Entwässerungsbohrung
- ◇ Piezometerbohrung
- • Alignement – Zielpunkt

Abb. 1: Lageplan

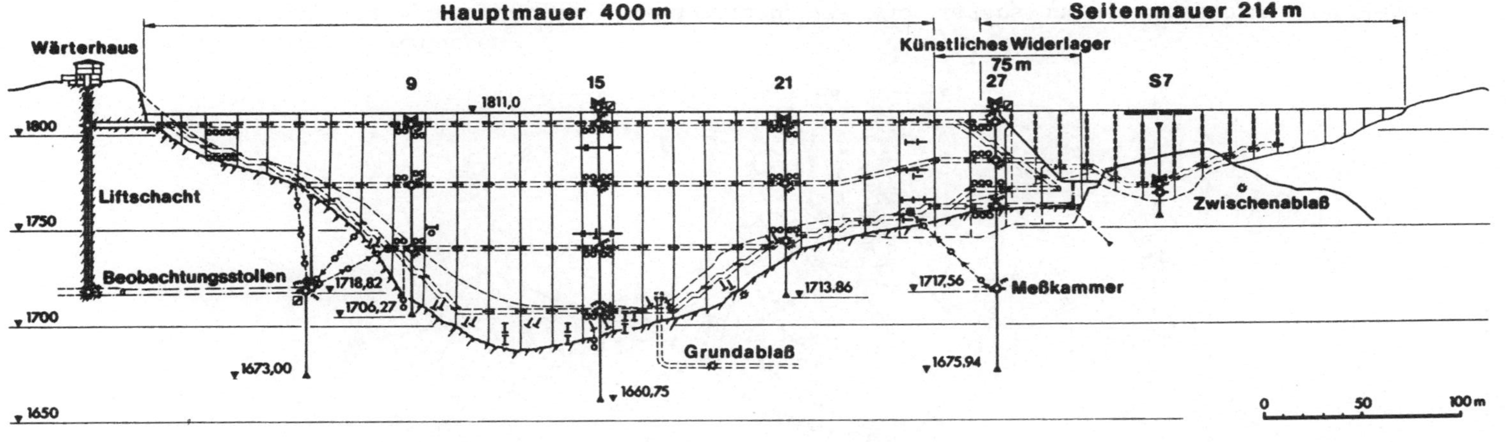

Abb. 2: Längenschnitt

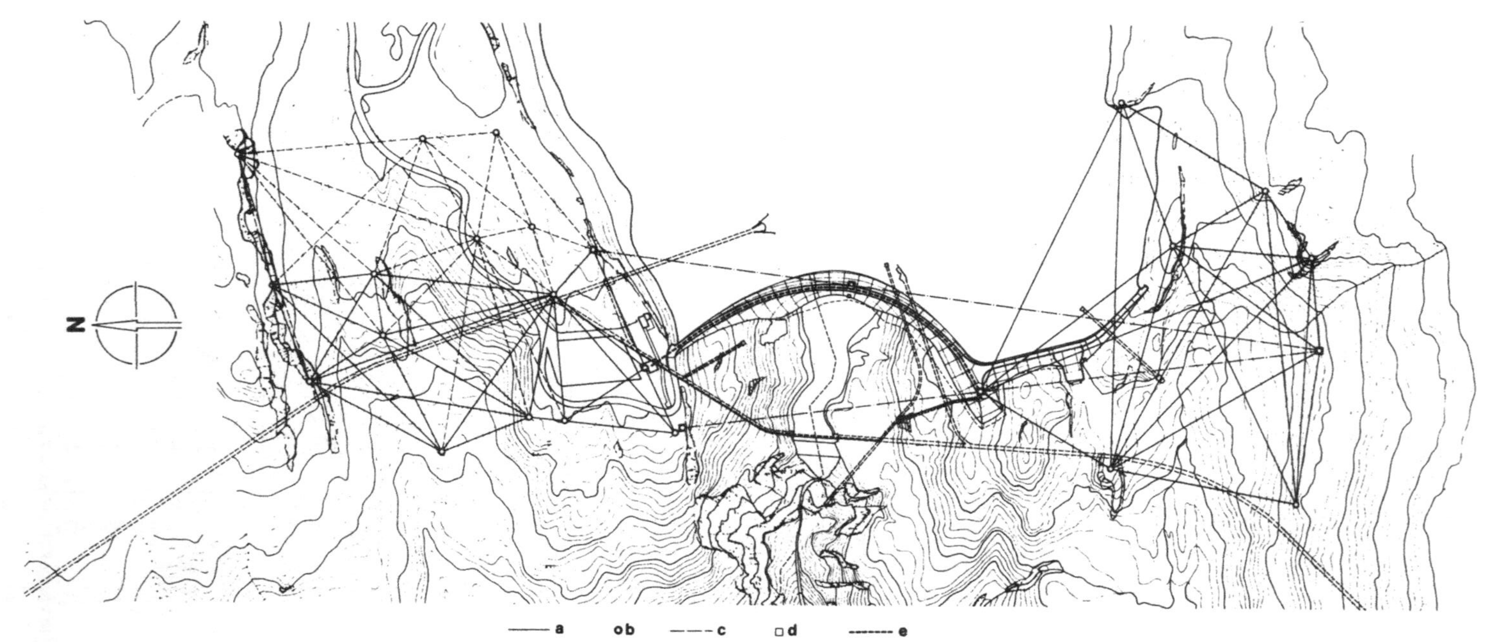

Abb. 3: Geodätische Meßeinrichtungen
a Triangulationsnetz — b Meßpfeiler — c Alignement des Widerlagers und Mauerscheitels — d Meßbunker, Zielbunker — e Präzisionspolygonzüge

erfolgt in Kops durch Großbohrlöcher. Da an der Bohrlochsohle nicht gemessen werden kann, war die Anordnung von Schwimmlotanlagen notwendig. Wegen der unvermeidlichen Abweichung des Bohrloches von der Lotrechten ist die Bohrlochtiefe für diesen Zweck beschränkt. Man muß bei großen Sperren damit rechnen, daß die Verformungen des Untergrundes auch in einer Tiefe von 40-50 m noch nicht abgeschlossen sind. Die Lotanlagen liefern nur die relative Bewegungsgröße zwischen Verankerungspunkt und Meßstelle.

Um einerseits eine Kontrolle der durch die Lotanlagen gemessenen Verformungen zu erhalten, andererseits möglichst absolute Werte — also einschließlich der ganzen Untergrundbewegung — zu bekommen, wurden in Kops die Alignementmeßeinrichtungen angeordnet.

Die Messung der Bewegungen von Mauerscheitel und dem Punkt am Künstlichen Widerlager erfolgt von zwei am rechten Hang gelegenen Meßbunkern. Der Zielpunkt liegt in großer Entfernung am linken Berghang.

Um die Bewegungen aller einzelnen Blöcke der Bogenmauer messen zu können, wurde im obersten Mauergang eine Pfeilerkette zur Präzisionspolygonzugsmessung angeordnet. Die Endpunkte des Zuges liegen bei den tief in den Untergrund reichenden Lotanlagen, beim Künstlichen Widerlager und im Liftschacht. Die Lage der Lotmeßstellen im Mauergang wird bei der Polygonzugsmessung miterfaßt. Da die Endpunkte durch Triangulation eingemessen werden können, ist die Möglichkeit der Erfassung absoluter Verformungsgrößen gegeben.

Die Errichtung einer großen Staumauer und vor allem die Füllung des Speichers hat eine mehr oder weniger große Verformung der ganzen Umgebung zur Folge. Das Ausmaß dieser Bewegungen kann durch Lotmessungen und Alignements (falls Beobachtungs- und Zielpunkt nicht weit genug von der Sperre entfernt sind) nicht zur Gänze erfaßt werden.

Zur Feststellung großräumiger Verformungen wurde an beiden Seiten der Sperre ein Triangulationsnetz errichtet, welches es gestattet, die Lage von besonderen Mauer- und Geländepunkten von weitabgelegenen, von Mauer und Wasserlast unbeeinflußten Punkten einzumessen.

Da diese Messungen nur in der schneefreien Jahreszeit bei gutem Wetter durchgeführt werden können und einen großen Aufwand sowohl bei der Einmessung selbst als auch bei der Auswertung der Ergebnisse erfordern und außerdem mit einer von der Art des Pfeilernetzes abhängigen relativ hohen Ungenauigkeit belastet sind, dient dieses Verfahren nur zur übergeordneten Kontrolle.

Zur weiteren Lagekontrolle dienen die Lotanlagen bei den Viertelpunkten der Mauer und dem höchsten Block der Seitenmauer. Die Kronen aller Blöcke der Seitenmauer können durch ein eigenes Alignement eingemessen werden.

Zur Kontrolle der Felswiderlager wurden zwei Beobachtungsstollen angeordnet. Der Stollen an der linken Talseite endet in der Beobachtungskammer unter dem Künstlichen Widerlager. Von hier aus wurde das Bohrloch für die Lotanlage noch 40 m tief in den Untergrund verlängert, so daß das Schwimmlot insgesamt ca. 136 m mißt. Es ist anzunehmen, daß die Verformung des Gebirges in dieser Tiefe nur noch sehr gering ist, so daß annähernd die absoluten Deformationen des Künstlichen Widerlagers und des Felsuntergrundes erfaßt werden können. Wie bereits erwähnt, ist auch eine trigonometrische Lagekontrolle dieser Lotmeßstelle durch den Pfeiler an der Krone der Mauer gegeben.

Weitere wichtige Daten über die Bewegungen im Untergrund liefern die Telerocmeter- und Extensometermeßstrecken.

Der Beobachtungsstollen an der rechten Flanke liegt luftseitig der Mauer in dem für die Kontrolle der Felsdeformationen wichtigen Felsbereich. Auch hier bildet eine tiefreichende Lotanlage den Kernpunkt der Meßeinrichtungen. Die drei in verschiedenen Richtungen an dieser Stelle zusammenkommenden Telerocmetermeßstrecken geben weitere wichtige Angaben über das Verhalten des Untergrundes an der rechten Flanke.

Zur Erfassung der Felsdeformationen im Stollensystem auf Höhe ca. 1717 wurde eine Pfeilerkette für einen Präzisionspolygonzug angelegt, dessen Endpunkte durch die Lotanlagen beim Künstlichen Widerlager und dem Liftschacht mit dem Polygonzug im obersten Mauergang und damit mit dem Triangulationsnetz an beiden Talflanken in Verbindung stehen.

Insbesonders sei noch auf die Einmessung der Höhenlage von Beobachtungspunkten durch Nivellements hingewiesen. Vor allem zur Kontrolle des Verhaltens des Felsuntergrundes ergeben die Nivellementmessungen an den Blockfundamenten und in den Stollen wichtige Daten.

Abgesehen von den Lotanlagen wurde die Bogenmauer und das Künstliche Widerlager mit einer Anzahl weiterer Einrichtungen versehen.

An allen Lotablesestellen sind zwecks Messung von Neigungsänderungen Klinometermeßstellen vorhanden. Die Klinometermessungen gestatten eine Kontrolle der durch die Lote gewonnenen Werte. Die Kenntnis der Neigung ist besonders in der Nähe der Mauergründung von Interesse, weil auf diese Weise auch die Verdrehungen des Gründungsfelsens erfaßt werden.

Zur Kontrolle der Druckspannungen wurde eine größere Anzahl von Telepreßmetern in den Bauwerkskörper eingebaut. Die Geräte liegen zum großen Teil längs des luftseitigen Mauerfußes im Bereich der rechnungsmäßig größten Felspressungen. Weitere Instrumente wurden in verschiedenen Höhenlagen im Mauerscheitel an der Wasser- und Luftseite angeordnet. Sie wurden in der Hauptspannungsrichtung eingebaut. Zur Kontrolle der auf das Künstliche Widerlager entfallenden Kräfte dienen die am theoretischen Übergang zur Bogenmauer angeordneten Geräte.

Die Telepreßmeter wurden größtenteils paarweise in gegenseitigem Abstand von 1,5-2 m eingebaut, um örtliche Unterschiede möglichst ausschalten zu können.

Um Angaben über die Größe der unvermeidlichen Zugspannungen in der Nähe der Gründung im tiefsten Mauerbereich zu erhalten, sind einige Teleformeter in der wasser- und luftseitigen Randzone angeordnet worden.

Zur Beurteilung der Ergebnisse der Verformungsmessungen ist die Kenntnis der Temperatur der Mauer erforderlich. Im Beton der Bogenmauer und des Künstlichen Widerlagers wurde daher eine große Anzahl

Thermometer, meist in der Nähe der Lotmeßstellen über den ganzen Querschnitt reichend, angeordnet.

Nicht allen Meßeinrichtungen kommt gleiche Bedeutung zu. Manche
Messungen können nur von hochqualifizierten Fachkräften in bestimmten
längeren Zeitabständen erfolgen. Zur Beurteilung der Sicherheit einer
großen Stauanlage und andauernder Überwachung müssen die Messungen in
kurzen Zeitabständen erfolgen. Zu diesen sogenannten Sicherheitsmessungen,
die vom Staumauerwärter durchgeführt werden können, gehören die Lot-,
Alignement-, Teleroc- und allenfalls die Spannungsmessungen.

Die wichtigsten Ergebnisse der Lot-, Teleroc- und Spannungsmeß-
sungen werden ins Wärterhaus übertragen, wo sie abgelesen und automatisch
aufgezeichnet werden.

4. Verformungsmessungen der Mauer

Die Polygonzugsmessungen im obersten Mauergang ergeben ein Bild
der Deformation der gesamten Mauerkrone. Da die Endpunkte des Zuges
zugleich durch tief in den Felsuntergrund reichende Lotanlagen und trigono-
metrisch eingemessen werden, werden bei diesen Messungen im Gegensatz
zu den Lotmessungen in der Mauer absolute Verschiebungswerte erhalten.
Die Differenz zwischen den Ergebnissen beider Meßverfahren ist die Deformation des im Untergrund der Mauer gelegenen Lotverankerungspunktes.

In den Abbildungen 5 bis 9 sind die wichtigsten Ergebnisse der Lotmessungen dargestellt. Das weitgehend elastische Verhalten von Mauer und
Untergrund ist vor allem aus den Abbildungen 6, 7 und 8 deutlich erkennbar.

In Abb. 9 ist die durch Lotmessungen ermittelte radiale Deformation
der Blöcke 9, 15 und 21 bei Vollstau aufgezeichnet. Die kurzen kräftigen
Striche bedeuten die durch Klinometer gemessene Mauerneigung. Es ist eine
sehr gute Übereinstimmung vorhanden.

In den Diagrammen ist die als Differenz der Ergebnisse zwischen
Lot- und Polygonzugsmessungen festgestellte Verschiebung des Lotverankerungspunktes eingetragen. Bei Block 15 ist die fast ausschließlich elastische Deformation dieses rund 35 m unter den Mauerfundamenten gelegenen
Punktes bei Vollstau rund 8 mm. Die Felsdeformationen reichen demnach
bis in große Tiefe.

Die Temperaturänderung des Mauerbetons hat bekanntlich einen beträchtlichen Anteil an der Verformung der Mauer. Allgemein ist es üblich,
den Anteil der Temperaturänderung auf Grund der Meßergebnisse während
der ersten Stauperioden zu ermitteln.

Um jedoch schon während der ersten Stauperiode — welche ja die
wichtigste Phase im Leben einer Staumauer darstellt — den Anteil der Temperaturverformung zur Kontrolle der aus Berechnung oder Modellversuch
ermittelten "Sollwerte" mit den gemessenen Deformationen der Mauer möglichst genau zu erfassen, wurde während der ersten Betriebsjahre der Stauanlage folgendes Verfahren angewendet:

In der statischen Berechnung wurde in einem besonderen Rechnungs-
gang der Einfluß der Temperaturänderung des Mauerbetons bei allen zahl-

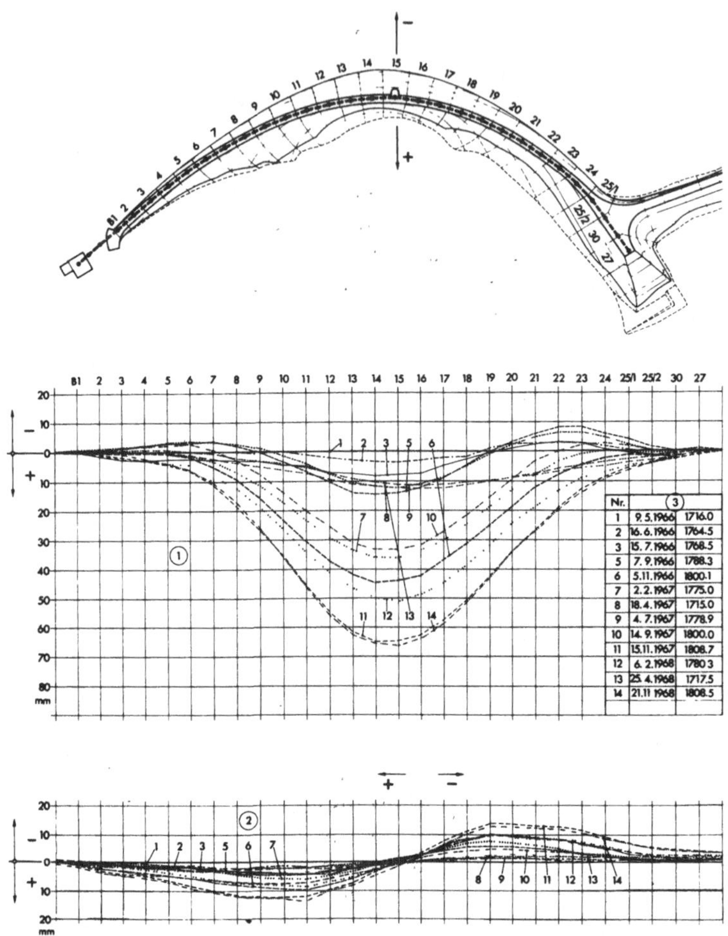

Abb. 4: Ergebnisse der Polygonzugsmessungen im obersten Mauergang bei
verschiedenen Stauhöhen
(1) Radiale Deformation der Mauerkrone — (2) Tangentiale Deformation der Mauerkrone — (3) Seespiegelhöhe zur Zeit der Messungen

reich über den Mauerkörper verteilten Temperaturmeßquerschnitten auf die
Verformung der einzelnen Bogen und Konsolen ermittelt. Es ergaben sich
damit Einflußzahlen für die Temperaturverformung. Diese Zahlen wurden
sodann mit den Mittelwerten der in den Meßquerschnitten in Zeitabständen
von 10 Tagen gemessenen Temperaturänderungen des Betons multipliziert.
Die auf diese Weise erhaltenen Werte ergaben dann als Summe für jeden gewünschten Punkt der Mauer den Verformungsanteil aus der gesamten Temperaturänderung der Mauer. Die Berechnung erfolgt tabellarisch und erfor-
dert nur einen sehr geringen Zeitaufwand.

Die nunmehr zurückliegende 3jährige Erfahrung zeigt, daß sich mit
dieser Methode in außerordentlich zufriedenstellender Weise die Größe der

134

aus der gemessenen Temperaturänderung des Betons verursachten Radial-
verformung ermitteln läßt.

Durch Ausschaltung des tatsächlich vorhandenen "Temperaturantei-
les" an der Verformung läßt sich diese sehr genau mit den "Sollwerten"
vergleichen.

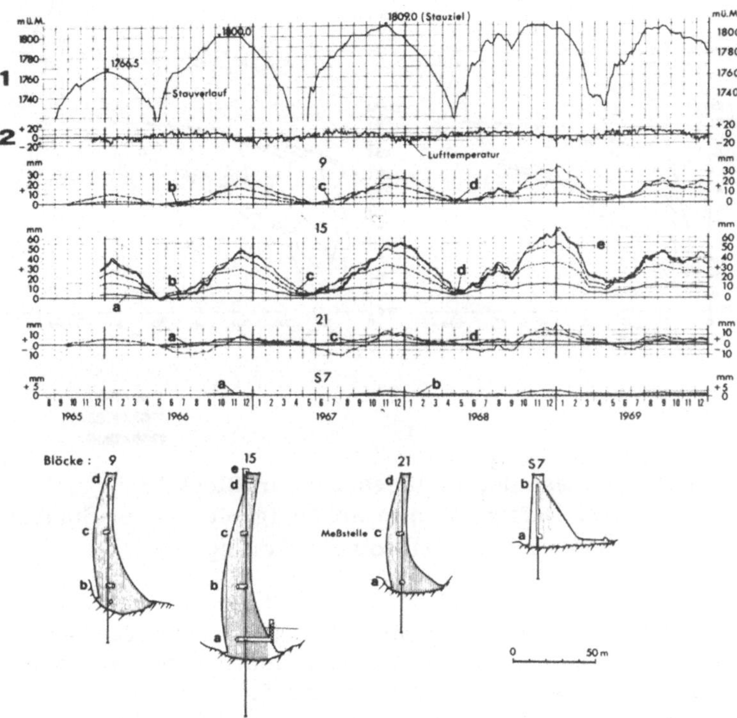

Abb. 5: Ergebnisse der Lotmessungen in radialer Richtung in den Blöcken 9,
15, 21 und S 7
(1) Höhe des Wasserspiegels − (2) Lufttemperatur − + Bewegung zur
Luftseite − − Bewegung zur Wasserseite − a-e Meßstellen

5. Verformungsmessungen der Felswiderlager

Die Verformungen der Felswiderlager werden durch Triangulation,
Polygonzugsmessungen, Nivellements, Lotanlagen und Telerocmeter ermittelt.

Die Diagramme zeigen in eindrucksvoller Weise die Gebirgsdeforma-
tionen durch die Belastung.

Bei Vollstau des Jahres 1968 betrug die Verkürzung der gesamten rund
50 m langen Meßstrecke R_1 ca. 6,6 mm, davon im ersten Streckendrittel
ca. 4,2 mm, im zweiten Drittel ca. 1,7 mm und im dritten Drittel ca. 0,8 mm.

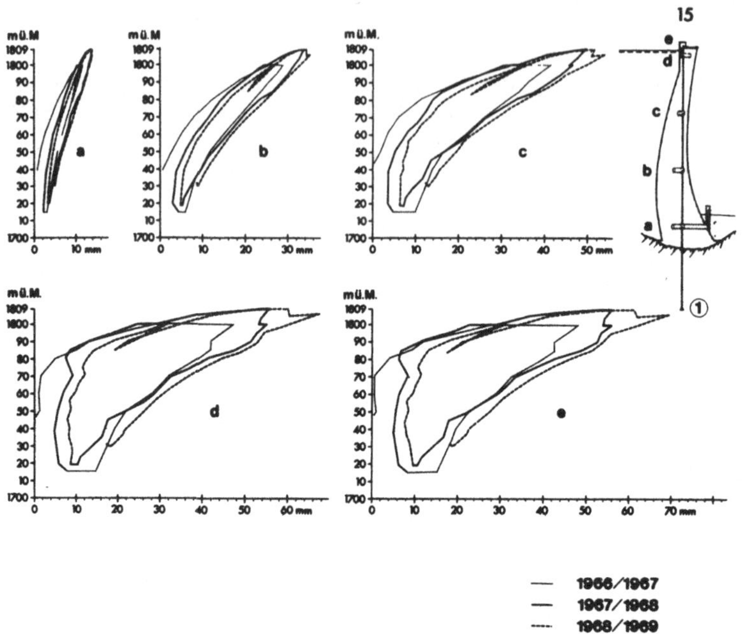

Abb. 6: Ergebnisse der Lotmessungen in Block 15
Radiale Deformation in Abhängigkeit von der Stauhöhe
a-e Meßstellen – (1) Lotverankerung

Die Verformungen und damit auch die Spannungen nehmen mit der
Tiefe rasch ab. Die plastischen Deformationen sind sehr gering und beschränken sich in der Hauptsache nur auf die gründungsnahe Teilstrecke.
Das erste Drittel der Meßstrecke R_4 liegt zur Gänze im Fundamentbeton
der Mauer. Die größten Deformationen treten hier im zweiten Drittel auf.
Die Temperatur des Gebirges weist nur geringe Schwankungen auf. Es waren
keine Korrekturen der Ablesewerte wegen der Temperaturänderungen notwendig.

Die Beobachtung der Felswiderlager mit Telerocmetern vermittelte
sehr wertvolle Erkenntnisse über das Verhalten des Gebirges. Diese Meß-
methode dient neben den Lotmessungen zu den wichtigsten Kontrollmaßnah-
men für die Überwachung der Auflagersicherheit.

6. Verwendung von Telerocmetern zur Einmessung absoluter
Felsdeformationen

Zur Feststellung großräumiger Felsverformungen ist es üblich, ein
Triangulationsnetz an einer oder beiden Talseiten bei der Sperrenstelle zu
errichten. Dieses Netz gestattet es, die Lage von besonderen Mauer- und
Geländepunkten von weit abgelegenen, durch die Errichtung der Stauanlage
unbeeinflußten Punkten einzumessen.

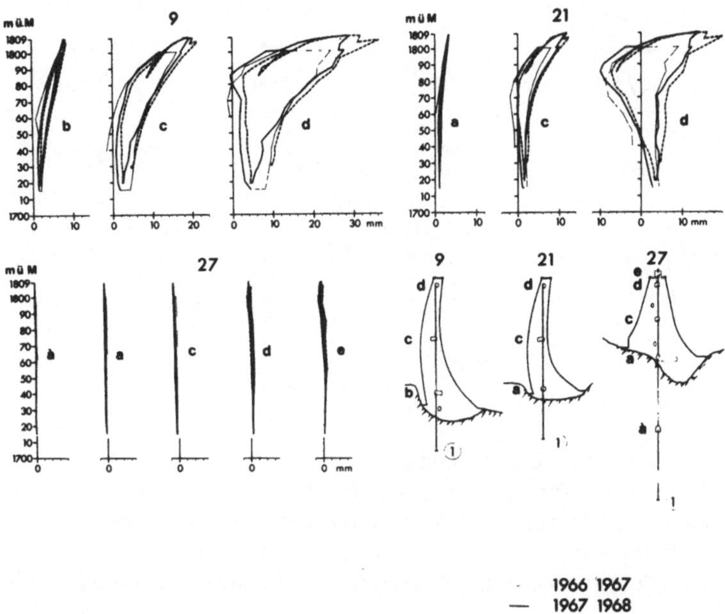

Abb. 7: Ergebnisse der Lotmessungen in den Blöcken 9, 21 und 27
Radiale Deformation in Abhängigkeit von der Stauhöhe
a-e Meßstellen — (1) Lotverankerung

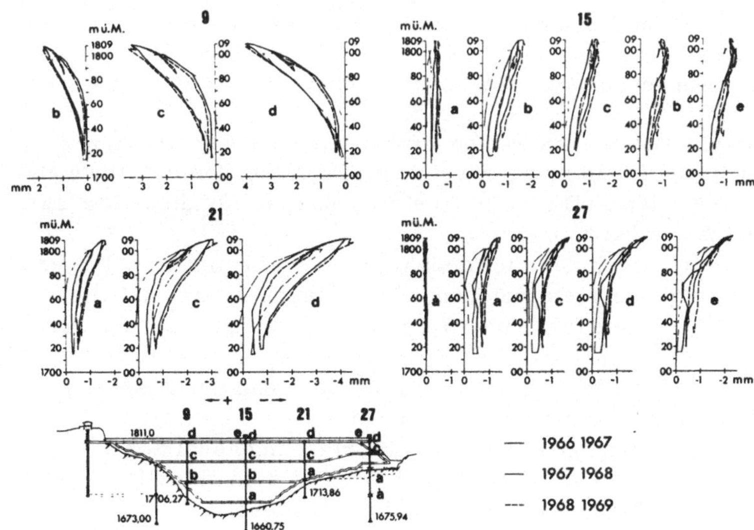

Abb. 8: Ergebnisse der Lotmessungen in den Blöcken 9, 15, 21 und 27
Tangentiale Deformationen in Abhängigkeit von der Stauhöhe
a-e Meßstellen

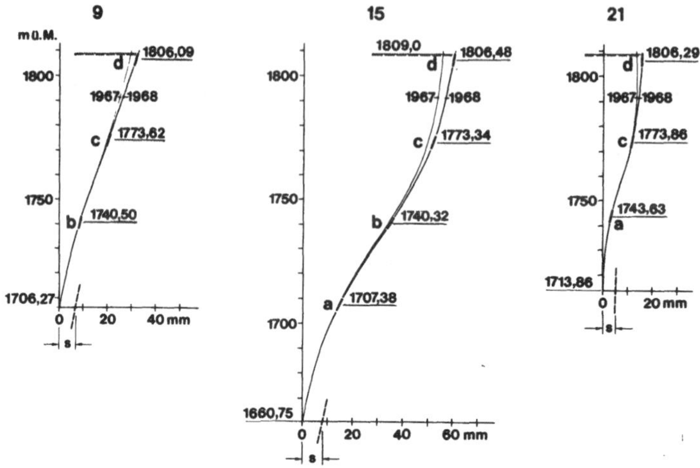

Abb. 9: Ergebnisse der Lotmessungen
Radiale Deformation der Blöcke 9, 15 und 21 bei Vollstau 1967 und 1968; a-d Meßstellen durch Klinometer gemessene Neigung — s Aus der Differenz der Ergebnisse zwischen Lot- und Polygonzugsmessungen festgestellte radiale Deformation des Lotverankerungspunktes

Eine andere Möglichkeit, in einen "ruhigen" Bereich zu gelangen, ist, in die Tiefe zu gehen. Diesem Zweck dienen die im Felsuntergrund angeordneten Lotanlagen.

Beide Meßmethoden sind für diese Aufgabe nicht ganz befriedigend. Die Triangulationsmessungen sind stark wetterabhängig und können nur von hochqualifiziertem Personal in der schneefreien Jahreszeit durchgeführt werden. Die Messungen und die Auswertung erfordern viel Zeit und Geld.

Die Meßgenauigkeit ist eher bescheiden und beträgt je nach Meßanlage 1-3 mm.

Mittels Lotanlagen ist es erfahrungsgemäß kaum möglich, größere Tiefen als max. 60-80 m zu erreichen. Dann werden die Abweichungen der Bohrungen von der Lotrechten so stark, daß sie für diese Meßzwecke nicht mehr benutzt werden können.

Es zeigt sich, daß die meßbaren Felsdeformationen bei großen Stauanlagen bis in große Tiefe reichen. Es ist anzunehmen, daß diese Bewegungen bis in eine Tiefe reichen, welche etwa der größten Sperrenhöhe entspricht.

Bei den Lotmessungen ist zu beachten, daß durch sie keine Parallelverschiebungen gemessen werden können.

Der Vorschlag geht dahin, zur Erfassung absoluter Felsdeformationen Telerocmeter zu verwenden und damit die umständliche und nicht ganz befriedigende Methode der Triangulation für diesen Zweck zu ersparen.

Von einer Nische im untersten Kontrollgang sollen 4 Bohrlöcher in der in Abb. 12 angegebenen Richtung abgeteuft werden.

In die Bohrlöcher können in üblicher Art Telerocmeterstangen versetzt und durch Messung der Längenänderungen die absolute Lage- und
Höhenverschiebung des Punktes P in bezug auf die Verankerungsstellen
bestimmt werden. Das lotrechte Bohrloch liefert direkt die Höhenänderung
und dient als Kontrollstrecke.

Gegenüber der Triangulation hätten diese Messungen den Vorteil, daß
sie witterungsunabhängig, laufend, relativ genau und vom Staumauerwärter
durchgeführt werden können.

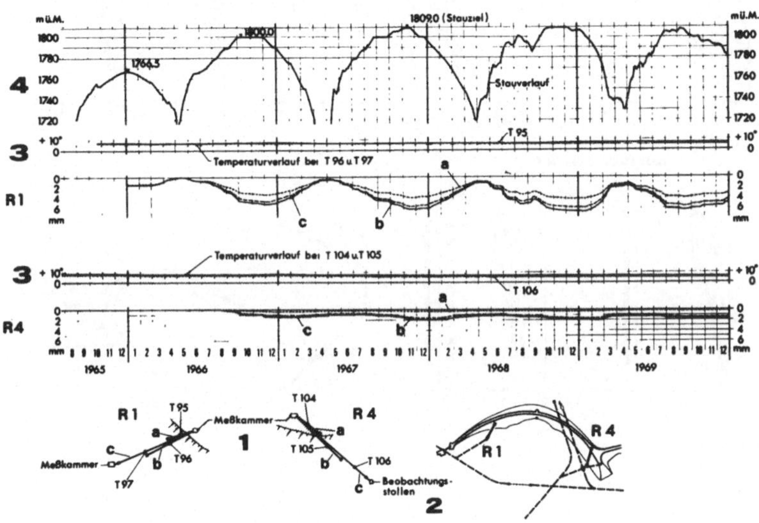

Abb. 10: Ergebnisse von Telerocmetermessungen
R$_1$ im rechten Felswiderlager − R$_2$ im linken Felswiderlager
Verlauf der Felsdeformationen in den Jahren 1966-1969
(1) Meßkammer − (2) Beobachtungsstollen − (3) Temperaturverlauf bei
den Telethermetern T 95-T 97 und T 104-T 106 − (4) Stauverlauf − a Deformation des ersten Streckendrittels − b Deformation des zweiten
Streckendrittels − c Deformation des dritten Streckendrittels

7. Spannungsmessungen in der Mauer

In der Staumauer Kops wurden 40 Telepreßmeter und 7 Teleformeter
eingebaut.

Die zur Messung der Druckspannungen dienenden Telepreßmeter,
Bauart Carlson, liegen größtenteils nahe der Gründungssohle in 1, 5 m Entfernung von der luftseitigen Maueroberfläche. Diese Geräte sind damit an
Stellen angeordnet, wo sich rechnungsmäßig und den Ergebnissen des Mo-
dellversuches entsprechend relativ hohe Betonspannungen ergeben. Die Instrumente wurden meist paarweise in der Richtung der modelltechnisch
ermittelten Hauptspannungen eingebaut.

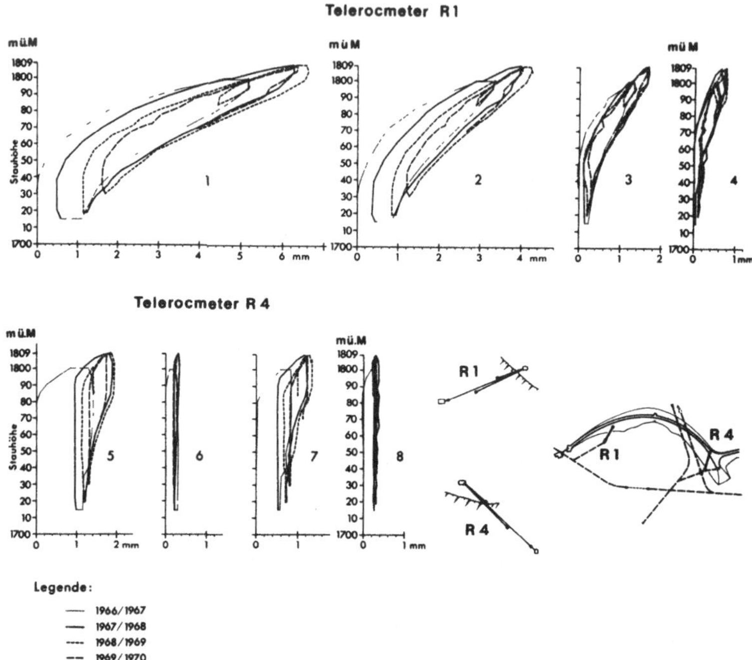

Abb. 11: Ergebnisse von Telerocmetermessungen
Verlauf der Felsdeformation in Abhängigkeit von der Stauhöhe
(1) Deformation der gesamten Meßstrecke R_1 — (2) Deformation des ersten Streckendrittels R 1/1 — (3) Deformation des zweiten Streckendrittels R 1/2 — (4) Deformation des dritten Streckendrittels R 1/3 — (5) Deformation der gesamten Meßstrecke R_4 — (6) Deformation des ersten Streckendrittels R 4/1 — (7) Deformation des zweiten Streckendrittels R 4/2 — (8) Deformation des dritten Streckendrittels R 4/3

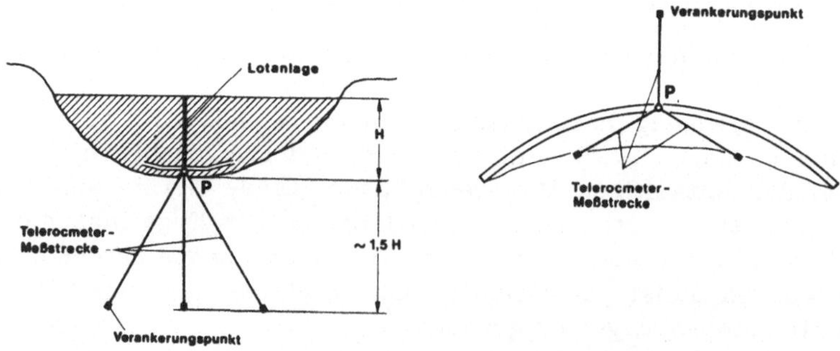

Abb. 12: Telerocmeter zur Einmessung absoluter Felsdeformationen

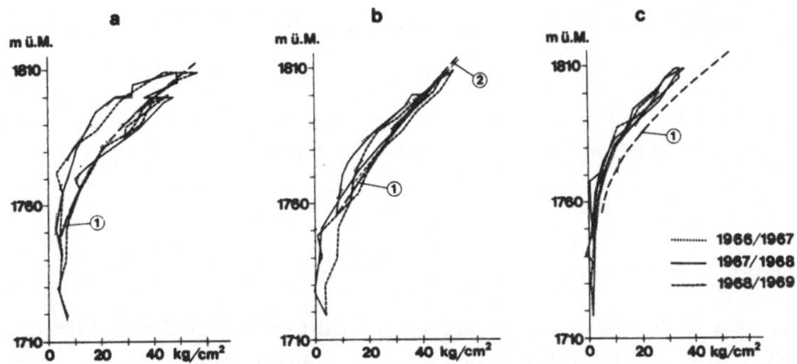

Abb. 13: Charakteristische Betonspannungen in Abhängigkeit von der Stauhöhe
a Telepreßmeter P_1-P_2 — b Telepreßmeter P_{15}-P_{16} — c Telepreßmeter P_{27}-P_{28} — (1) Spannungsverlauf nach Modellversuch — (2)Span-
nungsverlauf nach stat. Berechnung

Die Telepreßmeter P_1 - P_2 liegen nahe der Gründungssohle an der
Luftseite von Block 8. Die Spannungen liegen während der Anstauphase im
Sommer wesentlich höher als während der Absenkung, welche in den Winter-
monaten stattfindet. In den Außenzonen treten durch die Wärmeunterschiede
im Beton bedeutende Zusatzspannungen auf, welche im Sommer eine Erhöhung und im Winter eine Ermäßigung der durch die Belastung verursachten
Spannungswerte ergeben.

Die Telepreßmeter P_{15} - P_{16} befinden sich nahe der Wasserseite des
Mauerscheitels etwa in halber Mauerhöhe. Durch die größtenteils vorhandene
Wasserbedeckung und damit verbundenen geringen Temperaturschwankungen
sind die Unterschiede in den Spannungs-Meßwerten zwischen Anstau- und
Absenkphase relativ klein.

Die Telepreßmeter P_{27} - P_{28} sind am Mauerfuß nahe der Luftseite
von Block 21 angeordnet. Durch die Erd-Anschüttung ist diese Mauerpartie
nur geringen Temperaturschwankungen ausgesetzt. Daher treten wie bei den
Meßstellen P_{15} - P_{16} nur geringe Differenzen zwischen Anstau- und Absenkphase auf.

Die Übereinstimmung der gemessenen Spannungen mit aus Modellversuch oder Rechnung ermittelten Werten ist zufriedenstellend.

Die Wiedergabe der Abbildungen erfolgte nach Reproduktionsvorlagen
von teilweise geringerer Güte.

LITERATURHINWEIS

(1) A. Ammann. "Der Speicher Kops der Vorarlberger Illwerke Aktiengesell-
    schaft"
    Österreichische Wasserwirtschaft, Jahrgang 15, Heft 3/4, 1963
(2) O. Ganser. "Die Meßeinrichtungen der Staumauer Kops"
    Schriftenreihe: Die Talsperren Österreichs, Heft 16, Wien 1968. Im
    Selbstverlag des Österreichischen Wasserwirtschaftsverbandes

38/10 ÜBERWACHUNG VON STAURAUMSPÜLUNGEN MITTELS GLEICHZEITIGER WASSERSPIEGELBEOBACHTUNGEN

H. Lauffer und K. Rudolf
Tiroler Wasserkraftwerke Aktiengesellschaft

1. Beseitigung unerwünschter Anlandungen in Stauräumen

Durch den Bau von Stauanlagen an Flüssen wird deren Geschiebe- und Schwebstofführung grundlegend verändert. Die durch den Stau verursachte Verkleinerung der Fließgeschwindigkeit bewirkt, daß die vom Wasser mitgeführten Feststoffe ganz oder teilweise im Stauraum abgesetzt werden. Bei großen Stauhöhen und weiträumigen Stauseen erfolgen die Anlandungen vorwiegend deltaartig von den Einmündungen der geschiebeführenden Zuflüsse ausgehend. In konzentrierten Flußläufen mit im Verhältnis zum Hochwasserspiegel niederen Stauhöhen entstehen langgestreckte Sohlhebungen, die keilförmig vom Stauwerk gegen das Stauende auslaufen. Mit diesen Sohlhebungen ist bei größeren Durchflüssen eine Hebung des Wasserspiegels verbunden, die bei flachen Ufern oder bei niederen Längsdämmen durch Überschwemmungen und durch Ansteigen des Grundwassers im Talboden Schäden verursachen kann.

1.1 Beseitigung unerwünschter Anlandungen durch Baggerungen

Eine häufig angewandte Methode zur Beseitigung unerwünschter Anlandungen ist die Materialentnahme durch Baggerungen. Sie hat den Vorteil, daß sie unter Stauhaltung ausgeführt werden kann, also ohne besondere Beeinträchtigung eines Kraftwerks- oder Schiffahrtsbetriebes, für den meist das Stauwerk errichtet wurde. Nachteilig sind die großen Aufwendungen für die Gewinnung, den Transport und die Lagerung der entnommenen

Zu der Abbildung auf nebenstehender Seite
Abb. 1: Schema des Verfahrens
I Längenschnitt der Staustrecke – II Hochwasserverlauf während der Spülung – III Wasserspiegelbeobachtungen im Profil c während der Spülung A_1, A_2 Bezugspegel – B (a, b, c, d, e) Meßprofile – C Stauwehr mit beweglichen Verschlüssen – D ursprüngliche Sohle vor Staubeginn – E Sohllage während der Spülung – F Wasserspiegellage während der Spülung – G Betriebswasserspiegel (gestaut) – ΔH Höhendifferenz des jeweiligen Wasserspiegels gegenüber der unteren Grenzkurve J – $\Delta\Delta$H Verminderung der ΔH-Werte gegenüber Meßwert 1, entspricht der durch die Spülung erreichten Spiegelabsenkung – J untere Grenze der Wasserspiegellage für die tiefste durch Spülungen erreichbare Sohllage – K Zeitraum der Spülung – Q Durchfluß beim Bezugspegel A_1 oder A_2 – T Zeit – 1, 2 ... 10 zusammengehörige Meßwerte für Durchfluß Q und Wasserspiegellage F

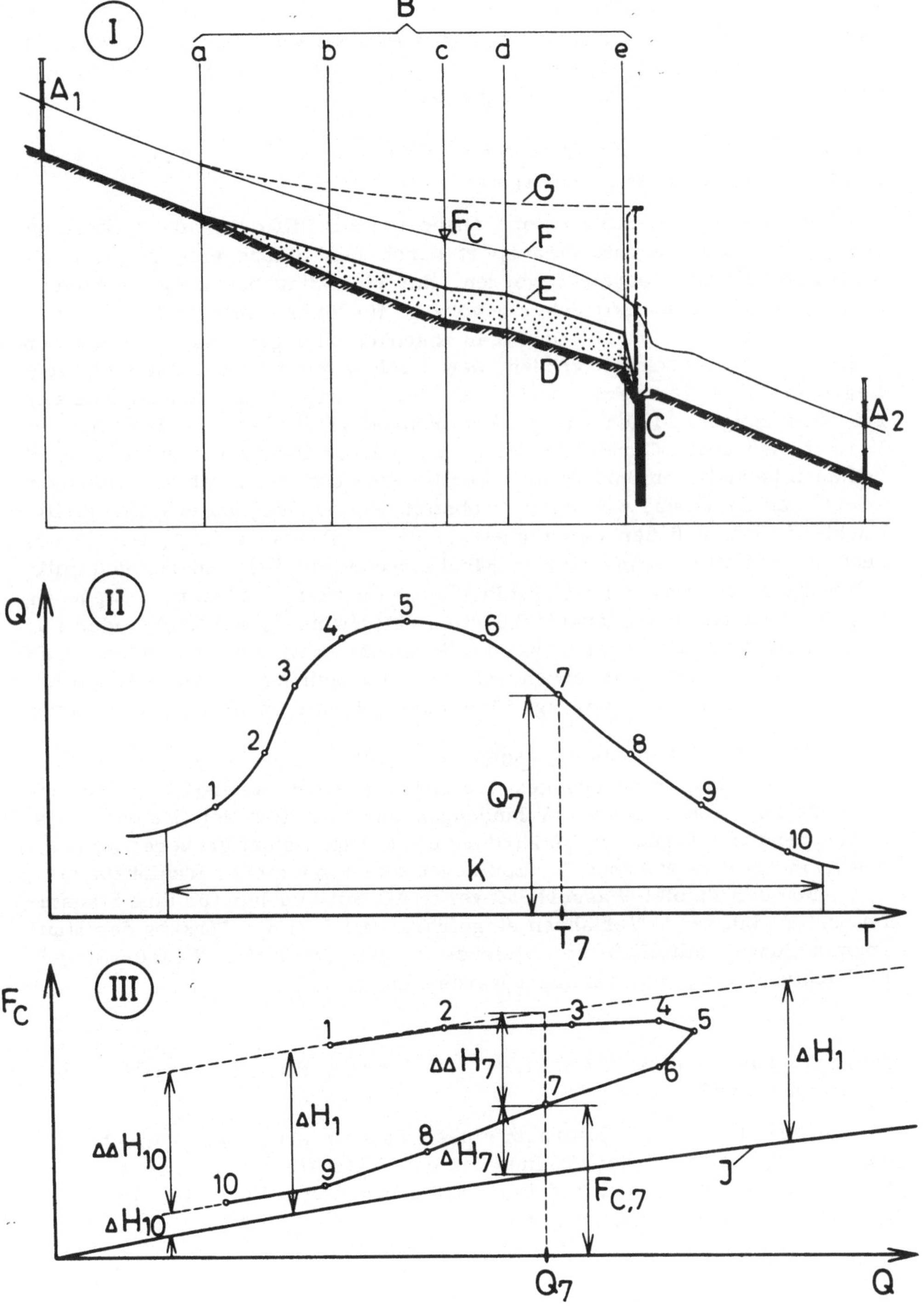

I
B
a b c d e
A₁
G
F_C
F
E
D
C
A₂
II
Q
4 5 6
3 7
2 8
1 9
10
Q₇
K
T₇
T
III
F_C
1 2 3 4 5
ΔΔH₇
6
ΔH₁
ΔH₁
7
ΔΔH₁₀
8 ΔH₇
9
10
F_C,₇
ΔH₁₀
J
Q₇
Q

Ablagerungen, sofern nicht leistungsfähige Schwimmgeräte eingesetzt oder das gebaggerte Material für Bauzwecke verwendet werden kann. Da eine Rückgabe des Materials unterhalb des Stauwerkes nur selten möglich ist, wird dem Gewässer das Geschiebe ganz oder teilweise entzogen, wodurch in nichtgestauten Unterliegerstrecken ein Überschuß an Schleppkraft auftritt, der zu starken Sohleintiefungen führen kann.

1.2 Beseitigung unerwünschter Anlandungen durch regelmäßige Stauraumspülungen

Abgesehen von Schwebstofftransporten mit Hilfe von Dichte-Strömungen (2) kann ein Geschiebetransport durch den Staubereich nur mittels Stauraumspülungen erreicht werden, die eine Stauabsenkung erfordern. Dieses Verfahren kommt daher bevorzugt für solche Anlagen in Betracht, die bei Hochwasser ohnehin den Stau absenken oder ganz auflassen müssen und zu diesem Zweck mit großen, beweglichen Wehrverschlüssen mit tiefliegender Schwelle ausgestattet sind. Die Spülung ist am wirkungsvollsten bei vollständigem Öffnen aller Wehröffnungen (7). Dieses Verfahren hat den Vorteil, daß keine Geräte und Einrichtungen für Gewinnung und Transport und auch keine Deponieplätze erforderlich sind und daß durch die Spülungen sowohl das Geschiebe wie der Schwebstoff dem Flußregime erhalten bleibt. Nachteilig ist, daß der Geschiebetransport stoßweise erfolgt, was jedoch auch in der Natur im Anschluß an Flachstrecken, die bei niederen und mittleren Wasserführungen als Geschiebebecken wirken, vorkommt. Ungünstig ist, daß während der Stauaufgabe die Kraftgewinnung gar nicht oder nur beschränkt aufrecht erhalten werden kann und somit Energieverluste auftreten. Da ein Schiffahrtsverkehr während der Spülungen kaum möglich ist, ist dieses Verfahren bevorzugt für niedere Staustufen an nicht schiffbaren Flüssen geeignet.

Um nun die Zeit für die Spülungen möglichst kurz zu halten, muß die Wirksamkeit des Spülvorganges laufend überwacht werden. Die übliche Methode zur Kontrolle von Anlandungen durch Peilen der Flußsohle ist zeitraubend und wegen der Gefährdung des Personals bei größeren Wassergeschwindigkeiten während der Spülungen meist gar nicht durchführbar.

Von der Tiroler Wasserkraftwerke AG wurde daher für ihre Staustufen am Inn ein neues Verfahren eingeführt, mit dem die Wirkung der Stauraumspülungen mit Hilfe von gleichzeitig durchgeführten Wasserspiegelbeobachtungen laufend überwacht werden kann.

2. Grundprinzip des TIWAG-Verfahrens zur Kontrolle von Stauraumspülungen

In Abb. 1/I ist der Stauraum eines Flußstauwerkes schematisch dargestellt. Die während der Spülung laufend festgestellten Wasserspiegelhöhen F in den Meßprofilen a bis e sind sowohl vom Durchfluß Q wie von der Höhenlage der Flußsohle E abhängig.

$$F = \Phi (Q,\ E)$$

Bei gleichbleibendem Durchfluß ist die Höhe des Wasserspiegels nur mehr von der Sohlhöhe abhängig und die Wasserspiegelhöhe F ist somit unmittelbar ein Maßstab für die Wirksamkeit der Spülung.

Da die Spülungen meist in Hochwasserperioden durchgeführt werden müssen, ist der Durchfluß in der Regel jedoch nicht konstant, sondern dem Hochwasserverlauf entsprechend veränderlich. Um die Durchflußänderungen zu berücksichtigen, muß gleichzeitig mit der Wasserspiegeländerung ein außerhalb des Staubereiches liegender Bezugspegel A_1 oder A_2 mit bekanntem Pegelschlüssel abgelesen werden, so daß zu jedem Meßwert der Wasserspiegelhöhe im Stauraum auch der zugehörige Durchfluß bekannt ist.

In Abb. 1/II ist der zeitliche Verlauf einer Hochwasserwelle während einer Spülung dargestellt mit den zur Zeit der Spiegelmessungen 1 bis 10 aufgetretenen Durchflüssen.

In Abb. 1/III sind die Wasserspiegelbeobachtungen F im Meßprofil c in Abhängigkeit vom jeweiligen Durchfluß Q zu den Zeitpunkten T_1 bis T_{10} aufgetragen, wobei zum besseren Vergleich der verschiedenen Meßprofile möglichst die absoluten Höhen verwendet werden. Die Meßwerte 1 bis 10 ergeben je nach Verlauf der Hochwasserwelle und der Wirksamkeit der Spülung einen mehr oder weniger unregelmäßigen Kurvenverlauf, wobei die Höhendifferenz ΔH gegenüber einer unteren Grenzkurve J die jeweilige Überhöhung des Wasserspiegels über den anzustrebenden unteren Grenzwert darstellt. Die Verminderung der ΔH-Werte im Verlauf der Spülung um $\Delta\Delta H$ gibt daher als Wasserspiegelabsenkung, die ungefähr auch der Sohleintiefung entspricht, unmittelbar den Spülerfolg an. Wenn die Auftragung der Meßergebnisse während der Spülung sofort nach jeder Meßreihe für alle Meßprofile durchgeführt wird, ist jederzeit die bisherige Spülwirkung erkennbar, so daß die Notwendigkeit der Weiterführung oder Einstellung der Spülung zuverlässig beurteilt werden kann.

Die Kurve der unteren Grenzwerte der Wasserspiegelhöhe J könnte auf Grund von theoretischen Überlegungen berechnet werden, sie ergibt sich jedoch bei längerer Anwendung des Verfahrens von selbst als untere Grenzlinie der Meßpunkte, sobald die Ergebnisse einiger langdauernder Spülungen vorliegen. Im Laufe der Zeit können jedoch Korrekturen zweckmäßig sein.

Zur Feststellung der Wasserspiegelhöhe F in den Meßprofilen a bis f sind alle bekannten Verfahren anwendbar. Bei nicht zu langen Stauräumen mit ausgebauten Uferwegen genügen einfache Lattenpegel, die während der Spülungen von einem möglichst mit einem Fahrzeug versehenen Beobachter zusammen mit dem maßgebenden Vergleichspegel turnusmäßig abgelesen werden. Es können aber auch Stichmaße von festen Punkten aus, wie z. B. Brücken oder Ufermauern herangezogen werden. Bei sehr ausgedehnten Stauräumen werden mehrere Beobachter oder Fernpegel zweckmäßig sein, wobei eine Übertragung des Bezugspegels zur Auswertestelle auf jeden Fall vorteilhaft ist.

An Stelle der Bezugspegel A_1 bzw. A_2 zur Ermittlung des Durchflusses kann bei geeigneter Bauweise der Wehranlage der Durchfluß aus den Wasserständen oberhalb und unterhalb des Wehres ermittelt werden, wofür meist eine Eichung in der Natur oder im Modell notwendig sein wird. Das Verfahren dürfte auch bei Aufrechterhaltung eines Teilstaues anwendbar sein, sofern dieser bei der Beurteilung der Meßwerte entsprechend berücksichtigt wird.

3. Anwendungsbeispiele

Die Tiroler Wasserkraftwerke AG besitzt am Inn-Fluß, einem Nebenfluß der Donau mit alpinem Charakter und starker Geschiebeführung, die Laufkraftwerke Kirchbichl und Prutz-Imst, deren Stauräume laufend gespült werden müssen, um unerwünschte Sohlhebungen zu vermeiden. In Tabelle I sind die wichtigsten Kennwerte der beiden Kraftwerke und der zugehörigen Wehranlagen und Stauräume zusammengestellt.

3.1 Kontrolle der Stauraumspülungen beim Innkraftwerk Kirchbichl

In Abb. 2 sind die Kraftwerksanlagen und der Stauraum im Lageplan und Längenprofil dargestellt. Im Stauraum sind sieben Meßprofile a bis g mit einfachen Lattenpegeln eingerichtet, die nur während der Stauraumspülungen abgelesen werden. Der Bezugspegel A liegt unterhalb der Wasserrückgabe. Im Längenprofil ist die ursprüngliche Sohllage D vor Staubeginn und der seit Aufnahme der Spülungen beobachtete Schwankungsbereich der Sohllage E eingetragen.

Als Beispiel ist in Abb. 3 der Hochwasserverlauf während einer vom 26. 6. bis 30. 6. 1967 dauernden Stauraumspülung dargestellt, woraus der Durchfluß Q zur Zeit der Wasserspiegelmessungen 1 bis 17 entnommen werden kann. In Abb. 4 sind schließlich die in den Meßprofilen a bis g festgestellten Meßwerte 1 bis 17 der Wasserspiegelhöhen F_i in m Seehöhe in Abhängigkeit vom jeweiligen Durchfluß Q aufgetragen und der von den früheren Spülungen her bekannten unteren Grenzkurve J gegenübergestellt. Die durch die Spülungen erreichte Absenkung des Wasserspiegels in den Meßprofilen um $\Delta \Delta H$, die eine entsprechende Sohleintiefung durch Abtragen von Auflandungen voraussetzt, betragen an der Stauwurzel 20 cm und nehmen keilförmig gegen das Stauwehr auf 45 cm zu. Die kleinere Absenkung im Meßprofil g nahe der Wehranlage ist auf die im normalen Staubetrieb auftretende Spülwirkung der bei großen Durchflüssen etwas angehobenen Unterschützen zurückzuführen. Die in den einzelnen Meßprofilen nicht immer genau konform verlaufenden Spiegeländerungen sind zum Teil auf die nicht gleichmäßige, sondern stoßweise vor sich gehende Geschiebeführung zurückzuführen.

Bei der praktischen Durchführung werden die Lattenpegel a bis g und der Vergleichspegel A etwa alle acht Stunden von einem mit einem Motorrad ausgestatteten Beobachter in möglichst kurzer Zeit abgelesen und die Ergebnisse sofort anschließend in der Kraftwerkszentrale entsprechend Abb. 4 aufgetragen. Es hat sich dabei als zweckmäßig erwiesen, die Meßwerte auf einer Blaupause mit den Ergebnissen aller früheren Spülungen durch farbige Stecknadeln zu markieren.

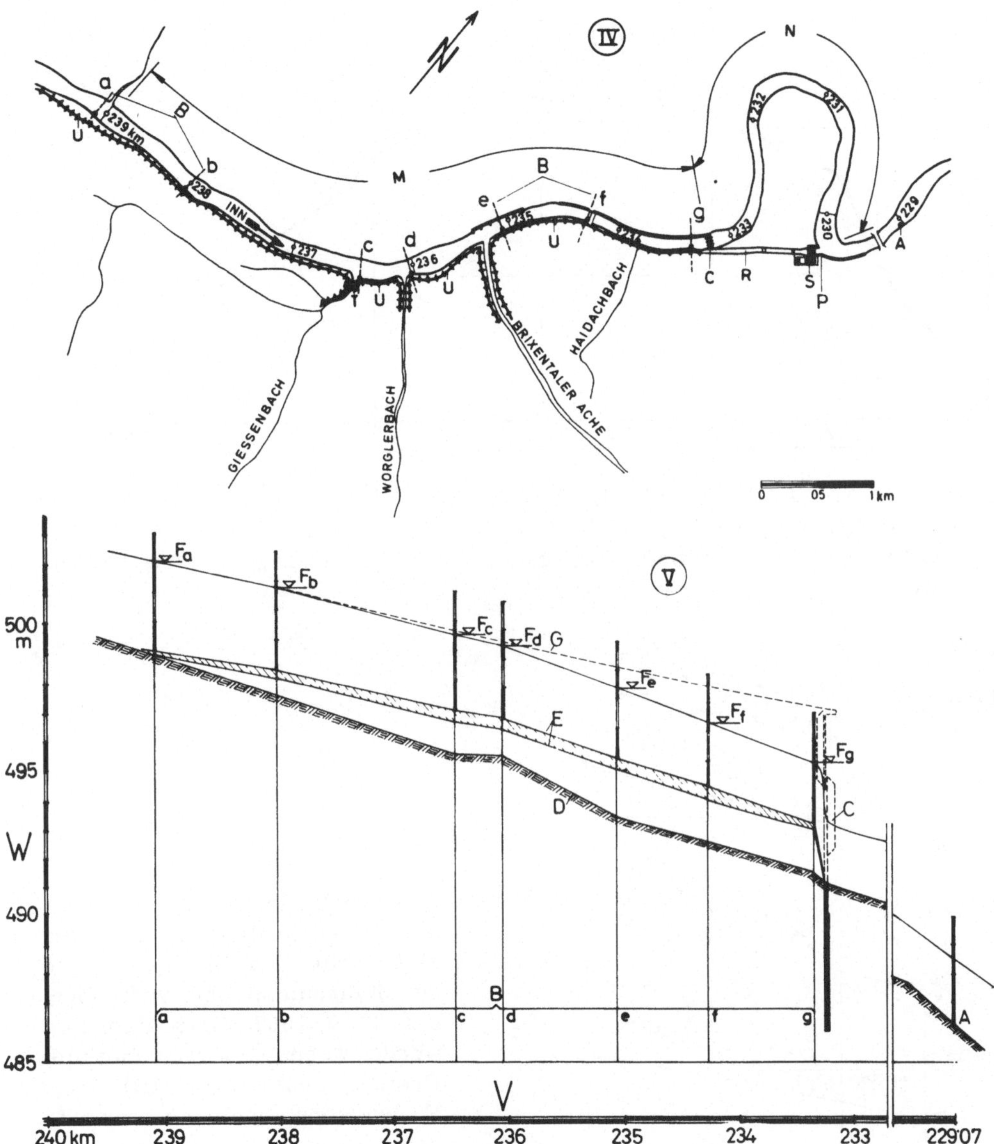

Abb. 2: Staubereich Innkraftwerk Kirchbichl
IV Lageplan — V Längenschnitt, 250fach überhöht — A Bezugspegel Bichl-
wang — B (a bis g) Meßprofile mit Lattenpegel — C Wehr mit beweglichen
Verschlüssen — D Sohllage vor Inbetriebnahme des Werkes — E Bereich
der Sohllage während der Spülungen — F Wasserspiegellage während der
Spülung — G Betriebswasserspiegel (gestaut) — M Staustrecke — N Entnah-
mestrecke — P Wasserrückgabe — R Oberwasserkanal — S Krafthaus und
Unterwasserkanal — T Pumpwerk — U Hochwasserschutzdämme — V Sta-
tionierung (Fluß-km) — W Seehöhe (m)

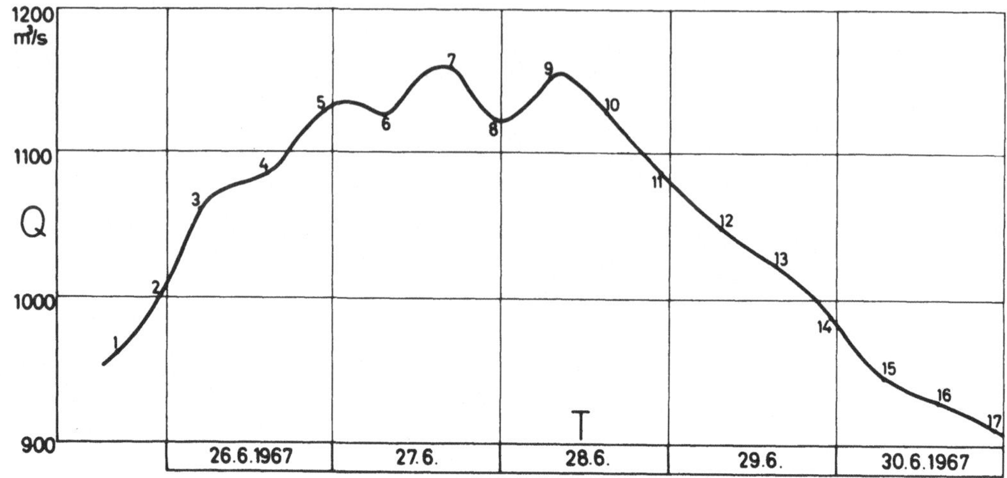

Abb. 3: Innkraftwerk Kirchbichl – Hochwasserverlauf während der Spülung vom 26. 6. bis 30. 6. 1967
Q Durchfluß (m³ /s) beim Bezugspegel A – T Zeit (Tage) – 1 bis 17 Meß-werte

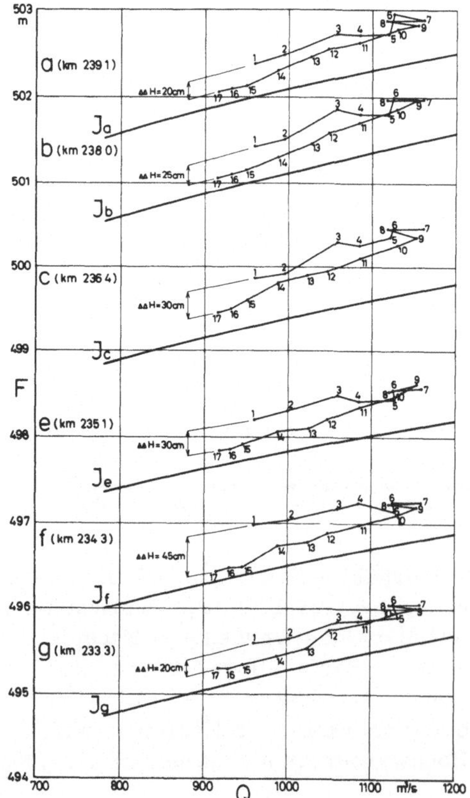

Abb. 4: Kraftwerk Kirchbichl – Wasserspiegelbeobachtungen in den Meßprofilen a bis g während der Stauraumspülung vom 25. 6. bis 30. 6. 1967 (Das Profil d wurde wegen Überdeckung mit Profil c nicht dargestellt)
F Wasserspiegelhöhe während der Spülung (m Seehöhe) – ΔΔ H durch Spülung erreichte Spiegelabsenkung, die angenähert der Sohleintiefung entspricht – J untere Grenze der Wasserspiegellage in den einzelnen Meßprofilen. für die tiefste durch Spülungen erreichte Sohllage – Q Durchfluß (m³/s) beim Bezugspegel A

3.2 Kontrolle der Stauraumspülungen beim Wehr Runserau
des Innkraftwerkes Prutz-Imst

Die Einrichtung und Durchführung der Kontrollen erfolgt in gleicher
Weise wie unter 3,1 beschrieben, hinsichtlich der Einzelheiten wird auf die
Tabelle I verwiesen.

4. Schlußfolgerungen

Das beschriebene Kontrollverfahren hat sich bei der langjährigen
Anwendung für zwei Stauanlagen am Inn-Fluß gut bewährt.

Mit Hilfe dieser Methode konnte ohne großen Aufwand die Wirkung
der Spülungen laufend verfolgt und damit ihre Dauer auf das unbedingt notwendige Maß beschränkt werden. Der durch die Spülungen verursachte
Energieentgang beträgt daher im Durchschnitt nur 2 bis 3% der Jahreserzeugung.

LITERATURHINWEIS

(1) F. Bauer und J. Burz. "Der Einfluß der Feststofführung alpiner Gewässer
     auf die Stauraumverlandung und Flußbetteintiefung"
     Die Wasserwirtschaft, 1968, Nr. 4
(2) F. Hartung. "Ursache und Verhütung der Stauraumverlandung bei Talsperren"
     Die Wasserwirtschaft, 1959, Nr. 1
(3) W. Kresser. "Gedanken zur Geschiebe- und Schwebstofführung der Gewässer"
     Österreichische Wasserwirtschaft, 1964, Nr. 1/2
(4) H. Lauffer. "Entwurfsprobleme und Bauerfahrungen beim Innkraftwerk Imst
     der TIWAG"
     Österreichische Wasserwirtschaft, 1961, Nr. 5/6
(5) W. Pircher. "Wehreichungen an der Enns"
     Mitteilungen des Institutes für Wasserwirtschaft der Technischen
     Hochschule Graz, 1962, H. 6
(6) K. Rudolf. "Untersuchung der Geschiebe- und Schwebstofführung am Ober-
     lauf des Inn bei den Meßstellen Prutz und Magerbach"
     Mitteilungsblatt des Hydrographischen Dienstes in Österreich, Heft
     Nr. 15, März 1956
(7) K. Rudolf. "Die Geschiebe- und Schwebstofführung des Inn vom Ursprung
     bis Kufstein und die Verlandung seiner Stauräume"
     Schwebstoff- und Geschiebemessungen, Bayrische Landesstelle für
     Gewässerkunde, München 1963
(8) Suchanek. "Innkraftwerk Kirchbichl"
     Österreichische Kraftwerke in Einzeldarstellungen, Folge 17, her-
     ausgegeben vom Bundesministerium für Verkehr und verstaatlichte
     Betriebe, Wien 1953

Tabelle I			Beispiel 1	Beispiel 2
Kraftwerk	Bezeichnung des Kraftwerkes		KW Kirchbichl (8)	KW Prutz-Imst (4)
	Ausgenutzte Innstrecke	km *	230 bis 239	357 bis 386
	Art der Wasserumleitung		offener Kanal	Druckstollen
			1 km lang	12,3 km lang
	Mittlere Rohfallhöhe	m	8,6	142
	Ausbauwassermenge	m³/s	255	81
	Installierte Leistung	MW	18	84
	Bezeichnung der Wehranlage		Kirchbichl	Runserau bei Prutz
Hydrologische Daten	Stationierung	km *	233	383
	Einzugsgebiet	km²	9.313	2.712
	Jahresmittel der Wasserführung	m³/s	320	80
	Jährliches Niederwasser	m³/s	100	20
	Jährliches Hochwasser	m³/s	700	200
	Min. Niederwasser **	m³/s	60	10
	Max. Hochwasser **	m³/s	1.800	700
Feststofftransport	Geschiebefracht	m³/Jahr	300.000	50.000
	Schwebstofffracht	m³/Jahr	3,500.000	450.000
	Beginn des Geschiebetriebes	m³/s	350	135
	Dauer d. jährl. Geschiebeführung	Tage	125	53
Wehranlage	Anzahl der Wehröffnungen		4 + 1 (Floßgasse)	3
	Breite x Höhe der Verschlüsse	m	20 x 6 10 x 2,5	13 x 10
	Verschlüsse		2-teil. Hakenschützen	2-teil. Hakenschützen
	Aufstau über Niederwasser	m	5	9
Stauraum	Länge der Staustrecke bei Niederwasser	km	6	3
	Staurauminhalt vor Verlandung	m³	3,500.000	1,000.000
	Staurauminhalt nach Verlandung bei regelmäßigen Spülungen	m³	2,700.000	800.000
	1. Aufstau	Jahr	1941	1956
Stauraumspülungen	Beginn der Spülungen	Jahr	1945	1957
	Durchschnittliche Dauer	Tage/Jahr	7	5
	Mindestwasserführung	m³/s	600 - 800	rd.200
Kontrolle der Stauraumsp.	Anzahl der Meßprofile		7	8
	Meßeinrichtung		Lattenpegel	Lattenpegel
	Bezugspegel		Pegel Bichelwang	Pegel Prutz
		km *	229,07	387,18
	Zeitl. Abstand der Messungen	Std.	ca. 8	2 - 4

* ... Fluß-km ab Mündung in die Donau   ** ... beobachtete Extremwerte

R. Widmann und A. Wogrin

1. Allgemeines

Die Projektierung von Gewölbemauern gliedert sich im wesentlichen in drei anfänglich voneinander unabhängige Spezialgebiete, nämlich in:

a) die geologische Untersuchung der Sperrenstelle als Aufgabe des Geologen und Felsmechanikers,

b) den eigentlichen Sperrenentwurf, die Formgebung und statische Berechnung als Aufgabe des Konstrukteurs und Statikers und

c) die Betonentwicklung als Aufgabe des Betontechnologen.

Nach Erarbeitung der Grundlagen, wie Gesteinsbeschaffenheit, maximale Beanspruchung des Bauwerkes und der Betoneigenschaften, sind die Ergebnisse dieser Spezialgebiete aufeinander gut abzustimmen. Nur bei verständnisvoller Zusammenarbeit der Fachleute können optimale Lösungen erwartet werden, die sich einerseits den gegebenen örtlichen Verhältnissen am besten anpassen und andererseits die erforderliche Sicherheit des Bauwerkes gewährleisten.

Der vorliegende Bericht befaßt sich mit der Entwicklung des Betons für die Gewölbemauer Schlegeis, das Hauptobjekt der in Bau befindlichen Zemmkraftwerke der Tauernkraftwerke AG (1).

Bei der Sperre Schlegeis handelt es sich um eine 130 m hohe Gewölbemauer mit 725 m Kronenlänge. Dieses außergewöhnliche Verhältnis der Kronenlänge zur Mauerhöhe von 5,6 zwang zu eingehenden Untersuchungen der Sperrenform. Der endgültige Entwurf (siehe Abb. 1) sieht eine doppelt gekrümmte Bogengewichtsmauer mit einer Kubatur von 960 000 m³ Beton, bei einer größten Mauerstärke von 34 m am Fuß des Mittelschnittes, vor. Die Horizontalschnitte der Sperre weisen zu den Flanken hin eine abnehmende Krümmung auf, so daß in den mittleren Mauerbereichen die Bogenwirkung, in den seitlichen Bereichen die Gewichtsmauerwirkung überwiegt. Die maximalen Hauptdruckspannungen erreichen 60 kp/cm², sind also vergleichsweise gering, die Hauptzugspannungen an der Wasserseite liegen bei 10 kp/cm².

Der Sperrenaushub erfolgte im Jahre 1968, betoniert wird in den Jahren 1969 und 1971 mit Leistungen bis 380 000 m³. Die fertiggestellte Mauer wird einen Speicherraum mit dem Nutzinhalt von 127 Mio m³ bereitstellen, der bei 1100 m mittlerer Rohfallhöhe einem Energeinhalt von 309 GWh entspricht.

Für die Entwicklung des Sperrenbetons sind die geforderten Festigkeiten, die Wasserdichtigkeit, Frostbeständigkeit und die zu erwartende Wärmeentwicklung des Betons maßgebend. Da die größte Kubatur eines Betonierabschnittes bei einer Blockbreite von 17 m und einer Höhe von 2,45 m etwa 1400 m³ beträgt, mußte der Wärmeentwicklung besonderes Augenmerk

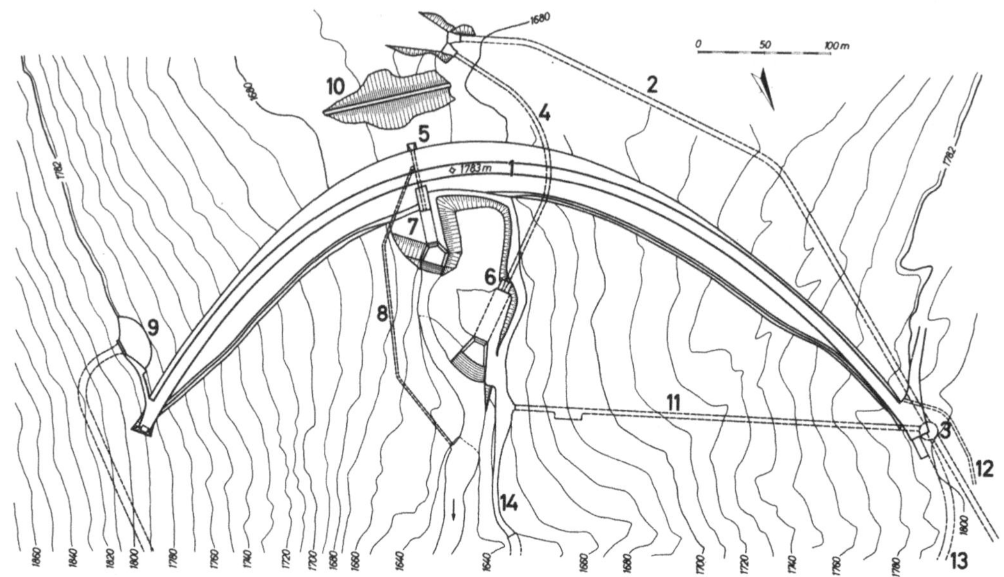

Abb. 1: Sperre Schlegeis, Lageplan
(1) Kronenhöhe — (2) Triebwasserstollen — (3) Schieberkaverne — (4) Grundablaß I — (5) Grundablaß II — (6) Schieberkammer — (7) Toskammer — (8) Entwässerungsstollen — (9) Hochwasserüberfall — (10) Fangdamm — (11) Zugangsstollen — (12) Bachbeileitung — (13) Obere Zufahrtsstraße (Tunnel) — (14) Untere Zufahrtsstraße

zugewendet werden. Ein erster Schritt in dieser Richtung erfolgte durch die Festlegung zweier Betonsorten: des Vorsatz- und Kernbetons. Der Vorsatzbeton hat eine Mindeststärke von 3,0 m an der Wasserseite und 1,5 m an der Luftseite sowie 1,0 m um die Kontrollgänge. Für die Bestimmung der Zementdosierung des Vorsatzbetons war das Kriterium der Wasserundurchlässigkeit entscheidend; sie wurde mit $250\,kp/m^3$ festgelegt. Beim Kernbeton waren die Festigkeitseigenschaften maßgebend; hier konnte mit einer Dosierung von $175\,kp/m^3$ das Auslangen gefunden werden. Es sei erwähnt, daß diese aus einem umfangreichen Versuchsprogramm abgeleiteten Festlegungen auf Grund der künftigen Baustellenerfahrungen gegebenenfalls noch geändert werden können.

2.   Zuschlagstoffe

Die Möglichkeit, geeignete Zuschlagstoffe aus Vorkommen in unmittelbarer Nähe der Baustelle zu gewinnen, ist eine wichtige Voraussetzung für die wirtschaftliche Errichtung einer Betonsperre. Es boten sich ursprünglich zwei Gewinnungsstätten an: die Kiessandablagerungen im Talboden des Schlegeisgrundes und die Blockhalden an den Hängen des Stauraumes. Beide Möglichkeiten wurden schon frühzeitig untersucht; sie bestehen im großen und ganzen aus Granitgneis mit wechselndem Glimmergehalt.

In den Jahren 1957 und 1958 wurden im Talboden über 30 Schlagbohrungen mit Durchmessern bis 400 mm auf etwa 20 m Tiefe abgeteuft. Das auf diese Weise gewonnene Material wurde eingehend untersucht. Betonschädliche Beimengungen sind im Rohschotter nicht vorhanden, geringe organische Verunreinigungen können leicht ausgewaschen werden. Die Sieblinien zeigten im allgemeinen einen stetigen Verlauf mit dem Größtkorn bei 120 mm und einen verhältnismäßig hohen Staubanteil unter 0,06 mm. Die anschließend durchgeführten Betonversuche ergaben, daß sich die Kornabstufung der Zuschlagstoffe dem natürlichen Vorkommen weitgehend anpassen läßt. Beim Kiessand handelt es sich um rundliches Material, das in ausreichender Menge im Schlegeisgrund vorhanden ist und dessen Gewinnung nach Schaffung einer Vorflut zur Grundwasserabsenkung keine nennenswerten Schwierigkeiten bereitet. Da bereits 1970 ein Zwischenstau vorgesehen ist, muß die Entnahme des gesamten Rohmaterials bis Ende 1969 abgeschlossen und eine Zwischendeponie über der Höhe des Teilstaues angelegt worden sein.

Die zweite Möglichkeit der Gewinnung von Zuschlagstoffen — allerdings durchwegs gebrochener — aus den Blockhalden wurde in den Jahren 1966 und 1967 untersucht. Ein Vergleich der Wirtschaftlichkeit beider Möglichkeiten hat ergeben, daß die gebrochenen Zuschlagstoffe etwas teurer wären als die Aufbereitung des Kiessandes aus dem Talboden. Wie im Abschnitt "Beton" noch gezeigt wird, wäre unter sonst gleichen Verhältnissen bei gebrochenem Material zudem eine etwas höhere Zementdosierung erforderlich gewesen, die nicht nur die Kosten, sondern auch die Wärmeentwicklung des erhärtenden Betons ungünstig beeinflußt hätte. Aus diesen Gründen entschloß man sich für das rundliche Material aus dem Talboden, und die Baustelle wurde auf diese Gewinnungsart eingerichtet. Das Größtkorn des Kernbetons wurde mit 120 mm und das des Vorsatzbetons mit 80 mm festgelegt, vor allem wegen der leichteren Unterscheidbarkeit der beiden Betonarten an der Einbringstelle. Der Rohsand 0/3 wird mit einer Rheax-Anlage bei 1 mm scharf getrennt und der Staub 0/0,06 sowie der unerwünschte Glimmer mit derselben Anlage praktisch völlig ausgeschieden.

3. Wasser

Die Sperre liegt im Bereich des Zusammenflusses des Schlegeis- und Zamser Baches, die den Hauptanteil der Speicherfüllung liefern werden. Das Wasser für die Kühlung des Sperrenbetons wird einem kleineren Bach, dem Riepenbach, entnommen. Die Temperatur der drei Bäche liegt im Winter nur wenig über Null Grad und erreicht im Hochsommer 14°C. Die chemischen Untersuchungen haben ergeben, daß alle Wässer als sehr weich zu bezeichnen sind und keine betonschädlichen Stoffe enthalten.

4. Zement

An einen Zement für Massenbeton werden bekanntlich andere Anforderungen gestellt als an Zemente für Hoch- oder Brückenbauten. Für die Beurteilung der Eignung eines Massenbetonzementes sind weniger die erreichten Frühfestigkeiten als eine möglichst geringe Abbindewärme zur Verringerung der Wärmespannungen maßgebend. Bisher gab es in Österreich noch keinen ausgesprochenen Massenbetonzement. Bei den früheren drei großen Talsperren der Tauernkraftwerke AG, der Limbergsperre (1948-1951), der Drossen- und Moosersperre (1952-1955) wurden die Bindemittel von denselben Werken bezogen, die nun auch den Zement für die Betonierung der Schlegeissperre liefern werden. Damals war es Eisenportlandzement mit etwa 20% Hochofenschlacke. Dieser Anteil war gering, die Hydratationswärme des Bindemittels immer noch verhältnismäßig hoch. Die inzwischen erfolgte Modernisierung der Zementfabriken brachte zwar eine wesentliche Erhöhung insbesondere der Anfangsfestigkeiten, damit zwangsläufig aber auch ein starkes Ansteigen der Hydratationswärme in den ersten Tagen.

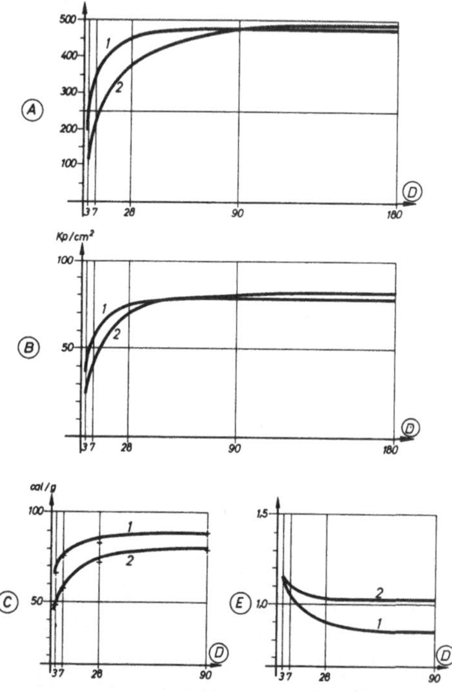

Abb. 2: Zeitlicher Verlauf von Festigkeit und Hydratationswärme des Sonderzementes
A Druckfestigkeit — B Biegezugfestigkeit — C Hydratationswärme — D Alter in Tagen — E Korrekturfaktor — (1) Normalzement PZ 275 H — (2) Sonderzement

Gemeinsam mit den auf Grund ihrer geringen Entfernung von der Baustelle in Frage kommenden Lieferwerken wurde eine eingehende Untersuchung über die Zusammensetzung und Herstellung der günstigsten Zementsorte durchgeführt. Der neue Massenbetonzement (Tabelle 1 und Abb. 2) enthält ungefähr 50% Hochofenschlacke. Außer den in der ÖNORM B 3310 enthaltenen Vorschriften muß er noch folgende zwei Bedingungen erfüllen: wenigstens 95% aller Proben müssen im Alter von 28 Tagen die Druckfestigkeit von 300 kp/cm² überschreiten. Hinsichtlich der nach ASTM-186 C/1955 zu prüfenden Hydratationswärme wird von den 7-Tageproben verlangt, daß der Mittelwert höchstens 60 cal/g beträgt und wenigstens 95% unter 63 cal/g liegen. Der mit diesem Zement hergestellte Beton zeichnet sich durch eine höhere Sicherheit gegen das Auftreten von Temperaturspannungsrissen aus. Eine weitere Erhöhung des Schlackengehaltes ist wegen der knapp bemessenen Ausschalungsfrist des Kern- und Vorsatzbetons, die auch im Frühjahr und im Spätherbst eine gewisse 3-Tage-Festigkeit erreichen müssen, nicht möglich.

Dieses neue Bindemittel ist im Sinne der erwähnten Norm eigentlich ein Hochofenzement der Güte 275 (HOZ 275), der die erwähnten Bedingungen noch zusätzlich erfüllt. Er ist sehr fein gemahlen, der Rückstand auf dem 4900 Maschensieb beträgt 0,5% und seine spezifische Oberfläche, gemessen nach Blaine, liegt bei 3700 cm²/g. Das spezifische Gewicht beträgt 2,95 g/cm³. Bekanntlich läßt sich für normale Portlandzemente der Verlauf der Hydratationswärme näherungsweise rechnerisch ermitteln (2), für Hochofenzemente fehlen ähnliche Angaben. In der Tabelle 1 wurde daher aus der chemischen bzw. mineralogischen Analyse des Klinkers, unter Berücksichtigung der Mahlfeinheit und des prozentualen Anteiles des Klinkers am Endprodukt, die Hydratationswärme nach 3, 7, 28 und 90 Tagen für beide Zementsorten errechnet. Vergleicht man diese Ergebnisse mit den Meßwerten, so sind Korrekturfaktoren erforderlich, die wieder gut mit den aus der einschlägigen Literatur (2) bekannten Werten übereinstimmen. Schließlich sei noch auf die wesentlich längere Nacherhärtung des Sonderzementes hingewiesen, so daß trotz kleinerer Anfangsfestigkeiten in der Regel mindestens die gleichen Endfestigkeiten wie mit Normalzement erreicht werden können.

Dieser neue Massenbetonzement ist das Ergebnis einer zwanzigjährigen Entwicklung, die mit dem Bau der Limbergsperre begonnen hat. Er wurde im Jahre 1967 beim Bau der Gewichtsmauer Raggal in Vorarlberg erstmals in Österreich verwendet und hat sich dort gut bewährt.

5. Beton

Die Eignungsprüfung bzw. die Ermittlung der günstigsten Zusammensetzung des Betons dauerte 14 Monate. Der angelieferte rohe Kiessand wurde im Laboratorium aufbereitet und in folgende Fraktionen zerlegt: 0/1, 1/3, 3/10, 10/40, 40/80 und 80/120. Der Sand 0/1 wurde in einem Labor-Rheaxgerät gewaschen und entstaubt; besonderer Wert wurde hiebei auf eine Verringerung des Staubanteiles 0/0,06 mm auf höchstens 2 Gewichtsprozent und des Anteiles 0/0,09 mm auf höchstens 4 Gewichtsprozent gelegt. Die Korngrößen über 1 mm wurden mit Wasser besprüht und so von anhaftendem Staub und feinem Sand befreit. Auf diese Weise wurde im Laboratorium die Wirkung der Baustellen-Aufbereitungsanlage nachgeahmt.

Es wurden auf Grund der Erfahrung und einiger Versuche folgende Sieblinienbereiche festgelegt:

	Durchgänge in Gew. - %	
	Vorsatzbeton	Kernbeton
0,2 mm Maschensieb	1 - 5	1 - 5
1 mm Rundlochsieb	10 - 15	10 - 15
3 mm ''	20 - 25	18 - 23
10 mm ''	37 - 45	33 - 41
40 mm ''	67 - 75	57 - 65
80 mm ''	95 - 100	75 - 85
120 mm ''	———	94 - 100

Zur Erzeugung der im verdichteten Frischbeton notwendigen Luftbläschen im Ausmaß von 3 bis 4 % wurde ein flüssiger Luftporenbildner (LP - Mittel) verwendet, dessen Anteil, bezogen auf das Zementgewicht, 1,2 bis 1,3 0/00 beträgt.

Die beiden verdichteten Frischbetone haben folgende Kennwerte:

	Vorsatzbeton	Kernbeton
Zementdosierung kg/m³	250	175
Wasserzementwert	0,54	0,68
Luftgehalt %	3 - 4	3 - 4
Raumgewicht kg/m³	2450	2440

5.1 Festigkeitsversuche

Die Festigkeitsentwicklung des Betons entspricht der des neuen Zementes: die Endfestigkeiten werden wegen des hohen Schlackenanteiles viel später erreicht als z.B. bei einem Portlandzement. Bei großen Talsperren ist diese Verzögerung belanglos, denn hier treten die maximalen Beanspruchungen infolge der langen Bauzeit meistens sehr spät auf, so daß die Nacherhärtung über einen längeren Zeitraum als sonst berücksichtigt werden kann. Für die Gewölbemauer Schlegeis wurden daher als Kriterien für die Beurteilung des Betons, abweichend von den bisher üblichen 90-Tagewerten die 180-Tagefestigkeiten gewählt. Mit Rücksicht auf die statische Berechnung und die Versuchsergebnisse wurde festgelegt, daß höchstens 10 % der bei der Güteprüfung erhaltenen Betonfestigkeiten unter folgenden Werten liegen dürfen:

	Kernbeton	Vorsatzbeton
Druckfestigkeit nach 180 Tagen	180 kp/cm²	260 kp/cm²
Biegezugfestigkeit nach 180 Tagen	26 kp/cm²	39 kp/cm²

Die Festigkeitsversuche erstreckten sich auf die Bestimmung der Druck-, Biegezug- und Spaltzugfestigkeiten nach 3, 7, 28, 90 und 180 Tagen. Druck- und Spaltzugfestigkeit wurden an 30 cm-Würfeln, die Biegezugfestigkeit an Balken 20 cm x 20 cm x 60 cm mit zwei Lasten in den Drittelpunkten bei 50 cm Auflagerentfernung ermittelt.

Zur Untersuchung des Einflusses der Belastungsart wurden je 10 Balken 20 cm x 20 cm x 60 cm mit einer Last in der Balkenmitte bzw. zwei Lasten in den Drittelpunkten geprüft. Bekanntlich ergeben diese beiden Anordnungen verschiedene Resultate (Abb. 3). Die Differenzen dürften jedoch zu einem wesentlichen Teil im Auswertungsverfahren begründet sein, da die Biegetheorie schlanker Balken für derart gedrungene Prüfkörper nur mehr näherungsweise gilt. Wertet man daher die Versuche nach der Scheibentheorie aus, so erhält man in den maßgeblichen Querschnitten die in Abb. 3 dargestellten Spannungsverteilungen und dementsprechend etwas kleinere Randspannungen für eine Last und etwas größere für zwei Lasten. Durch Anwendung der nach der Scheibentheorie sich ergebenden, geringfügig modifizierten Randspannungsformel der klassischen Biegetheorie $\sigma_{BZ} = \frac{M}{W}$ auf $\sigma_{BZ} = 0,95\,\frac{M}{W}$ bzw. $\sigma_{BZ} = 1,09\,\frac{M}{W}$ erhält man eine viel bessere Übereinstimmung der nach beiden Versuchsarten erhaltenen Prüfergebnisse.

③	①		②	
④	β_{BZ} in Kp/cm^2			
28^d	40,1	33,7	38,0	36,8
90^d	48,3	43,0	45,8	46,8

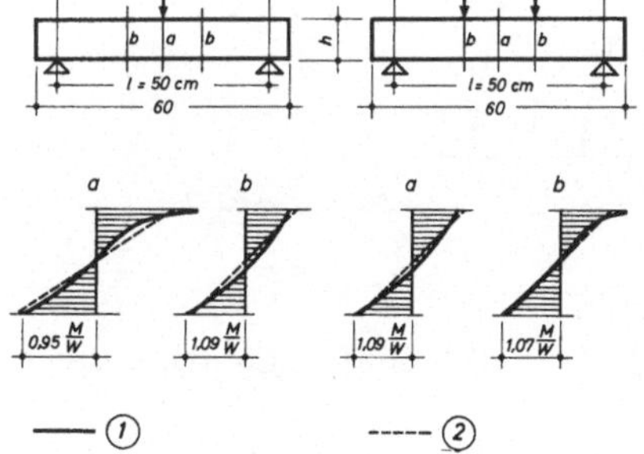

Abb. 3: Auswertung der Biegezugversuche
(1) Balkentheorie — (2) Scheibentheorie — (3) Lastanordnung — (4) Alter in Tagen

An einer Prüfreihe mit 225 kg/Zementdosierung wurde, wie schon erwähnt, außer der Druck- und Biegezug- auch die Spaltzugfestigkeit bestimmt. Stellt man die Ergebnisse aller dieser Bruchversuche mit Hilfe der Mohrschen Spannungskreise dar, so legt bekanntlich die Umhüllende der drei Kreise die Bruchfestigkeit des Betons für beliebige ebene Spannungszustände fest. Allerdings dürfen hiefür die Versuchsergebnisse, erhoben an Probekörpern willkürlicher Größe, nur dann verwendet werden, wenn sie auf einen von der Versuchsart und Versuchskörpergröße unabhängigen Wert bezogen werden. Während bekanntlich die Spaltzugfestigkeit bei entsprechender Versuchsdurchführung nur wenig von Probekörperform und -größe abhängt, gilt dies weder für die Biegezug- noch für die Druckfestigkeit. Für die Biegezugfestigkeit wurde bereits weiter oben der Versuch einer besseren Auswertung gemacht. Für die Druckfestigkeit wird vorgeschlagen, nicht die von den Randbedingungen stark beeinflußte Druckfestigkeit an 30 cm-Würfeln, sondern die Prismendruckfestigkeit für ein Verhältnis Höhe : Breite der Prismen 3 : 1 mit 80% der Würfeldruckfestigkeit einzuführen. Unter dieser Voraussetzung ist die Übereinstimmung, wie aus Abb. 4 ersichtlich ist, bis auf kleine, durch Versuch und Auswertung bedingte Abweichungen, die in ihrer Größe aber bedeutungslos sind, sehr gut. Man erkennt deutlich nicht nur das Ansteigen der Schubfestigkeit mit zunehmendem Probenalter, sondern auch das Ansteigen der Neigung der Hüllkurve.

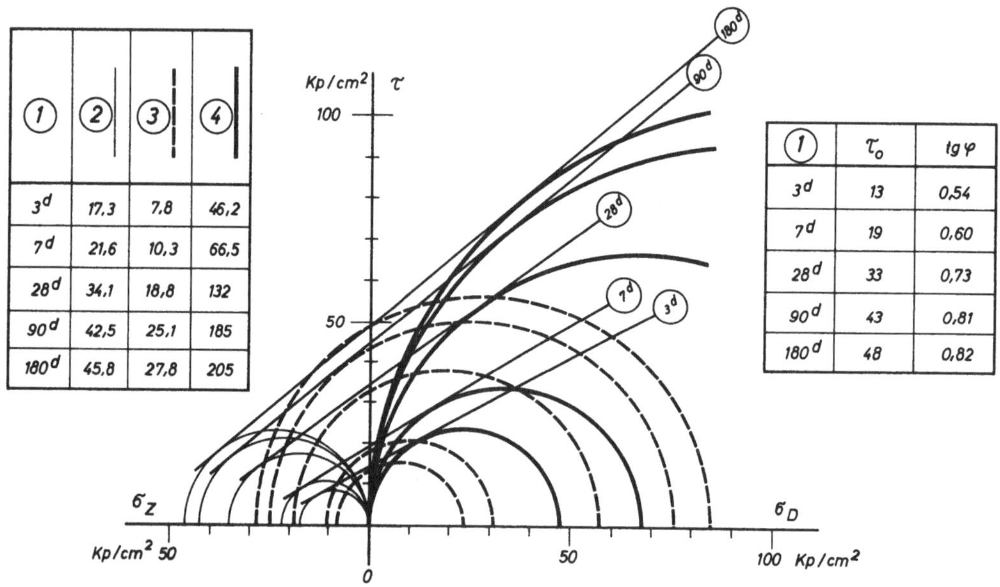

(1)	(2)	(3)	(4)
3ᵈ	17,3	7,8	46,2
7ᵈ	21,6	10,3	66,5
28ᵈ	34,1	18,8	132
90ᵈ	42,5	25,1	185
180ᵈ	45,8	27,8	205

(1)	τ_0	tg φ
3ᵈ	13	0,54
7ᵈ	19	0,60
28ᵈ	33	0,73
90ᵈ	43	0,81
180ᵈ	48	0,82

Abb. 4: Mohrsche Darstellung der Festigkeitsarten
(1) Alter in Tagen — (2) Biegezugfestigkeit — (3) Spaltzugfestigkeit —
(4) Druckfestigkeit

Zum Vergleich wurden auch Betonversuche mit gebrochenem und rundlichem Zuschlagstoff durchgeführt. Als Ergebnis ist festzustellen, daß unter sonst gleichen Verhältnissen, bei gleichbleibender Verarbeitbarkeit und gleicher Zementdosierung, der Wasserzementwert beim Beton aus gebrochenem Material höher liegt. Daraus ergibt sich die Druckfestigkeit des Betons aus gebrochenem Material um 10 % und die Biegezugfestigkeit um etwa 20 % geringer als beim Vergleichsbeton. Durch Erhöhung der Zementdosierung um 10 % konnte zwar der Druckfestigkeitsabfall ausgeglichen werden, die Biegezugfestigkeit blieb hingegen selbst bei einer Erhöhung der Dosierung um 25 % noch unter jener des Betons aus rundlichen Zuschlagstoffen. Die Ergebnisse der Festigkeitsuntersuchungen in der Mohrschen Darstellung lassen den interessanten und naheliegenden Schluß zu, daß zwar die Scherfestigkeit des Betons aus gebrochenem Material geringer, dafür aber die Neigung der Grenzlinie größer ist als die beim Beton aus rundlichem Material.

5.2 Wasserundurchlässigkeit

Diese Versuche wurden nur mit dem Vorsatzbeton, und zwar an Platten 40 cm x 40 cm x 20 cm mit 225 und 250 kg Zementdosierung im Probenalter von wenigstens 28 Tagen durchgeführt. Dabei wurden folgende Druckstufen angewendet:

$$
\begin{array}{rl}
4 \text{ atü} & \ldots\ldots \quad 2 \text{ Tage} \\
8 \text{ atü} & \ldots\ldots \quad 1 \text{ Tag} \\
12 \text{ atü} & \ldots\ldots \quad 1 \text{ Tag} \\
20 \text{ atü} & \ldots\ldots \quad \underline{11 \text{ Tage}} \\
\text{zusammen} & \quad 15 \text{ Tage}
\end{array}
$$

Der Beton mit höherer Zementdosierung zeigte eine zwar geringe, aber doch deutliche Überlegenheit. Die gesamte aufgenommene Wassermenge betrug im Mittel 270 bzw. 286 cm³, die sichtbare Eindringtiefe, die geringer als die halbe Plattenstärke sein soll, 7 bzw. 8 cm. Beide Betonsorten sind jedoch als wasserdicht zu bezeichnen.

5.3 Frostbeständigkeit

Die Frostbeständigkeit wurde für den Vorsatz- und Kernbeton an Prüfkörpern 20 cm x 20 cm x 30 cm ermittelt. Die Untersuchung begann im Probenalter von 56 Tagen, die Frost-Tau-Wechsel erfolgten im Zyklus von 4, 5 und 15 Stunden. Die Frostlagerung wurde in bewegter Luft von -20° C und die Taulagerung in Wasser bei + 15°C vorgenommen. Unmittelbar vor der ersten Frostlagerung sowie nach je 25 Frost-Tau-Wechseln wurde zwischen den Druckspannungen von 1 kp/cm² und 50 kp/cm² der statische E-Modul des Betons bestimmt. Nach den geltenden Richtlinien darf der Elastizitätsmodul im Verlauf der Prüfung nicht unter 75% seines Ausgangswertes fallen. Es sind daher beide Betonsorten frostbeständig.

Die Ergebnisse dieser Untersuchungen sind in Abb. 5 zusammengestellt. Insbesondere sei auf die langdauernde Nacherhärtung des Betons hingewiesen. Die maximale Abnahme des Elastizitätsmoduls tritt nach etwa 50 Frost-Tau-Wechseln ein, dann ist wieder ein Ansteigen des Elastizitätsmoduls zu erkennen.

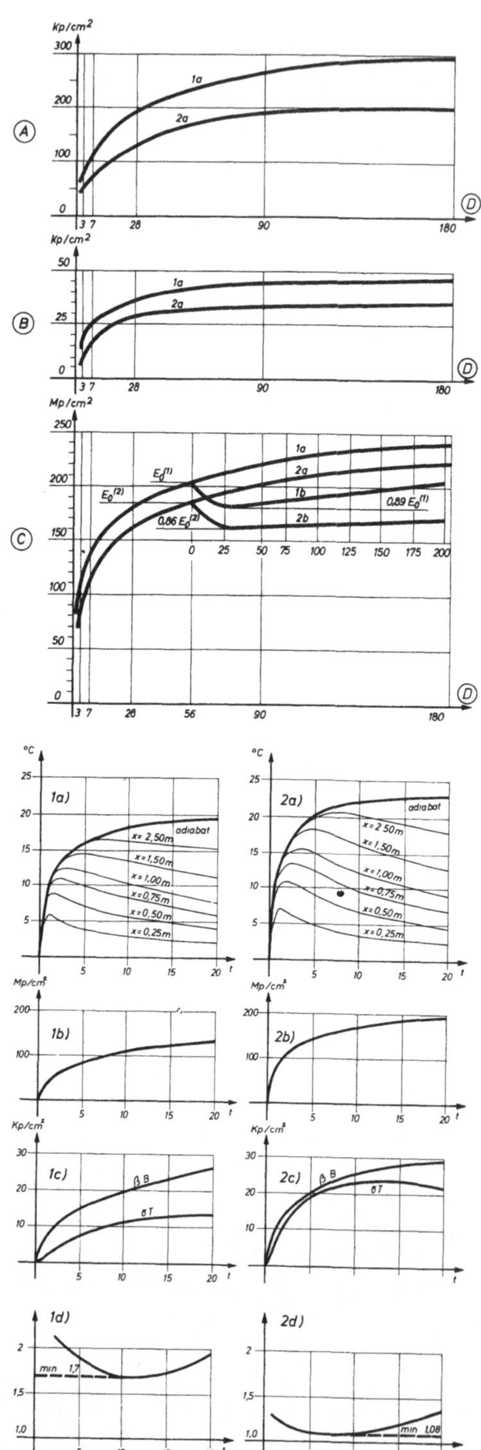

Abb. 5: Beton, zeitlicher Verlauf der Festigkeit und der Frostbeständigkeit
(1) Vorsatzbeton –(2) Kernbeton – a) ohne Frost – b) mit Frost-Tau-Wechsel – A Druckfestigkeit – B Biegezugfestigkeit – C Elastizitätsmodul – D Alter in Tagen

Abb. 6: Rißsicherheit bei Abbindespannungen
(1) Beton mit Sonderzement – (2) Beton mit Normalzement – a) Temperaturerhöhung – b) Elastizitätsmodul – c) β_B Biegezugfestigkeit, σ_T Temperaturspannung – D Rißsicherheit – t) Alter in Tagen

6. Wärmespannungen

Maßgebend für die Eignung eines Massenbetonzementes ist letztlich die Sicherheit gegen Temperaturrisse, die sich aus dem zeitlichen Verlauf der Festigkeit einerseits und den Temperaturspannungen andererseits ergibt. Diese Untersuchungen wurden unter vereinfachten Verhältnissen für einen Normalzement (PZ 275 H) und den neu entwickelten Massenbetonzement durchgeführt und das Ergebnis in Abb. 6 dargestellt. Das erste Diagramm zeigt den zeitlichen Verlauf der Temperaturerhöhung in einer dicken Platte im Abstand X von der freien Oberfläche bei konstant angenommener Lufttemperatur. Das zweite Diagramm zeigt den zeitlichen Verlauf des Elastizitätsmoduls, der für die Ermittlung der zeitabhängigen Spannungen von großen Einfluß ist. Im dritten Diagramm wird die unter Berücksichtigung des Kriechens errechnete Randzugspannung in ihrem zeitlichen Verlauf der jeweiligen Biegezugfestigkeit des Betons gegenübergestellt. Die im vierten Diagramm dargestellte Rißsicherheit ergab sich schließlich als Verhältnis der jeweils vorhandenen Biegezugfestigkeit zur gleichzeitig auftretenden Temperaturzugspannung. Während diese Rißsicherheit bei Beton aus normalem Portlandzement 275 H das Minimum mit 1,08 nach etwa 5 Tagen erreicht, liegt bei dem mit dem neuen Massenbetonzement hergestellten Beton die kleinste Rißsicherheit bei 1,7 nach etwa 10 Tagen. Diese Gegenüberstellung zeigt die wesentliche Verbesserung, die mit der Entwicklung des neuen Massenbetonzementes erreicht worden ist.

LITERATURHINWEIS

(1) F. Nyvelt. "Die Zemmkraftwerke"
  ÖZE 1966, Heft 3
 R. Widmann. "Die Sperre Schlegeis"
  ÖZE 1967, Heft 8
(2) Mandry. "Über das Kühlen von Beton"
  Springerverlag 1961
(3) E. Tremmel. "Wärmespannungen beim Abbinden von Massenbeton"
  Österr. Ing. Arch. 1959/2

Tabelle 1 : Hydratationswärme des Zementes aus der mineralogischen Analyse:

Alter	Klinker (3300 Blaine)						Schlacke	Sonderzement						Normalzement PZ 275H					
	C_3S	C_2S	C_3A	C_4AF	SO_3	Σ		3700	Klinker	Schlacke	H_R	H_M	$\dfrac{H_M}{H_R}$	3100	Klinker	Schlacke	H_R	H_M	$\dfrac{H_M}{H_R}$
	54%	18%	13%	8%	1,1%			Blaine	45%	51%				Blaine	85%	12%			
3^d 1)	0,54	0,05	1,80	0,40	12,0	69,8	15	77,8	35	8	43	50	1,16	65,8	56	2	58	68	1,17
2)	29,1	0,9	23,4	3,2	13,2														
7^d 1)	0,60	0,10	2,80	0,94	4,34	84	25	91	41	13	54	60	1,11	80	68	3	71	77	1,09
2)	33	2	36	8	5														
28^d 1)	0,91	0,29	3,44	1,30	-2,17	107	40	111	50	21	71	73	1,03	105	89	5	94	86	0,91
2)	49	5	45	10	-2														
90^d 1)	1,07	0,53	3,60	1,37	-7,16	118	43	121	55	22	77	80	1,03	117	99	6	105	89	0,85
2)	58	10	47	11	-8														

1) cal/g/%   2) cal/g   cal/g   cal/g

H_R .... rechnerisch ermittelte Hydratationswärme H_M .... gemessene Hydratationswärme

39/12 DIE PLATTENVERKLEIDUNG DER SPERRE GROSSER MÜHLDORFER-
SEE DES WINTERSPEICHERWERKES REISSECK-KREUZECK

E. Magnet und K. Klemen
Österreichische Draukraftwerke AG

1. Einleitung

Im Südabfall des Reißeckmassivs in Kärnten in rd. 2300 m Seehöhe
liegt eine Gruppe von Karseen, die wegen ihrer Nähe zum tiefeingeschnit-
tenen Mölltal schon frühzeitig das Interesse der Energiewirtschaft weckte.
Es wurden mehrere Projektsideen entwickelt, aber erst W. Steinböck
arbeitete ein umfassendes Projekt zur Nutzung dieser Rohenergie aus.
Dieses Projekt beschränkte sich nicht allein auf die Abarbeitung des in den
Karseen gespeicherten Wassers, sondern verband diese Speicherstufe mit
zwei Laufwerkstufen, die in mittlerer Höhe die Abflüsse des Reißeck- und
Kreuzeckmassives sammeln und über Kurzzeitspeicher in einer gemeinsa-
men Kraftstation ausnützen.

Die Österreichische Draukraftwerke AG Klagenfurt verwirklichte das
Projekt in den Jahren 1948-1958. Das Speichervermögen der Karseen —
Großer und Kleiner Mühldorfersee, Radlsee und Hochalmsee — wurde durch
die Errichtung von Sperren von 5,4 auf 17,2 Mio m³ vergrößert. Das Triebwasser wird über eine Druckrohrleitung der Kraftstation in Kolbnitz im
Mölltal zugeführt und dort in drei Maschinensätze abgearbeitet. Die Leistung der Speicherstufe Reißeck beträgt 75 MW und das Energiedargebot
73 Mio kWh. Zusammen mit den zwei Laufwerkstufen Reißeck und Kreuzeck
können in der Gesamtanlage im Regeljahr 310 Mio kWh bei einer installierten Leistung von 140 MW erzeugt werden.

Derzeit werden weitere Beileitungen aus dem Einzugsgebiet der Malta
ausgebaut. Diese Beileitungen werden in einer späteren Ausbaustufe einer
eigenen Großspeicheranlage, dem "Winterspeicherwerk Inneres Maltatal-
Kolbnitz" zugeordnet. Dieses wird nach seinem Ausbau bei einer installier-
ten Turbinenleistung von 630 MW, einer Pumpleistung von 285 MW und einem
Regelarbeitsvermögen von 812 GWh zu einem der leistungsstärksten Spei-
cherwerke Österreichs zählen. Das Kernstück dieses Projektes stellt der
Großspeicher Sameralm mit hervorragender Bogensperrenstelle und einem
Speicherinhalt von einer halben Milliarde kWh bei einer nachgeordneten
Fallhöhe von 1250 m dar (Abb. 1).

Der nachstehende Bericht befaßt sich mit speziellen Konstruktions-
merkmalen beim Bau der Sperren der Speicherstufe Reißeck und mit den
seit Fertigstellung darüber gesammelten Erfahrungen.

2. Die Staumauer am Großen Mühldorfersee

Diese Staumauer ist die größte Sperre der Anlage Reißeck-Kreuzeck
(Abb. 2 und 3). Sie hat eine maximale Höhe von 46, 5 m, eine Kronenlänge

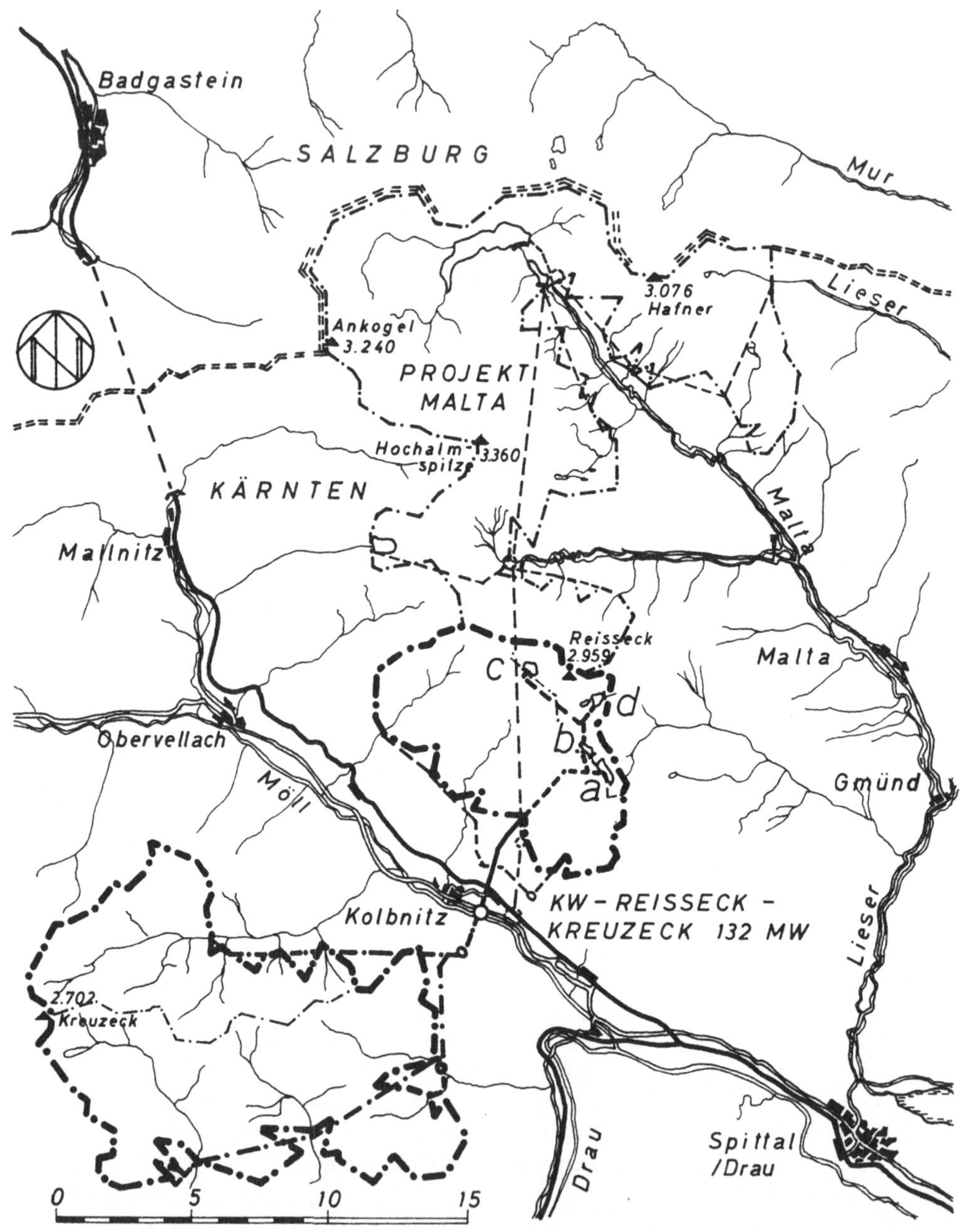

Abb. 1: Übersichtslageplan Winterspeicherwerk Reißeck-Kreuzeck und Winterspeicherwerk Inneres Maltatal
a) Staumauer Großer Mühldorfersee — b) Staumauer Kleiner Mühldorfersee — c) Staumauer Hochalmsee — d) Staumauer Radlsee

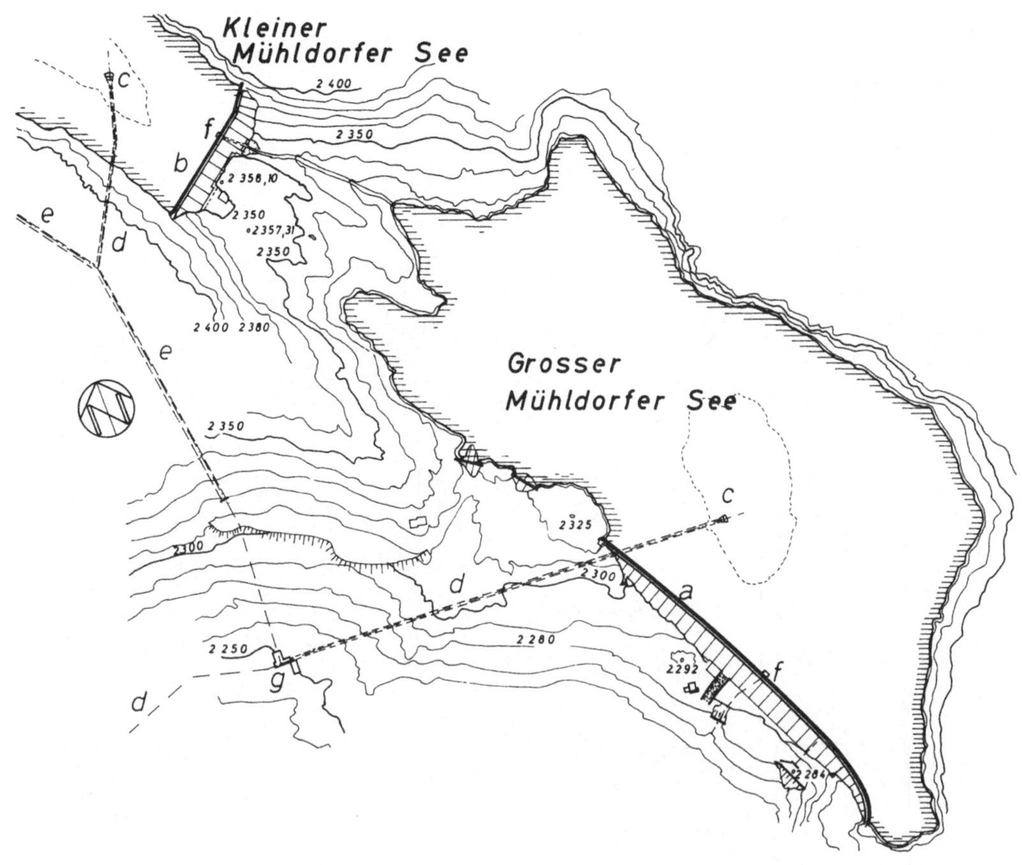

Abb. 2: Lageplan der Staumauern Großer und Kleiner Mühldorfersee
a) Staumauer Großer Mühldorfersee, Kronenlänge 425,00 m — b) Staumauer Kleiner Mühldorfersee, Kronenlänge 158,50 m — c) Entnahmebauwerk — d) Druckrohrleitung — e) Rohr- und Transportstollen vom oberen Seenplateau — f) Grundablaß — g) Schieberhaus

Staumauer Großer Mühldorfersee:		Staumauer Kleiner Mühldorfersee:	
Stauziel	2.319,00 m	Stauziel	2.379,00 m
Absenkziel	2.255,00 m	Absenkziel	2.335,00 m
Inhalt	7,90 hm³	Inhalt	2,80 hm³

von 425 m und eine Kubatur von 156.000 m³. Sie folgt in ihrer Achse einer beiderseitig zu den Widerlagern sanft ansteigenden Felsschwelle in Form eines Korbbogens mit Hauptrichtung NW-SO. Die Sperre zählt zum Typ einer Gewichtsmauer mit Hohlgang. Die weiten und teuren Antransporte der Betonbindemittel und -zuschlagstoffe zwangen den Bauherrn zu einer möglichst sparsamen Mauerform. So wurde der Hohlgang der Mauer bis an die zulässige Grenze ausgeweitet. Er hat die Form eines schräg liegenden elliptischen Gewölbes und befindet sich unmittelbar über der Aufstandsfläche

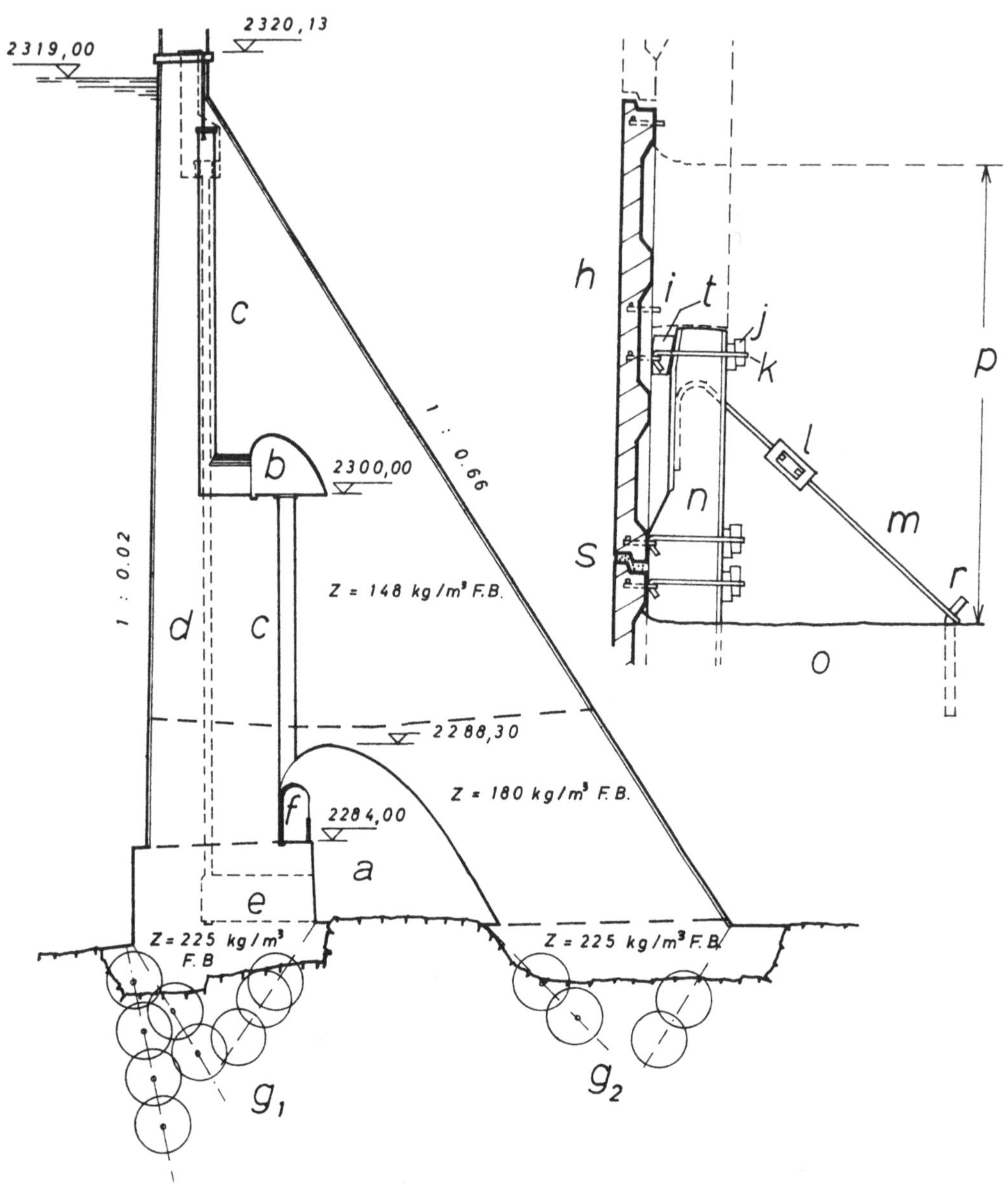

Abb. 3: Regelprofil der Staumauer und Verkleidung mit Fertigbetonplatten an der Wasserseite

a) Unterer Hohlgang — b) Oberer Hohlgang — c) Kontrollschacht Ø 700 mm — d) Pendelschacht Ø 400 mm — e) Pendelmeßraum — f) seitlicher Kontrollgang — g₁) Dichtungsinjektionen — g₂) Heftinjektionen — h) Fertigbetonplatte — i) Einhängeösen — j) Hartholzkeile — k) Haltebügel — l) Spannschloß Ø 14 mm — m) Zuganker Ø 14 mm — n) Steg — o) Kernbeton — p) Schütthöhe 1,50 m — r) Stahldorn — s) Fugendichtungsmasse — t) Betonkeil

Abb. 4: Hohlgang mit elliptischem Gewölbe und Queraussteifungsrippen

(Abb. 4). Spannungsoptische Versuche an Modellen haben ergeben, daß die Spannungsverteilung in der Bodenfuge durch die Anordnung eines Hohlraumes günstiger wird. Bei der Teilung des Mauerfundamentes in einen wasser- und luftseitigen Stützkörper kann sich der Auftrieb in der freien Felsfläche des Hohlraumes vollkommen entspannen. Der Auftrieb wirkt daher nur auf das wasserseitige Mauerfundament.

Eine weitere Besonderheit dieser Sperre ist darin zu sehen, daß der aufgehende Mauerkörper erstmalig mit vorgefertigten Betonplatten sowohl an der Wasser- als auch an der Luftseite verkleidet wurde. Diese Platten dienten infolge ihrer konstruktiven Formgebung gleichzeitig als Schalung. Ihre Abmessungen wurden mit 2,00 x 1,50 m an der Wasserseite und mit 2,00

x 1, 80 m an der Luftseite, entsprechend der Mauerneigung, gewählt. Die
Sichtfläche ist eben, die Rückfläche kassettenartig ausgebildet. Die Stärke
der Platten beträgt an den Rändern bzw. in den Rippen 10 cm und in den Kas-
settenflächen 6 cm. In den Rippen erhielten die Platten eine leichte Bewehrung und die entsprechenden Einlagen von Haltebügeln an der Innenseite. Die
Fugenflächen sind z-förmig ausgebildet. An der Luftseite fanden 3427 Platten und an der Wasserseite 3637 Platten als Schalungselemente Verwendung.

Die Platten wurden in einer eigenen Plattenfabrik, die im Baustellen-
bereich zu diesem Zwecke errichtet wurde, erzeugt. Ihre Verlegung und
Befestigung in dem Sperrenkörper erfolgte mittels vorgefertigter Beton-
stege, an welche sie mit Rundstahlbügeln und Hartholzkeilen festgespannt
wurden, wobei die Stege bereits in der erhärteten unteren Betonierschicht
gehalten wurden. Der durch das Einrütteln der folgenden 1, 50 m hohen Be-
tonierschichte entstehende Schalungsdruck wurde von den Stegen über Spann-
schlösser und Zuganker in den inneren Mauerkörper abgeleitet.

Die Abdichtung der etwa 2 cm starken Zwischenfugen der Platten-
reihen erfolgte an der Wasserseite vor der Betonierung von der Innenseite
aus bis zur halben Fugenstärke durch Igaskitt, einen zähplastischen Bitu-
menkitt. Der Fugenverschluß erfolgte dann von der Außenseite mit demselben Verfugungsmittel im Zuge des Wasseraufstaues im Speichersee. An der
Luftseite wurden dagegen die Zwischenfugen von außen vermörtelt.

Die Betonzuschlagstoffe mußten etwa 65 km weit aus einer Kiesgrube
an der Drau in Föderlach bei Villach herangebracht werden. In der Nähe der
Baustelle waren Zuschlagstoffe von geeigneter Güte nicht vorhanden. An
Hand eingehender Vorversuche wurde die Anlieferung der Zuschlagstoffe in
den 5 Korngruppen von 0-3/-10/-40/-80/-130 mm festgelegt.

Die Betonierung des Kernbetons erfolgte mit den in Abb. 3 angegebenen Zementgehalten mit einem Sonderzement PZ 225 aus der Zementfabrik
Wietersdorf in Kärnten.

Für die Betonierung der Fertigbetonplatten erwies es sich als zweckmäßig, die Zuschlagstoffe in die Korngruppen 0-3 und 3-10 mm zu trennen
und den hochwertigen Zement PZ 425 in einer Dosierung von 350 kp/m³
Fertigbeton zu verwenden.

Durch eine Reihe von Betonversuchen war es gelungen, die betontech-
nologischen Bedingungen hinsichtlich der Festigkeiten, Frostbeständigkeit
und Wasserdichtheit zu erfüllen. In einem eigenen Baustellenlabor wurden
die Herstellung der nach dem Verfahren von Vakuumconcrete Paris erzeug-
ten Platten überwacht und die vorgeschriebenen Prüfungen vorgenommen,
so daß alle Voraussetzungen gegeben waren, dem Mauerkörper eine wasser-
dichte Außenhaut zu verleihen. Die Betonierung der Sperre am Großen Mühldorfersee erfolgte in den Jahren 1955-1958.

3. Erfahrungen mit der Plattenverkleidung bei der Sperre
Großer Mühldorfersee

Über die Verwendung von derartigen Betonfertigteilelementen im
Sperrenbau lagen bisher noch keine Erfahrungen vor. Die Lage der Sperre

im Hochgebirge mit starken Frost- und Strahlungseinwirkungen ließ erwarren, daß diese Baumethode einer extremen Beanspruchung ausgesetzt werden würde. Die laufenden Sperrenbeobachtungen konzentrierten sich daher von Anfang an auf die Kontrolle der Platten und Plattenfugen.

Die Errichtung der Sperre erfolgte, wie schon erwähnt, in der Hochgebirgsregion. Über die Hälfte des Jahres hindurch hat dieses Gebiet eine geschlossene Schneedecke. Betrachtet man die Lufttemperaturen der 10-Jahresreihe 1958/1968, so stellt man fest, daß das Temperaturmittel dieser 10 Jahre +0,5°C beträgt. Das absolute Maximum der Tagestemperatur während dieses Zeitraumes wurde mit +20,9°C und das Minimum mit -23,4°C gemessen. Die Jahresmittel schwanken in dem erwähnten Zeitraum von -0,8°C bis +2,1°C. Die Orientierung der Mauer ist derart, daß die Wasserseite gegen Nordosten und die Luftseite daher der direkten Sonneneinstrahlung ausgesetzt ist.

Schon einige Jahre nach der Fertigstellung konnte man erkennen, daß im Mittelbereich der luftseitigen Maueroberfläche eine Anzahl von feinen Rissen in den einzelnen Plattenoberflächen entstanden war, wobei charakteristischerweise dieser Bereich mit jener Zone identisch zu sein scheint, die im Winter nur von einer verhältnismäßig leichten Schneeschicht bedeckt bleibt (Abb. 5). Das obere Viertel der Mauerhöhe ist fast ständig schneefrei. Im unteren Viertel ist die Mauer von einer starken Schneedecke bedeckt.

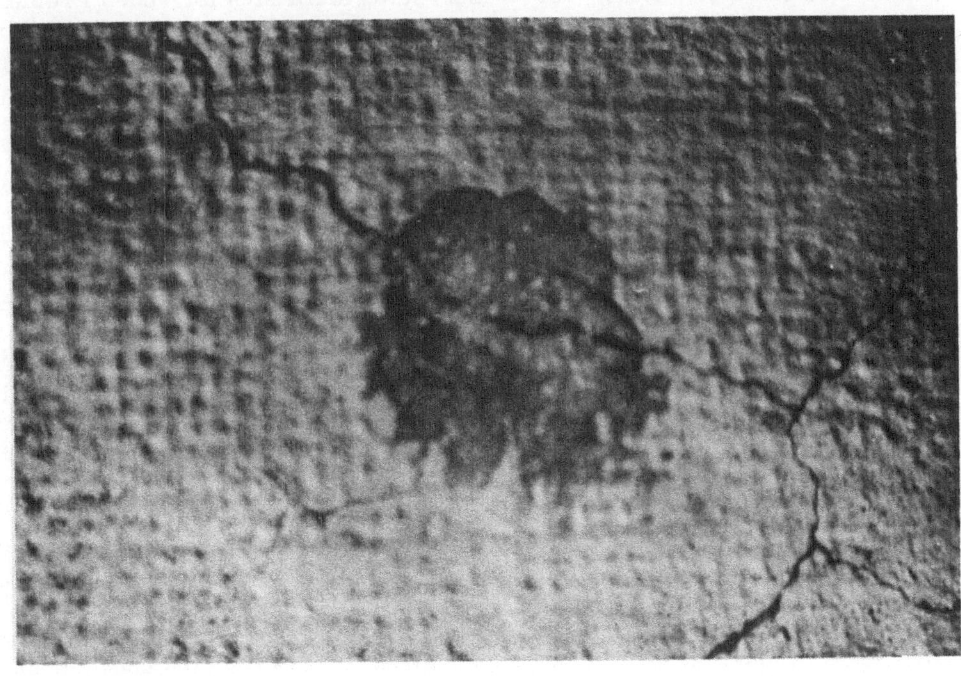

Abb. 5: Risse in den Betonplatten

Durch die Lage der Mauer treten auf ihrer Oberfläche sehr unterschiedliche Temperaturen auf. Selbst wenn in den Nächten die Temperaturen bis −20°C sinken, so erreichen bei intensiver Sonneneinstrahlung und völliger Windstille tagsüber die Betonoberflächen Temperaturwerte bis zu +15°C. Sieht man sich den Temperaturverlauf an der Betonoberfläche, wie er in Abb. 6 dargestellt ist, an, so erkennt man, daß im unmittelbaren Grenzbereich zwischen der schneebedeckten und schneefreien Betonoberfläche enorme Temperaturunterschiede auftreten und darin die Ursache für die Entstehung der feinen Risse zu suchen ist. Beobachtungen haben gezeigt, daß diese Risse anfangs sehr klein sind und nicht sehr tief in die Platte hineinreichen. Erst im Laufe der Zeit setzen sie sich längenmäßig fort und wachsen auch nach der Tiefe zu. Dazu kommt noch, daß der Mauerkörper unterkühlt ist und infolge der verschiedenen E-Moduli der beiden Betonarten (328.000 bzw. 440.000 kp/cm^2) zwangsläufig Spannungen an der Oberfläche begünstigt werden. Niederschläge bzw. Schmelzwasser in Verbindung mit Temperaturveränderungen wirken sich zusätzlich nachteilig aus. Im Laufe der vergangenen Jahre entstand daher der optische Eindruck, als sei ein großer Teil der Maueroberfläche stärker beschädigt, doch haben Bohrkernuntersuchungen gezeigt, daß es zu keiner Loslösung der Betonplatten von dem dahinter liegenden Kernbeton gekommen ist. Dagegen zeigt die Vermörtelung der rd. 13.000 m langen Plattenfugen auf der Luftseite zahlreiche Schäden in Form von Rissen und Ausbrüchen.

Bei der Betrachtung der Wasserseite stellt sich folgendes Problem dar: Die Mauer ist in 35 Blöcke von 8-14 m Länge unterteilt. Ihre Blockfugen erreichen eine Länge von rd. 830 m. Dagegen ergeben die Plattfugen auf der Wasserseite eine Gesamtlänge von ca. 12.400 m. Fugen stellen im Wasserbau immer ein heikles Problem dar. Die große Fugenlänge brachte daher einige unangenehme Überraschungen mit sich. Die bisherigen Betriebserfahrungen lassen erkennen, daß sich immer wieder in verschiedenen Höhen starke Eisdecken bilden. Wird nun der Wasserspiegel durch den Einsatz des Kraftwerkes wieder abgesenkt, so bricht die Eisdecke infolge ihres Gewichtes ab. An der Mauer haftet dann oft eine auskragende Eisplatte, die schon eine Stärke bis zu rd. 80 cm und eine Auskragung bis über 2 m erreicht hat (Abb. 7).

Die Eiskristalle wachsen bei der Eisbildung in den plastischen Kitt hinein. Bricht nun bei der folgenden Erwärmung der Lufttemperatur die Eisplatte von der Mauer ab, so bewirkt die Verzahnung mit dem Fugenkitt, welcher die Temperaturerhöhung nicht so schnell wie der Beton mitmacht, daß der Fugenkitt teilweise aus dem Fugenspalt herausgezogen wird.

In der wärmeren Jahreszeit bewirkt die Verflüchtung der Öle aus dem bituminösen Kitt und die ultraviolette Strahlung eine Versprödung der Fugenkitte, wodurch wieder eine Ablösung der Fugenmasse an den Fugenrändern eintritt. Ein rechtzeitiges Erkennen aller dieser Schadensstellen ist oftmals durch den raschen Aufstau des Wassers in den Speicher nicht möglich. Das Wasser setzt nun seine zerstörende Wirkung mit Zunahme des Druckes so lange fort, bis es schließlich die Möglichkeit gefunden hat, im Inneren der Mauer in einem der beiden Hohlräume auszutreten.

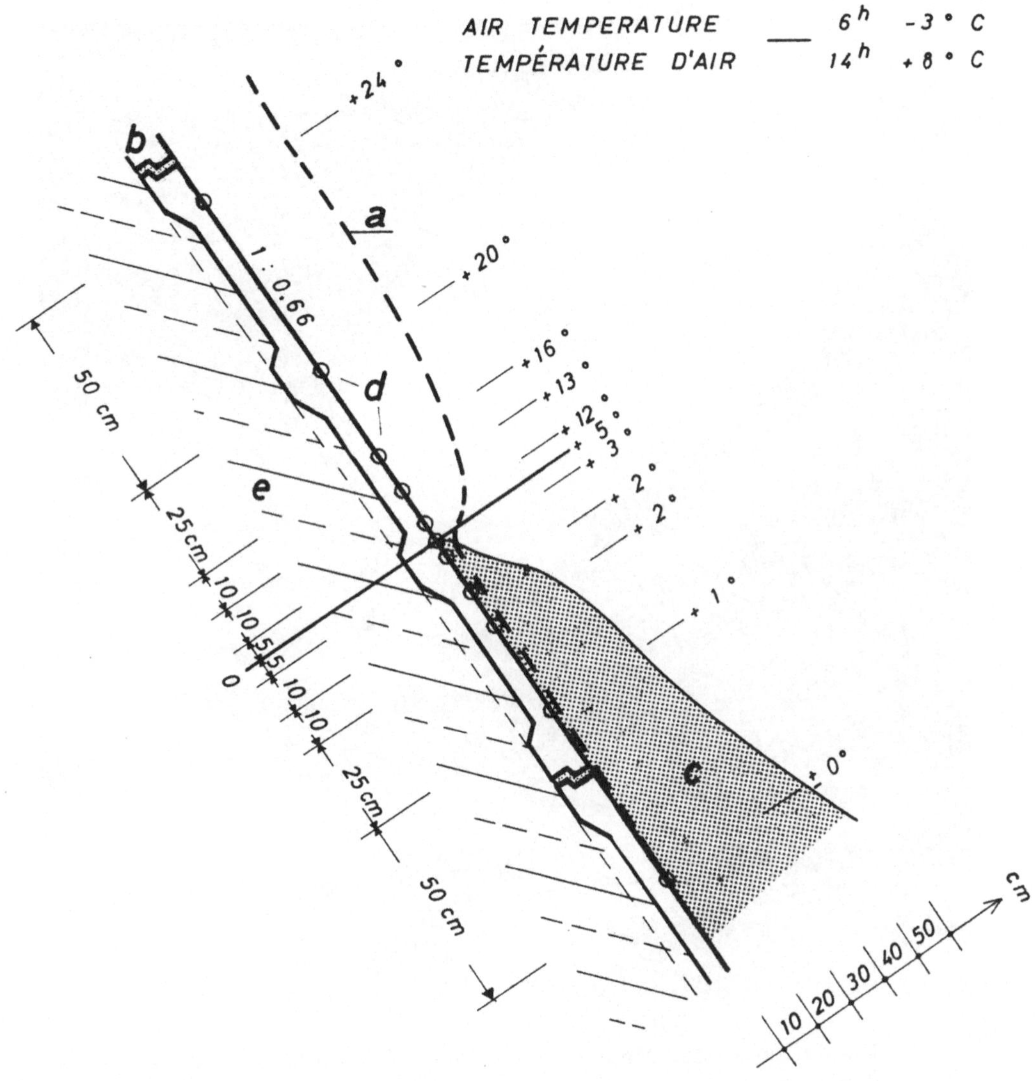

Abb. 6: Luftseitige Temperaturmessungen der Betonplattenoberflächen an der Schneegrenze
a) Temperaturkurve der Betonplattenoberfläche — b) Betonplatten — c) Schnee — d) Meßpunkte

Die vorhin erwähnten Rißbildungen an der Plattenoberfläche treten auch auf der Wasserseite auf, doch ist die Anzahl derselben gegenüber jenen auf der Luftseite geringer.

Abb. 7: Eisplatten an der Mauer; im Hintergrund die Sperre Kleiner Mühldorfersee

4. Vorkehrungen zum Schutz der Staumauer

Um eventuelle Folgeerscheinungen durch eingedrungenes Wasser feststellen und eine Aussage über die Güte der Betonqualität treffen zu können, wurden an verschiedenen Stellen der Mauer Bohrkerne entnommen. Das Ergebnis dieser Untersuchungen war zufriedenstellend. Die Verbindung zwischen dem Platten- und Kernbeton ist zumeist einwandfrei (Abb. 8).

Das Gefüge des Betons ist geschlossen, und der Beton zeigt eine große Widerstandsfähigkeit gegenüber einer Frost- und Taubeanspruchung.

Abb. 8: Bohrkern aus der Luftseite der Staumauer

In der Abb. 9 ist der Schnitt durch eine Plattenfuge mit dem eingebrachten Fugenkitt deutlich erkennbar. (Die Trennung zwischen dem Platten- und Kernbeton wurde durch die Rotation der Bohrkerne hervorgerufen.)

Die beobachteten Schäden an den Plattenfugen erfordern eine genaue jährliche Kontrolle der Wasserseite, verbunden mit Nachkittungen. Verschiedene Versuche bezüglich dieser Fugenausbesserungen, wie das Aufspritzen eines Torkretes oder eines Kunstharzes in Verbindung mit einem Glasfasergewebe, haben nicht zu dem gewünschten Erfolg geführt. Die Kunstharzschichte begann im Laufe der Zeit zu verspröden. Man führt dies auf die Einwirkungen der ultravioletten Strahlung zurück. Gleichzeitig zeigte sich, daß die Haftung am Beton ungenügend war, wodurch die dichtende Wirkung verlorenging. Der Spritzbeton haftet wohl gut am Beton, doch zeigten sich bald in den Fugenebenen neuerliche Risse. Erst in der letzten Zeit ist es gelungen, durch die Verwendung von Verfugungsmitteln, die aus den zwei Komponenten Harz und Härter bestehen und auch auf feuchten Betonflächen haften, einen Fortschritt zu erzielen. Dadurch gelang es mit Erfolg, die Sickerwassermenge von 42 l/s bei Fertigstellung des Bauwerkes auf 6 bis 8 l/s im gegenwärtigen Zeitpunkt zu reduzieren. In diesen letzten Zahlen sind jedoch auch die Sickerwassermengen aus dem Untergrund von 3 bis 4 l/s enthalten, die immer in der Aufstandsfläche flächenhaft oder aus Felsspalten austreten.

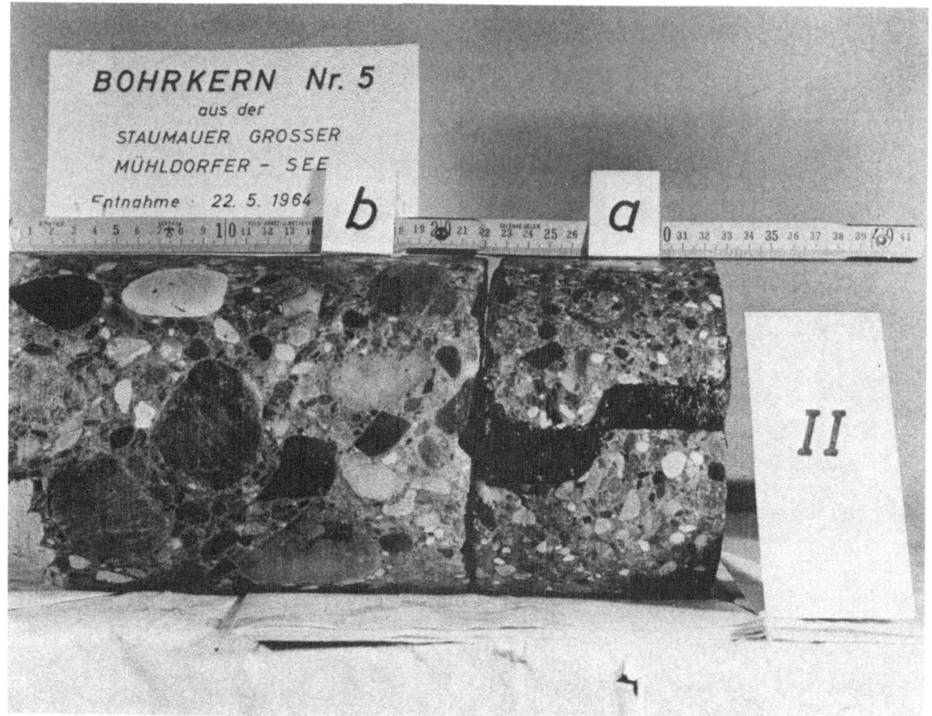

Abb. 9: Bohrkern aus der Wasserseite der Staumauer

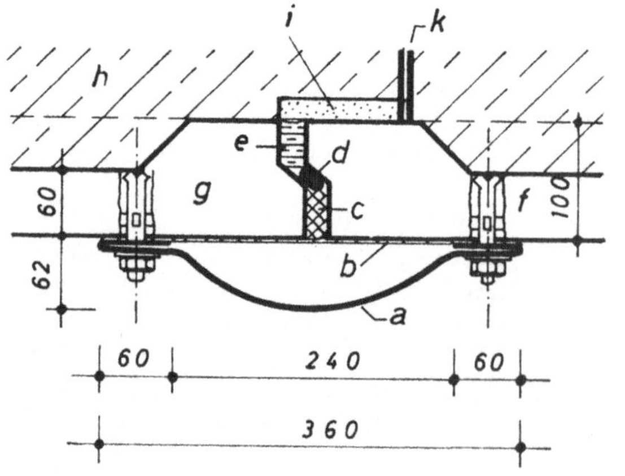

Abb. 10: Fugenschutzblech
    a) Fugenschutzblech
    b) Opanol BA-Folie
    c) XO-Kitt
    d) Asbeststrick
    e) Igaskitt
    f) Ankerdorn
    g) Fertigbetonplatte
    h) Kernbeton
    i) Schaumstoff
    k) Bitumenanstrich

Zur Vermeidung von Eisschäden an den Blockfugen hat sich nachfolgende Methode als wirkungsvoll erwiesen: Die Fuge wird mit einem bituminierten Asbeststrick verstemmt und mit einem XO-Kitt auf Bitumenbasis verfugt. Darüber wird mit einer Klebemasse eine Opanolfolie geklebt, die durch ein blombiertes, verzinktes Stahlblech abgedeckt und somit vor Eisabscherungen geschützt wird (Abb. 10).

Abb. 11: Gesamtansicht der Sperren Großer und Kleiner Mühldorfersee

Bei der Staumauer Kleiner Mühldorfersee (Abb. 11, im Hintergrund), die nach demselben System wie die Staumauer Großer Mühldorfersee erbaut, aber um ein Jahr später fertiggestellt wurde, ist man auf Grund der dort gesammelten Erfahrungen von der Verfugung mit einem Kitt abgegangen. Hier wurde in die äußere Fugenhälfte ein Mörtel, im Verhältnis ein Teil Quellzement, Marke Lossiere, mit 2 1/2 Teilen Quarzsand mit den Korngrößen 0,1-1 und 1-3 mm trocken gemischt, nach dem Spritzbetonverfahren eingespritzt und hernach die Fuge glatt gestrichen. Diese Methode hat sich gut bewährt; dagegen zeigen sich wie bei der Sperre Großer Mühldorfersee in den Platten selbst die gleichen Rißbilder.

LITERATURHINWEIS

(1) W. Steinböck. "Der Bau der Staumauer Großer Mühldorfersee"
    5. Weltkraftkonferenz 1956, R.58/Heft 11
(2) W. Steinböck. "Observations on one gravity dam with great longitudinal tunnel at the base"
    6. Talsperrenkongreß 1958, C 28
(3) W. Steinböck. "Concrete-technologial requiements for the use of prefabricated concrete slabs as sheathing in large dams"
    6. Talsperrenkongreß 1958, Frage Nr. 23, R.18
(4) A. Alvares Ribeiro. "The Beomposta hollow arch-gravity dam"
    7. Talsperrenkongreß 1961, C 12
(5) W. Steinböck. "Planung und Bau des Winterspeicherwerkes Reißeck-Kreuzeck"
    Österr. Wasserwirtschaft, Jahrgang 5, Heft 5/6, 1953
(6) W. Steinböck. "Planung und Bau des Winterspeicherwerkes Reißeck-Kreuzeck"
    ÖZE, Jahrgang 13, Heft 6, 1960
(7) W. Steinböck, W. Finger und W. Heschl. "Staumauern und Staudammanlagen der Speicherstufe"
    ÖZE, Jahrgang 13, Heft 6, 1960
(8) K. Angerer. "Die Baustelleneinrichtung bei den Schwergewichtsmauern auf dem Seenplateau Reißeck"
    ÖZE, Jahrgang 13, Heft 6, 1960
(9) W. Steinböck. Die Staumauer am Großen Mühldorfersee"
    Schriftenreihe "Die Talsperren Österreichs", Heft 6, 1959
(10) E. Magnet. "Das Winterspeicherwerk Inneres Maltatal-Kolbnitz"
    Österr. Wasserwirtschaft, Jahrgang 18, Heft 5/6, 1966
(11) E. Magnet. "Der Gößstollen der Österr. Draukraftwerke AG"
    Der Bauingenieur, Jahrgang 42, Heft 11, 1967

MESSEINRICHTUNGEN UND METHODEN DER AUSWERTUNG AN ÖSTERREICHISCHEN TALSPERREN

H. Petzny und R. Widmann

1. Einführung

Die Entwicklung der Meßeinrichtungen ist eng mit der Entwicklung des Talsperrenbaues verbunden. In Österreich hat der Talsperrenbau mit größeren Anlagen erst mit Beginn dieses Jahrhunderts eingesetzt, da durch die günstigen klimatischen Verhältnisse Speicher für Bewässerungs-anlagen nicht erforderlich sind und Speicher für die Erzeugung elektrischen Stromes erst in diesem Jahrhundert an Bedeutung gewonnen haben. Nach den in Österreich geltenden Bestimmungen zählen jene Bauwerke zu den Talsperren, die höher als 15 m sind, bzw. einen Speicherraum von mehr als 0,5 Mio m³ bilden. Flußkraftwerke sind von dieser Bezeichnung ausgenommen. Im Sinne dieser Begrenzung soll nun im folgenden, für Staumauern und Dämme getrennt, ein Überblick über die Entwicklung des Talsperrenbaues im Zusammenhang mit den Meßmethoden, den Beobachtungsverfahren und der Auswertung der Meßergebnisse in Österreich gegeben werden. Diese Entwicklung spiegelt den technischen Fortschritt wider, der die Errichtung großer und schwieriger Talsperren mit den Erfahrungen über das Verhalten an kleineren, älteren Anlagen ermöglicht hat.

2. Meßmethoden

2.1 Staumauern (1)

In den ersten drei Jahrzehnten dieses Jahrhunderts wurden 9 Gewichtsmauern mit Höhen von 26 bis 50 m errichtet. So wurden im Jahre 1911 die Gewichtsmauern Wienerbruck (13 m) und Erlaufklause (35 m hoch), 1913 die leicht gekrümmte Gewichtsmauer Wiestal mit 28 m Höhe und schließlich die gekrümmte Gewichtsmauer Strubklamm mit 36 m Höhe im Jahre 1924 fertiggestellt. Für die Sperren dieser Bauperiode erfolgt die Überwachung lediglich durch geodätische Messungen an der Sperrenkrone und durch eine Kontrolle der Sickerwassermengen. Im folgenden Jahrzehnt wurden die Gewichtsmauern Spullersee-Süd (36 m hoch), Spullersee-Nord (26 m hoch), die Langmannsperre (26 m hoch) und schließlich die 1929 fertiggestellte Tauernmoossperre mit einer Höhe von 28 m errichtet. Diese Gewichtsmauern wurden bereits mit einem Kontrollgang, etwa im unteren Mauerdrittel, ausgeführt.

Die erste österreichische Gewichtsmauer mit einem eingehenderen Überwachungssystem ist die 50 m hohe Vermuntsperre, in welcher bereits

3 Kontrollgänge angeordnet wurden. Das Verformungsverhalten dieser Mauer wird durch geodätische Messungen in Form von Alignements, einer Präzisionstriangulierung für Zielpunkte in drei verschiedenen Horizonten an der Luftseite der Mauer sowie ein Präzisionsnivellement der Krone und der Kontrollgänge überwacht. Weiters werden die Blockfugenweiten gemessen. Erstmalig werden Sohlenwasserdruckmessungen aus den Kontrollgängen in der Kontaktfuge Beton-Fels und Sickerwasserverlustmessungen in den Kontrollgängen der Mauer durchgeführt. Auch in der 1931 fertiggestellten 33 m hohen Gewichtsmauer Pack wurden Sohlenwasserdruckmessungen eingerichtet, während das Verformungsverhalten der Mauer durch trigonometrische Vermessung der Krone überwacht wurde. Im Jahre 1940 wurde die 29 m hohe Gewichtsmauer Enzingerboden errichtet, der luftseitig ein geschlichteter Steindamm vorgesetzt wurde. Hier wurden keine besonderen Überwachungseinrichtungen vorgesehen.

1945 wurde die erste Gewölbemauer Österreichs, die 39 m hohe Gerlossperre, fertiggestellt. Außer den geodätischen Durchbiegungsmessungen an Zielpunkten in mehreren Horizonten an der Luftseite der Sperre wurden hier erstmalig elektrische Widerstandsthermometer zur Messung der Betontemperatur eingebaut, da die Temperatur des schlanken Sperrenkörpers einen wesentlichen Einfluß auf sein Verformungsverhalten ausübt.

Auch die 1948 fertiggestellte 80 m hohe Gewichtsmauer Silvretta ist mit 3 Kontrollgängen in verschiedenen Höhen versehen. Hier wurden erstmalig 5 Gewichtslote, die aber noch nicht bis in den Fels reichen, mit Ablesestellen in den Horizonten der Kontrollgänge eingebaut. Die geodätischen Messungen umfassen ein Alignement der Mauerkrone, eine Präzisionstriangulierung von Zielpunkten an der Luftseite der Mauer und ein Nivellement der Mauerkrone und der einzelnen Kontrollstollen. Auch die Bewegungen der Blockfugen wurden gemessen. Ferner wurden die Betontemperaturen im Mittelquerschnitt der Mauer in den ersten Betriebsjahren gemessen. Die meisten Widerstandsthermometer sind jedoch 1953 ausgefallen. Sohlenwasserdruckmessungen werden fast an 200 Meßstellen in der Aufstandsfläche der Mauer durchgeführt. Auch die Sickerwasserverluste werden in den Kontrollgängen der Mauer gemessen.

Für die 19 m hohe, 1949 fertiggestellte Gewichtsmauer Bürg wurde lediglich eine trigonometrische Überwachung der Sperrenkrone eingerichtet.

In den Jahren 1949 und 1950 wurden die drei Gewölbemauern Salza (Höhe 52 m), Hierzmann (55 m) und Ranna (45 m) fertiggestellt. Wegen ihrer Schlankheit konnten keine Kontrollgänge in diesen Mauern untergebracht werden. Auch in diesen Gewölbemauern wurden bis zur Sohle reichende Gewichtslote, eine geodätische Überwachung der Luftseite sowie Temperaturmessungen im Beton eingerichtet.

Die erste große österreichische Gewölbemauer ist die 1951 fertiggestellte, 120 m hohe Limbergsperre. Hier wurden drei Gewichtslote, die bereits 18 m unter die Mauersohle in den Fels hineinreichen, angeordnet. Ergänzt wird die Überwachung des Verformungsverhaltens der Sperre durch trigonometrische Feinmessungen von Zielpunkten an der Luftseite der Sperre in vier verschiedenen Horizonten sowie ein Kronennivellement. Sohlenwasserdruckmessungen wurden in 59 Sammelglocken in der Aufstandsfläche der Sperre, wasser- und luftseitig des unmittelbar auf die freie Felsoberfläche aufgesetzten Kontrollganges, ausgeführt. Außer den bereits üblichen Betontemperaturmessungen wurden erstmalig Dehnungsmessungen im Beton der Sperre durchgeführt, um eine Kontrolle der auftretenden Betonspannungen zu erhalten. Ein großer Teil dieser elektrischen Meßgeräte ist jedoch in den letzten Jahren ausgefallen. Im Sohlstollen werden auch Sickerwassermengenmessungen in verschiedenen Horizonten an beiden Talflanken durchgeführt. Weiters geben Quellmessungen im luftseitigen Vorland der Sperre eine Kontrolle für die Sickerwassermengen aus dem Sperrenuntergrund.

Im Jahre 1951 wurde auch die 34 m hohe, schlanke Bächentalsperre fertiggestellt. Infolge der starken vertikalen Krümmung dieser Sperre ist die Überwachung des Verformungsverhaltens auf das trigonometrische Meßverfahren für 5 Punkte der Mauerkrone beschränkt.

1953 wurde die 93 m hohe, stark unsymmetrische und sehr schlanke Möllsperre fertiggestellt, für die eine umfangreiche geodätische Überwachung eingerichtet wurde. Da diese geodätische Überwachung jedoch nur in großen Zeitabständen möglich und die Sperre während des Winters unzugänglich ist, wurden nach einigen Jahren 5 Neigungsgeber an der Luftseite des Mittelschnittes der Mauer eingebaut, deren Meßwerte in die Warte des zugehörigen Krafthauses Limberg fernübertragen werden. Ähnliches gilt für die im selben Jahre fertiggestellte, 40 m hohe, leicht gekrümmte Gewichtsmauer Margaritze. Vielseitige Beobachtungseinrichtungen, wie mehrere Gewichtslote, trigonometrische Einmessung, Alignements, Betontemperatur- und Fugenspaltmessungen, Sohlenwasserdruck- und Sickerwassermessungen, auch im Bereich der Hänge, wurden bei den in den folgenden Jahren fertiggestellten Gewölbemauern Dobra (1952, H = 52 m), Wiederschwing (1953, H = 30 m), der Drossensperre (1955, H = 112 m), Ottenstein (1957, H = 65 m), in der Gewichtsmauer Weißsee (1952, H = 37 m) und in der gekrümmten, großen Gewichtsmauer Moosersperre (1955, H = 104 m) angeordnet.

Zwei Gewichtsmauern am Mühldorfer See mit 46 m und 41 m Höhe wurden 1957 und 1958 fertiggestellt. Als Besonderheit weisen diese erstmals einen großen Hohlgang an der Mauersohle auf, der zusätzlich zu den bereits üblichen Verformungs-, Sohlenwasserdruck- und Betontemperaturmessungen auch Betondehnungsmessungen in der Laibung dieses Hauptganges erforderte.

Ähnliches gilt für die 1958 fertiggestellte, 24 m hohe Gewichtsmauer Hochalmsee. 1959 wurde die Gewichtsmauer Lünersee mit einer größten Höhe von 28 m fertiggestellt, die auf einem Felsriegel errichtet wurde. Diese Anordnung war der Anlaß zur erstmaligen Durchführung von Felsverformungsmessungen mit einem Gewichtslot, dessen Verankerung 55 m unter der Aufstandsfläche der Sperre liegt.

In den Jahren 1958 und 1959 wurden drei kleinere Gewichtsmauern, die Salzplattensperre mit 16,5 m Höhe, die Amersperre mit 30 m und die

Lutzsperre mit 19 m Höhe fertiggestellt. Wegen ihrer geringen Abmessungen weisen sie keine Besonderheiten in bezug auf ihre Meßeinrichtungen auf.

Bei der 1966 fertiggestellten Gewölbemauer Kops mit einer Höhe von 120 m wurden erstmalig die Meßeinrichtungen so gewählt, daß das Verformungsverhalten der Sperre und des Untergrundes im einzelnen erfaßt werden kann. Zusätzlich zu den bereits früher beschriebenen Meßeinrichtungen wurden Schwimmlote bis zu 60 m unter der Aufstandsfläche der Sperre angeordnet. Eine weitere Kontrolle der Felsverformungen ergibt sich durch den Einbau von Felsdehnungsmessern mit je drei Meßstrecken bis zu einem Abstand von 60 m unter der Sperrenaufstandsfläche. Um Änderungen des Bergwasserspiegels auch luftseitig der Mauer feststellen zu können, wurden mehrere Piezometerbohrungen angeordnet.

Auch bei der derzeit in Bau befindlichen Gewölbemauer Schlegeis (Höhe 130 m) wurde bei der Projektierung der Meßeinrichtungen besonderer Wert auf die Erfassung des Verhaltens des Felsuntergrundes gelegt.

2.2 Dämme (1)

Der Dammbau spielte in Österreich bis vor wenigen Jahren nur eine untergeordnete Rolle. Der 1911 fertiggestellte Gosaudamm mit einer Höhe von 17 m enthält keine besonderen Meßeinrichtungen. Das gleiche gilt für den 1949 fertiggestellten Erddamm Hollersbach mit einer Höhe von 16,5 m.

Setzungs- und Sickerwassermessungen wurden beim Erddamm Thurnberg (1952, H = 15 m), beim Bielerdamm (1947, H = 25 m) und beim Steinschüttdamm Rotgülden (1957, H = 18 m) sowie beim Steinschüttdamm Radlsee (1958, H = 16 m) durchgeführt.

Der 1958 fertiggestellte Erddamm Freibach mit einer Höhe von 41 m brachte besondere Schwierigkeiten mit der Abdichtung des Untergrundes, die eingehende Grundwasserspiegel-Beobachtungen luftseits des Dammes erforderlich machten. Die umfangreichen Abdichtungsarbeiten konnten erfolgreich abgeschlossen werden (9).

Der erste große österreichische Steinschüttdamm ist der 1964 fertiggestellte, 150 m hohe Gepatschdamm (15, 19). Er wurde mit umfangreichen Meßeinrichtungen für den Porenwasserdruck und den Erddruck in verschiedenen Richtungen sowie zur Ermittlung der vertikalen und horizontalen Verformungen im Dammkörper und im Untergrund ausgestattet. Zur Messung der Verformungen in der Steinschüttung kamen neu entwickelte Horizontal-Pegel zum Einbau, die sich seither auch bei anderen Dämmen gut bewährten. Die Sickerwassermenge wird im Kontrollgang ständig überwacht. Bei der Speicherfüllung aufgetretene Hangbewegungen machten erstmals in Österreich geodätische Beobachtungen der Speicherhänge erforderlich (16, 17).

Während der vertikale Dichtungskern des Gepatschdammes durchwegs auf Fels gegründet ist, lagen bei dem 1966 fertiggestellten, auf tiefreichenden Alluvionen gegründeten Kiesdamm Durlaßboden mit 75 m Höhe grundlegend andere Verhältnisse vor (22). Ein Kontrollgang zwischen

Dichtungskern und Injektionsschirm ermöglicht eine Setzungsmessung für den Untergrund sowie die Messung der Erd- und Wasserdrücke auf den Gang während der Bauzeit und des Staubetriebes und die Kontrolle der Sickerwassermengen durch den Dammkern. Mit zahlreichen Entspannungsbrunnen wird der Grundwasserspiegel luftseitig des Dammes und damit die Wirkung des Dichtungsschirmes überprüft. Auch hier wurde eine umfangreiche geodätische Überwachung des Dammes und der Stauraumhänge eingerichtet.

Bei dem 1969 fertiggestellten 25 m hohen, ebenfalls auf Alluvionen gegründeten Erddamm Eberlaste begnügte man sich mit einer Kontrolle der Unterströmung durch eine Reihe von Entspannungsbrunnen zur Grundwasserbeobachtung an der Luftseite des Dammes (24).

3.   Auswertung der Messungen für die Kontrolle der Sperren

3.1 Staumauern

Für die Kontrolle der Standsicherheit der Sperren genügt sicherlich der Nachweis, daß die Staumauer bezüglich ihrer Verformung normales Verhalten zeigt, d. h., daß sich die gemessenen Verformungen mit ihrer jahreszeitlichen und staubedingten Schwankung stets in den gleichen Grenzen halten.

Bei den ersten kleineren Staumauern, bei welchen noch wenig Meßeinrichtungen eingebaut wurden, begnügte man sich mit der Kontrolle der Standsicherheit durch einen Vergleich der ermittelten Festigkeit des Baumaterials mit den unter den ungünstigsten Annahmen errechneten Spannungen in der Mauer.

Mit den wachsenden Bauwerksgrößen war aber auch die Notwendigkeit gegeben, die verschiedenen Einflüsse auf das Bauwerk zu trennen und diese den Berechnungsergebnissen im einzelnen gegenüberzustellen. Nun war die genaue statische Berechnung vor dem Aufkommen der programmierbaren elektronischen Rechenmaschinen eine sehr zeitaufwendige Arbeit, so daß man sich im allgemeinen mit einfacheren und daher schnelleren, aber auch weniger genauen Berechnungsverfahren begnügte. Gaben die Messungen kleinere Verformungen als die Rechnung, so wurde dieses Ergebnis als ausreichend für den Standsicherheitsnachweis angesehen. Für die genaue, theoretische Erfassung des Verhaltens einer Talsperre war dieses Ergebnis jedoch nicht befriedigend. Man versuchte nach dem Vorliegen einer größeren Anzahl von Messungen auf statistischem Wege die verschiedenen Einflüsse auf das Bauwerk zu trennen, um Anhaltspunkte für genauere Berechnungsverfahren zu erhalten. Diese statistische Auswertung wurde ursprünglich mehr auf graphischem Wege durchgeführt. In den letzten Jahren ermöglichten die programmierbaren, elektronischen Rechenmaschinen nicht nur genauere Berechnungen, sondern auch mathematisch-statistische Auswertungsverfahren, die eine gute Trennung der verschiedenen Einflüsse gestatten. Aus einem Vergleich der theoretisch so ermittelten und am Bauwerk gemessenen Werte kann dann auf die Zuverlässigkeit des Berechnungs- und des Auswertungsverfahrens geschlossen werden. Diese Entwicklung soll nun für Österreich im einzelnen geschildert werden.

3.11 Gewichtsmauern

Bei den vor dem zweiten Weltkrieg errichteten, durchwegs kleineren Gewichtsmauern begnügt man sich mit einer Überwachung durch zeitweilige Begehungen und Messungen der Durchsickerungen, die geodätischen Messungen werden nur fallweise durchgeführt. Erst bei der Gewichtsmauer Vermunt (20) ist durch die meßtechnisch vereinfachte Einrichtung eines Alignements die ständige Überwachung der Verformungen möglich geworden. Durch die Anordnung eines Gewichtslotes in der Silvrettasperre (10) konnten die Messungen bei geringem Arbeitsaufwand noch wesentlich verdichtet werden. Hier zeigte sich auch bereits der große Temperatureinfluß, der zu einer graphisch-statistischen Trennung der beiden Haupt-Parameter, d. i. Stau und Temperatur, führte. Als Temperaturparameter wurde das 10-Tage-Mittel des Unterschiedes zwischen den Oberflächentemperaturen an der Luft- und an der Wasserseite der Mauer gewählt. Die Auswertung ergab ein Diagramm, aus dem für eine gegebene Stauhöhe und gegebene Temperaturdifferenz die zu erwartende Verformung in der Kronenhöhe direkt abgelesen werden kann.

Während diese Auswertungen für die Silvrettasperre erst für einen Zeitraum durchgeführt wurden, in welchem die plastischen Verformungen bereits abgeklungen waren, konnte bei der Lünerseesperre (10) auch der erste Zeitraum meßtechnisch erfaßt werden. Die umfangreichen Sohlenwasserdruckmessungen bei der Silvrettasperre ergaben Maximalwerte von 60 bis 65% der größten Stauhöhe nur in wenigen Punkten der Aufstandsfläche (6).

Auch die Meßergebnisse mit den drei Gewichtsloten an der größten österreichischen Gewichtsmauer, der Moosersperre, wurden zunächst graphisch-statistisch (10), später mit einer mehrfachen linearen Regressionsanalyse nach den drei Hauptparametern — plastische Verformungen, Temperatureinfluß und Staueinfluß — durchgeführt. Es konnte nachgewiesen werden, daß die plastischen Verformungen nach wenigen Betriebsjahren abgeklungen waren und sich die tatsächliche Durchbiegung der Mauer mit einer sehr geringen Streuung aus zwei einfach zu messenden Parametern, der Stauhöhe und der Lufttemperatur, ergibt. Erwähnt seien noch die Ergebnisse der Sohlwasserdruckmessungen, die wasserseits des direkt auf den Fels aufgesetzten Kontrollganges Sohlenwasserdrücke bis zu 90% der jeweiligen Stauhöhe ergaben, luftseits dieses Kontrollganges waren jedoch nur sehr geringe Sohlenwasserdrücke vorhanden. Sickerwassermengenmessungen in diesem Kontrollgang ergeben nur bei einem Stauspiegel nahe des Stauzieles etwas größere Werte, die dann etwas langsamer als der Stauspiegel wieder absinken.

Besonders eingehend wurden die Messungen und deren Auswertung bei der Gewichtshohlmauer am Mühldorfer See durchgeführt, um diesen neuen Sperrentyp im Hinblick auf seine Bewährung zu überwachen. Auch

hier zeigte sich die Wirkung des unmittelbar auf dem Fels aufsitzenden
Sohlganges für die Sohlwasserdruckentlastung. Die gemessenen Spannungen an der Laibung des Sohlganges stimmten mit den aus einem spannungs-
optischen Versuch gewonnenen Werten gut überein. Eine Aufspaltung der
Mauerdurchbiegungen nach dem Einfluß von Stau und Temperatur zeigte
einen relativ großen Temperatureinfluß, der sich aus den geringen Beton-
wandstärken dieser Gewichtsmauer erklärt (7).

3.12 Gewölbemauern

Bei den im allgemeinen schlankeren Gewölbemauern überwiegt fast
immer der Einfluß der Temperatur auf die Verformungen der Sperre,
während der Staueinfluß nur in der Nähe des Höchststaues zur Geltung
kommt.

Außer durch den Einfluß der Verformungen in der Aufstandsfläche
wurde die Auswertung der Messungen bei den kleineren österreichischen
Gewölbemauern noch durch die Wirkung des Auspressens der Radialfugen
erschwert, die eine gewisse Vorspannung in horizontaler Richtung bewir-
ken. Diese Vorspannung ließ sich z. B. bei den Gewölbesperren Ranna und
Dobra aus einer wasserseitigen Verschiebung des Kronenscheitels um
etwa 3 mm erkennen (2, 3, 4).

Die in Österreich angewendeten graphisch-statistischen Auswertungsverfahren unterscheiden sich voneinander im wesentlichen nur durch die
Art der Berücksichtigung des Temperatureinflusses. So wurde bei der
Gewölbesperre Ranna (12,3) zunächst versucht, den Staueinfluß aus einigen
raschen Stauspiegelschwankungen unter der Annahme eines gleichbleibenden Temperaturfeldes zu bestimmen. Auch wurde versucht, aus vielen
gemessenen Betontemperaturen einen charakteristischen Temperatur-
Gang der Verformungen abzuleiten. Diese Verfahren ergaben jedoch zu
große Streuungen. Später wurde der Temperatureinfluß auf eine in der
Kronennähe gemessene, charakteristisch angesehene Betontemperatur
bezogen und damit eine wesentlich bessere Deutung der Meßergebnisse
erreicht. Geringe plastische Verformungen der Mauer zur Luftseite hin
schienen erst nach etwa 10 Jahren voll abgeklungen zu sein. Ein ähnliches
Verfahren wurde bei den Gewölbemauern Hierzmann (8) und Salza angewendet. Auch hier wurde zunächst versucht, als Temperaturparameter
jene theoretische, im Mauerquerschnitt gleichmäßig verteilt gedachte
Temperatur zu wählen, welche die gleiche Kronendurchbiegung hervorruft
wie die tatsächliche Temperaturverteilung. Auch hier ergaben sich jedoch
zu große Streuungen. Bessere Ergebnisse erhielt man aus der Annahme
eines Temperaturparameters, der sich durch die Messung einer einzigen
Betontemperatur in der Kronennähe, in Mauermitte, ergab, bei gleichem
Stau und verschiedenen Temperaturzuständen. Bei der Sperre Hierzmann
zeigte die genauere Auswertung der Meßergebnisse eine zwar geringe,
aber doch ständige plastische Verformung in der Richtung zur Luftseite
hin (10).

Bei der Gewölbemauer Dobra (10) wurde nicht mehr die Betontemperatur, sondern die leicht meßbare Außentemperatur, und zwar das

Mittel aus den dem betrachteten Zeitpunkt der Messung vorangegangenen
28 Tagen der Lufttemperatur, als Temperaturparameter gewählt, wodurch
man sich von der durch den Ausfall von Instrumenten unsicheren Beton-
Temperaturmessung unabhängig machte. Der Stau- und Temperatureinfluß
wurde graphisch dargestellt und damit eine rasche Kontrolle der jeweils
gemessenen Durchbiegungswerte ermöglicht. Auch bei dieser Gewölbemauer sind die plastischen Verformungen erst nach etwa 8 Jahren abgeklungen.

Nach dem gleichen Verfahren wurden auch die Messungen an der Gewölbemauer Ottenstein (10) ausgewertet und brachten ebenfalls befriedigende Ergebnisse. Für die Gewölbemauer Ottenstein konnte erstmalig
nachgewiesen werden, daß die durch den Stau hervorgerufene Durchbiegung
auch davon abhängt, ob es sich um einen Anstau oder um einen Absenkungs-
vorgang handelt. Auch die Aufzehrung der geringen Vorspannung der
Sperre, gemessen als Durchbiegung zur Wasserseite infolge des Fugen-
auspressens, durch die plastischen Verformungen während der ersten
Betriebsjahre konnte aus den Bewegungen des Kronenscheitels erkannt
werden.

Interessant ist der Vergleich des reinen Temperatureinflusses auf
die Radialverschiebungen bei normalem Staubetrieb für diese Größenordnung der Gewölbemauern von ca. 50 m Höhe: mit nur geringer Streuung
beträgt er ca. 1 mm für je 1° Temperaturänderung in Kronenhöhe, im
Scheitel der Mauer.

Auch für die Limbergsperre (5) wurde zunächst ein graphisch-stati-
stisches Auswertungsverfahren entwickelt, um zwei Grenzkurven in Abhängigkeit von der Stauhöhe zu ermitteln, zwischen denen die gemessenen
Mauerverformungen liegen müssen. Nach dem Vorliegen längerer Meßreihen wurde dann ein mathematisch-statistisches Auswertungsverfahren,
eine mehrfach lineare Regressionsanalyse, entwickelt (18), mittels welcher
die jeweiligen Gesamtverformungen der Talsperre auf die Einflüsse von
drei leicht meßbaren Parametern aufgeteilt werden können. Diese drei
Parameter sind: die Zeit, maßgebend für die plastischen Verformungen,
die Stauhöhe und die Lufttemperatur zu jedem Meßzeitpunkt. Das gleiche
Verfahren wurde auch für die Drossensperre (18) angewendet und brachte,
wie bei der Limbergsperre, den Nachweis, daß die Verformungen großer
Gewölbemauern auf einen jahreszeitabhängigen Temperaturgang und die
Stauhöhe zurückgeführt werden können. Die plastischen Verformungen sind
stets nach einigen Jahren abgeklungen. Die Abweichungen der tatsächlichen
Temperatur vom Mitteljahr und der Einfluß der Hysterese sind nur von
untergeordneter Bedeutung, deren Berücksichtigung verbessert aber die
Genauigkeit des Verfahrens wesentlich. Für die Berechnung von Gewölbesperren nach dem Lastaufteilungsverfahren steht nunmehr ein Programm
unter Berücksichtigung der Radial- und Tangentialverschiebungen und der
Verdrehungen um vertikale Achsen zur Verfügung. Damit war es möglich,
die seinerzeit nur auf Grund eines einschnittigen Radialausgleiches sowie
mehrerer Modellversuche geführten statischen Nachweise für die Drossensperre durch einen mehrschnittigen Ausgleich zu ergänzen. Die Rech-

nungsergebnisse stimmten sehr genau mit der aus der Regressionsanalyse erhaltenen Aufspaltung der Meßwerte überein.

Bei der jüngsten österreichischen Gewölbemauer, der Sperre Kops (11), wurde schon bei der Anordnung der Meßeinrichtungen darauf geachtet, daß die Felsverformungen und die Verformungen des Sperrenkörpers getrennt gemessen werden. Eine Auftragung der Felsverformungen in Abhängigkeit von der Stauhöhe zeigt eine deutliche Hysteresisschleife, die gemessenen Absolutgrößen stimmen mit den vorausberechneten gut überein. Der Temperatureinfluß wurde mit einer Art Einflußfelder bestimmt, indem die Auswirkung von Einheitstemperaturänderungen in charakteristischen Mauerpunkten auf den übrigen Mauerkörper vorausberechnet und dann die Betontemperaturen in diesen Punkten laufend gemessen wurden. Durch einfache Überlagerung konnte dann die der jeweiligen tatsächlichen Temperaturänderung entsprechende Verformung des Sperrenkörpers ermittelt werden. Auch hier war eine befriedigende Übereinstimmung der Rechnung mit dem gemessenen Verhalten der Sperre festzustellen (21). Ein umfangreiches geodätisches Überwachungsnetz des Geländes luftseitig vom Sperrenkörper läßt den weitreichenden Einfluß der Wasserlast im Speicherraum auf das Setzungsverhalten des Talbodens erkennen.

Diese Ergebnisse zeigen den Erfolg bei der Entwicklung moderner Berechnungsverfahren, andererseits aber auch die Verläßlichkeit der statistischen Auswertungsverfahren, die allerdings erst nach Vorliegen einer großen Anzahl von Meßwerten aus mehreren Betriebsjahren möglich sind.

3.2 Staudämme

Die österreichischen Erfahrungen auf dem Gebiet des Dammbaues entstammen ausschließlich dem letzten Jahrzehnt, so daß hier wenig über die Entwicklung, sondern mehr über den derzeitigen Stand der Methoden und Erfahrungen berichtet werden soll.

Die Bedeutung der Verformungen des Dammkörpers und des Untergrundes tritt bei den Staudämmen gegenüber der Bedeutung der Unterströmung der Sperre etwas zurück, da die Dämme im allgemeinen auf mehr oder weniger durchlässigen Talfüllungen errichtet werden, deren Abdichtung aber entscheidend für den Stauerfolg ist. Üblicherweise wird mit den Ergebnissen der Durchlässigkeitsversuche im Untergrund während der Projektierungszeit an Hand von Berechnungen oder elektrischen Analogiemodellen (24) die Unterströmung vorausberechnet, bzw. es werden die Anforderungen an den Injektionsschirm bestimmt. Durch umfangreiche Grundwasserspiegel-Beobachtungen an der Luftseite des Dammes, in den Hängen und im Talboden können die Veränderungen durch den Stau festgestellt und im elektrischen Analogiemodell nachgebildet werden. Diese Auswertung ermöglicht die Kontrolle der Ergebnisse früherer Durchlässigkeitsversuche.

Auch bei diesen Messungen zeigt sich eine deutliche Stauabhängigkeit, so daß erst nach dem Vorliegen mehrjähriger Meßreihen Änderungen in der Dichtheit des Untergrundes erkannt werden können. Ebenso kann die Umströmung des Dammes bzw. des Dichtungsschirmes in alten, bereits lang verschütteten Tiefenrinnen des Gebirges bei geeigneter Anordnung der Grundwasserbeobachtung festgestellt werden, wie das Beispiel des Freibachdammes zeigt (9).

Die Verformungsmessungen beschränken sich im allgemeinen auf Setzungsmessungen während des Baues und des ersten Anstaues, sie geben ein Maß für die Empfindlichkeit des Untergrundes und die Güte der erreichten Verdichtung des Dammkörpers. Der Stau selbst beeinflußt die Verformungen des Dammkörpers und des Untergrundes im allgemeinen weniger.

Wie die Messungen beim Staudamm Gepatsch zeigen, sind die plastischen Verformungen nach 5 Betriebsjahren noch nicht vollständig abgeklungen. Sie werden von beträchtlichen elastischen Verformungen durch den Stau überlagert (19).

Beim Staudamm Durlaßboden ist hingegen die Beeinflussung der Verformungen durch den Stau relativ zur Gesamtsetzung gering.

Einen wesentlichen Einfluß auf die Standsicherheit des Dammkörpers, genauer auf die Gleitsicherheit, hat jedoch der Porenwasserdruck, dessen Größtwert relativ zur gleichzeitigen Vertikalspannung noch während der Schüttzeit auftritt, dann stark absinkt und später eine gewisse Stauabhängigkeit zeigt. Umfangreiche Erddruckmessungen beim Staudamm Gepatsch ermöglichten erstmalig die Bestimmung von Spannungen im Dammkörper in Abhängigkeit vom jeweiligen Stau (19). Auch die Erddruckmessungen auf den Kontrollgang des Dammes Durlaßboden brachten aufschlußreiche Ergebnisse (22).

Zusammenfassend ist festzustellen, daß auch bei den Dammbauten noch viele Probleme ihrer Lösung harren, so daß die Weiterführung möglichst umfangreicher Meßprogramme unbedingt erforderlich ist.

4.   Schlußfolgerungen

Die vielfachen Messungen an den Talsperren dienen bekanntlich mehreren Zwecken. Dazu gehört vor allem die Kontrolle der Standsicherheit des Bauwerkes, für die im allgemeinen mit relativ wenig Messungen das Auslangen gefunden werden kann. Dazu gehört aber auch eine möglichst umfassende Bestätigung aller beim Entwurf des Bauwerkes getroffenen Annahmen und Voraussetzungen, um daraus für weitere Projektierungsarbeiten unbedingt notwendige Erfahrungen ableiten zu können. Schließlich aber muß auch durch Messungen die Möglichkeit gegeben sein, bei einem vom üblichen abweichenden Verhalten des Bauwerkes die Ursache zu erkennen, um gegebenenfalls Abhilfe schaffen zu können.

Um das Verhalten des Bauwerkes und des Untergrundes von Anfang an zu erfassen, sollen schon während der Bauzeit Meßgeräte eingebaut und abgelesen werden. Während der ersten Stauperiode sind die Messungen möglichst häufig durchzuführen, kontinuierliche Messungen registrierender

Geräte sind besonders wertvoll. Erst nach dem Abklingen plastischer Verformungen und dem Erkennen eines regelmäßigen Verlaufes der Meßergebnisse und damit eines normalen Verhaltens der Sperre kann der zeitliche Abstand der Messungen so weit vergrößert werden, daß nur mehr die Kontrolle dieses normalen Verhaltens gewährleistet wird.

Unabhängig von der Größe und Type des Bauwerkes sind unbedingt täglich Messungen der jeweiligen Stauspiegelhöhen und der Witterungsverhältnisse, wie Lufttemperatur, Niederschläge u. a. m. durchzuführen, da diese Werte bei fast allen Auswertungen benötigt werden.

4.1 Staumauern

4.11 Kontrolle der Standsicherheit

Für diese überwachenden Messungen genügt wohl eine Kontrolle der Verformungen in Kronenhöhe der Mauer. Bei Gewichtsmauern mit atmenden Fugen sollten diese Messungen für die Verschiebungen in radialer Richtung in mehreren Blöcken mindestens einmal wöchentlich durchgeführt werden. Bei monolithisch wirkenden Gewölbemauern sollten die Messungen der Radial- und Tangentialverformungen des Scheitels in der Kronenhöhe ebenfalls mindestens einmal wöchentlich genügen. Beschränkt man sich auf diese Messungen, so kann daraus nach mehreren Jahren ein Bereich erkannt werden, in dem sich die Verformungen des Bauwerkes abspielen. Darüber hinausgehende Erkenntnisse, die z. B. eine Erklärung für ein von den Erwartungen abweichendes Verhalten geben könnten, sind jedoch aus diesen Messungen allein nicht abzuleiten.

4.12 Überwachung des Verhaltens

Will man das Verhalten des Bauwerkes wirklich kennenlernen, so sind wesentlich zahlreichere und umfangreichere Messungen erforderlich. Zunächst muß der Einfluß der Untergrundverformungen auf die Bauwerksverformungen herausgelöst werden. Dies kann durch Schwimmlote für die Radial- und Tangentialverformungen, durch Felsdehnungsmesser für die vertikalen Verformungen und schließlich durch Neigungsmesser in radialer Richtung auf der Aufstandsfläche des Bauwerkes erfolgen.

Während die Temperaturschwankungen auf den Untergrund nur einen sehr geringen Einfluß ausüben, wird das Verformungsverhalten des Sperrenkörpers, insbesondere bei schlanken Bauwerken, davon entscheidend bestimmt. Daher sind zahlreiche Messungen der Betontemperatur erforderlich, die bei schlankeren Bauwerken sogar mehrmals täglich durchgeführt werden sollen. Diese Betontemperaturmessungen müssen zumindest so lange durchgeführt werden, bis die Abbindewärme des Betons abgeklungen ist und ein periodischer Jahresgang des Temperaturfeldes im Bauwerk erreicht ist. Dieser Zeitpunkt ist vor allem von den Abmessungen des Bauwerkes abhängig. Für bereits länger bestehende Bauwerke müßte es genügen, die Außentemperaturen als Luft- und Wassertemperatur zu messen, da bei gleichbleibenden physikalischen Eigenschaften des Betons die Bauwerkstemperatur und die daraus resultierenden Verformungen und Spannungen einer gleichbleibenden Abhängigkeit dieser äußeren Einwirkungen unterliegen. Da das Verformungsverhalten des Felsuntergrundes noch lange nicht genügend geklärt ist, sollte auch das Abklingen der an der Oberfläche zu messenden Verformungen mit der Tiefe verfolgt werden. Diese Messungen sind mit den modernen Felsdehnungsmessern ohne weiteres durchführbar. Zur richtigen Auswertung dieser Felsverformungsmessungen ist aber auch die Kenntnis der auf den Felsuntergrund wirkenden Kräfte notwendig, so daß auch die Betonspannungen an der Aufstandsfläche, an den Außenflächen und im Inneren des Bauwerkes gemessen werden sollen. Die Messung dieser Betonspannungen ist bis heute noch nicht zufriedenstellend gelöst, da einerseits eine gewisse Anfälligkeit der Meßgeräte, vor allem gegen die Feuchtigkeit, deren Lebensdauer und auch die Meßergebnisse beeinflußt und andererseits die Trennung der verschiedenen Einflüsse, wie Schwinden, Kriechen und Temperatur, von den eigentlichen, durch die Spannung verursachten Dehnungen sehr schwierig ist. Solange dieses Problem der Spannungsmessungen im Beton an den in Betrieb stehenden Bauwerken nicht allgemein gelöst ist, kann auch keine in Einzelheiten gehende Überprüfung der verschiedenen Berechnungsverfahren durchgeführt werden, deren Ergebnisse insbesondere im Bereich der Aufstandsfläche, und hier wieder vor allem in bezug auf die Schubspannungen, zum Teil stark voneinander abweichen. Auch hier liegt noch ein weites Feld der Forschung zur Bearbeitung bereit.

Die Häufigkeit der Messungen ist nicht nur davon abhängig, in welcher Zeit Änderungen der zu messenden Werte eintreten können, es muß vielmehr berücksichtigt werden, daß eine genaue Auswertung von Messungen durch die unvermeidlichen Meßfehler sehr erschwert wird. Zur Ausschaltung von Meßfehlern ist aber eine wesentlich häufigere Messung erforderlich, damit durch eine Mittelbildung die Streuung der Ergebnisse erkannt und die wirkliche Änderung des Meßwertes herausgelöst werden kann. Diesem Wunsch nach sehr zahlreichen Messungen kommt die in neueren Anlagen bereits öfters vorgenommene automatische Registrierung der Meßwerte entgegen, die allerdings auch von dem Zwang nach Einsparung von Meßpersonal gefördert wird.

Für die Klärung einer Reihe von Problemen ist es erforderlich, das Verformungsverhalten des Untergrundes bereits während der Errichtung des Bauwerkes zu kennen, da diese Erstbelastung das Verformungsverhalten des Untergrundes in späteren Betriebsjahren wesentlich beeinflussen kann. Auch die plastischen Verformungen des Untergrundes können nur dann richtig ermittelt werden, wenn die Messungen möglichst frühzeitig einsetzen und kontinuierlich durchgeführt werden. Ein großzügiges geodätisches Überwachungsnetz der Stauraumhänge könnte Erfahrungen darüber bringen, wie weit Hangbewegungen den natürlichen Veränderungen der Erdoberfläche entsprechen und daher unbedenklich sind, so daß Bewegungen, die über das übliche Maß hinausgehen und eine Gefährdung des Stauraumes mit sich bringen, leichter erkannt werden können.

Es ist selbstverständlich, daß auch die Sickerwassermengen, luft-

Tabelle I. Österreichische Beton-Talsperren in chronologischer Folge.

1 Name der Sperre	2 Baujahr	3 Typ	4 L	5 H	6 B	7 b	8 V	9	10	11	12	13	14	15	16	17	18	19	20	21	22	23	24 Fundament-Gebirge
Erlaufklause	1910	◣	87	35	22	3	22.	1/1														1/1	dolom.-Kalke
Wiestal	1913	◣	66	28	24	4,5	11,5							0/1								0/2	Trias-Kalke
Strubklamm	1924	◣	86	36	21	4	9.							0/1									dolom.-Kalke
Langmann	1924	◣	85	26	14	1,5	12.															2/2	Gneis-Glimmerschiefer
Spullersee-Nord	1925	◣	186	26	22	4	24.					-/1					-/1						Lias-Mergel
Spullersee-Süd	1925	◣	260	36	31	4	63.	-/1				-/1					-/1				3		Mergel
Tauernmoos	1929	◣	190	28	21	3	28.	10/-						4									Granit-Gneis
Pack	1930	◣	183	33	24	3	39.				6/-											70/6	Gneis-Glimmerschiefer
Vermunt	1931	◣	386	50	36	3,5	142.	12/12	1/1		45/45	1/1							46/40			64/64	Biotit-Gneis
Gerlos	1945	⌒	72	36	8,2	1,0	7,2	5/3				1/1	-/1	3/1			23/3						Quarz. Schiefer
Silvretta	1949	◣	432	80	58,5	3,5	407	18/18	1/1		69/60	5/5		30/30		12/0			50/50			70/70	Gneis-Amphibolit
Salza	1949	⌒	121	52	13,1	3	23.	20/20				3/1		2/0	14/1							-/2	Dachstein-Kalke
Ranna	1949	⌒	126	45	18	3	29.	8/8				1/1					15/15					2/2	Gneis-Granit
Hierzmann	1950	⌒	171	55	17,6	2,1	40.	24/24		2/2		1/1			15/-	22/1						-/2	Gneis
Bächental	1951	⌒	68	30	40	15	28	3/3														1/1	dolom. Kalk
Limberg	1952	⌒	350	122	45	6	450	34/34				3/3			85/0	37/0	2/0	59/59	18/0				Kalk-Glimmerschiefer
Möll	1952	⌒	164	93	8	3	35	16/16					5/5		85/0	20/5	1/0				19/0		Kalk-Glimmerschiefer
Margaritzen	1952	⌒	150	40	30	3	33						3/3		16/0	78/3			18/8		22/0		Kalk-Glimmerschiefer
Wiederschwing	1952	⌒	74	30	10	24	81	5/0				2/2				4/0							Phylit. Gneis
Weissee	1952	◣	235	37	27,5	3	59					1/1				30/0			25/25				Gneis
Dobra	1952	⌒	220	52	16,4	3	90.	11/11	1/1			1/1		6/10		25/22			56/33			-/6	Para-Gneis
Mooser	1955	◣	461	104	64	5	670.	5/5				3/3	1/1	4/0		92/68			50/50		2/0		Kalk-Glimmerschiefer
Drossen	1955	⌒	357	112	24,6	7	350.	24/24				2/2		4/0	129/60	779/131	29/20		48/48		65/0		Kalk-Glimmerschiefer _Telerockmeter_
Ottenstein	1957	⌒	234	65	24	7	125.	17/17	1/1			4/4	-/1	19/10		42/34			51/29			-/8	Granit
Gr. Mühldorfersee	1958	◣	432	40	20,4	2,3	155.				2/6	2/2			50/50	73/58	10/5		16/10			81/81	Gneis
Kl. Mühldorfersee	1958	◣	158	41	29	2,5	60.					1/1			26/29							23/23	Gneis
Hochalmsee	1958	◣	236	24,5	17	3	29.												15/7				Gneis
Lünersee	1957	◣	360	28	16	4	43.				50/30	3/3	3/3		30/30							30/30	dolom.-Kalke
Amer	1958	◣	162	30	24	2,2	20.																Gneis-Granit
Salzplatten	1958	◣	88	16,5	11,3	2,3	5,2	1/-															Gneis-Granit
Kops	1966	⌒	194/420	43/122	30	6	778/485	25/25	3/2	3/2	226/200	3	6	8	20	85/5	7	108/90	40/40	77/17		88/88	kristal. Gneis _Telerockmeter_
Raggal	1967	◣	101	47	31	3,5	41,5	1/1				2/2	1	1		7	14/14		100/100				Flysch
Schlegeis	im Bau	⌒	725	130	34	9	960.	40			20	5	5	40	100	197	80	32	50				zentr. Gneis _Telerockmeter_

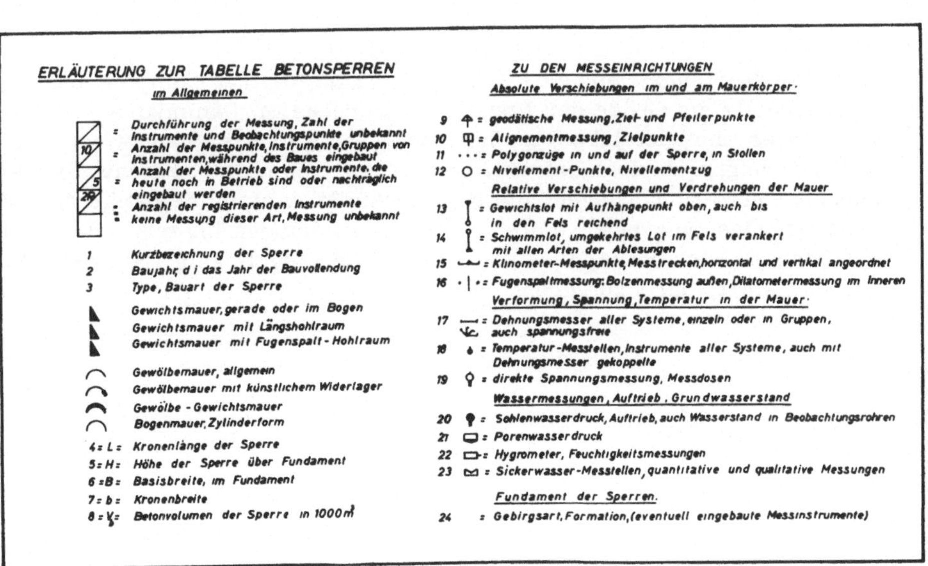

ERLÄUTERUNG ZUR TABELLE BETONSPERREN
im Allgemeinen

[Symbolkästchen] = Durchführung der Messung, Zahl der Instrumente und Beobachtungspunkte unbekannt
10/ = Anzahl der Messpunkte, Instrumente, Gruppen von Instrumenten, während des Baues eingebaut
/5 = Anzahl der Messpunkte oder Instrumente, die heute noch in Betrieb sind oder nachträglich eingebaut werden
20/ = Anzahl der registrierenden Instrumente
= keine Messung dieser Art, Messung unbekannt

1 — Kurzbezeichnung der Sperre
2 — Baujahr, d i das Jahr der Bauvollendung
3 — Type, Bauart der Sperre
[Symbol] Gewichtsmauer, gerade oder im Bogen
[Symbol] Gewichtsmauer mit Längshohlraum
[Symbol] Gewichtsmauer mit Fugenspalt-Hohlraum
[Symbol] Gewölbemauer, allgemein
[Symbol] Gewölbemauer mit künstlichem Widerlager
[Symbol] Gewölbe-Gewichtsmauer
[Symbol] Bogenmauer, Zylinderform
4 = L = Kronenlänge der Sperre
5 = H = Höhe der Sperre über Fundament
6 = B = Basisbreite, im Fundament
7 = b = Kronenbreite
8 = V = Betonvolumen der Sperre in 1000 m³

ZU DEN MESSEINRICHTUNGEN
Absolute Verschiebungen im und am Mauerkörper:
9 ↑ = geodätische Messung, Ziel- und Pfeilerpunkte
10 ⊕ = Alignementmessung, Zielpunkte
11 ... = Polygonzüge in und auf der Sperre, in Stollen
12 ⊙ = Nivellement-Punkte, Nivellementzug
Relative Verschiebungen und Verdrehungen der Mauer
13 = Gewichtslot mit Aufhängepunkt oben, auch bis in den Fels reichend
14 = Schwimmlot, umgekehrtes Lot im Fels verankert mit allen Arten der Ablesungen
15 = Klinometer-Messpunkte, Messtrecken, horizontal und vertikal angeordnet
16 = Fugenspaltmessung: Bolzenmessung außen, Dilatometermessung im Inneren
Verformung, Spannung, Temperatur in der Mauer:
17 = Dehnungsmesser aller Systeme, einzeln oder in Gruppen, auch spannungsfreie
18 = Temperatur-Messstellen, Instrumente aller Systeme, auch mit Dehnungsmesser gekoppelte
19 = direkte Spannungsmessung, Messdosen
Wassermessungen, Auftrieb, Grundwasserstand
20 = Sohlenwasserdruck, Auftrieb, auch Wasserstand in Beobachtungsrohren
21 = Porenwasserdruck
22 = Hygrometer, Feuchtigkeitsmessungen
23 = Sickerwasser-Messstellen, quantitative und qualitative Messungen
Fundament der Sperren.
24 = Gebirgsart, Formation, (eventuell eingebaute Messinstrumente)

Tabelle II. Österreichische Talsperren-Dämme in chronologischer Folge.

1	2	3	4	5	6	7	8	9	10	11	12	13	14	15	16	17	18	19	20	21	22	23	24
Name der Sperre	Baujahr	Typ	L	H	B	b	Vm	▲	⊓	...	⊙			—	—	—	♀	L	♀	⊏	⊐	⋈	Fundament - Gebirge	Schütt-/Dichtg. Material
Gosau - Damm	1911	▲	50	17	65	4	23.	-/2	-/3		-/3										1/1	Kalkstein	Moräne/Beton
Bieler - Damm	1942	▲	733	25	120	5	393.															Gneis / Glimmerschiefer	Moräne/Beton
Hollersbach - Damm	1949	▲	87	16	55	3	16.				3/3						6/12				1/1	Moräne auf Sch.Gneis	Moräne/Lehm
Thurnberg - Damm	1952	▲	200	15	70	4	46.	2/2			4/4						12/9	-/10			-/16	verw Paragneis	Kies / Beton
Rotgülden - Damm	1957	▲	112	18	68	5	34				3/5										1/1	Moräne auf Gneis	Steinbrocken + Moräne / Asphalt + Beton
Radlsee - Damm	1958	▲	212	16,5	45	2	22		1/1		1/5										19/19	Glimmerschiefer	Steinbr / Stahlbeton
Freibach - Damm	1958	▲	150	41	165	6	235.	0/1									12/18	3/4			6/6	Schluff-Ton auf Kalkstein	Kies/Kies-Bentonit
Diesbach - Damm	1964	▲	204	36	110	5	165.				3/3										2/2	Kalkstein	Steinbrocken/Asph.Beton
Gepatsch - Damm	1964	▲	625	153	420	10	7100.	34/37			14/14	9/6	19/19		2/2	53/43		20/20	32/26		3/3	Augen - Gneis	Steinbrocken/st. Kies
Durlaßboden - Damm	1967	▲	470	70	350	5,5	2500.	18/18			195/165	3/3		71/70	9/9	6/6	4/4	12/12	44/44		17/17	Schluff-Schutt-Sch.Gneis	Steinbrocken/st.Ton
Eberlaste - Damm	1988	▲	460	26	156	6,0	800.	6/6			26/26	6/6						14/12			16/16	Schluff-Schutt-Gneis	Hangschutt/Asph.Beton

ERLÄUTERUNG ZUR TABELLE DÄMME:

im Allgemeinen:

- [Symbol] : Durchführung der Messung, Zahl der Instrumente und Beobachtungspunkte unbekannt
- [Symbol] : Anzahl der Messpunkte, Instrumente, Gruppen von Instrumenten, während des Baues eingebaut
- [Symbol] : Anzahl der Messpunkte und Instrumente, die heute noch in Betrieb sind oder nachträglich eingebaut werden
- [Symbol] : Anzahl der registrierenden Instrumente und
- [Symbol] : keine Messung dieser Art, Messung unbekannt
- 1 : Kurzbezeichnung der Sperre
- 2 : Baujahr, d.i. das Jahr der Bauvollendung
- 3 : Type, Bauart der Sperre
- ▲ : Erddamm, Einmaterial
- ▲ : Damm mit wasserseitiger Dichtung, Beton, Bitumen
- ▲ : Damm mit Kerndichtung, Erdkern
- ▲ : Damm mit Kerndichtung, elastisch, Beton, Bitumen
- 4 : L : Kronenlänge des Dammes
- 5 : H : Höhe des Dammes über Fundament
- 6 : B : Basisbreite des Dammes im Fundament
- 7 : b : Kronenbreite des Dammes
- 8 : Vm : Gesamtmasse, Kubatur des Dammes in 1000 m³

ZU DEN MESSEINRICHTUNGEN.

Verschiebungen, horizontal und vertikal.

- 9 ▲ = Triangulations-Punkte
- 10 ⊓ = Alignement-Punkte
- 11 ... = Polygonzugs-Messung
- 12 ⊙ = Nivellement-Punkte
- 13 | = stehender Pegel, Setzpegel aller Art
- 14 — = liegender Pegel, Distanzmessung aller Art

Verdrehungen, Dehnungen, Druckmessung

- 15 ⟋ = Klinometer
- 16 — = Dehnungsmesser aller Art
- 17 ♀ = Druckdosen

Wasser-Wasserdruck, Wasserstand-

- 18 J = Piezometer, Wasserwaagen
- 19 ♀ = Manometer
- 20 ⊏ = Porenwasserdruck
- 21 ⊐ = Hygrometer
- 22 ⋈ = Sickerwassermengenmessung
- 23 ◇ = seismische Messungen

seitig auftretende Quellen und der Bergwasserspiegel ständig überwacht werden müssen, wenn auch die Bedeutung dieser Messungen gegenüber jenen der Verformungsmessungen bei Staumauern zurücktritt.

4.2 Staudämme

Für die Standsicherheit eines Dammes ist weniger sein Verformungsverhalten als die Größe der Porenwasserdrücke im Dammkörper während des Baues und Betriebes maßgebend. Während des Staubetriebes sind Veränderungen in der Unterströmung des Dammes Anzeichen für sich anbahnende Veränderungen, die günstigenfalls in einer Selbstdichtung des Untergrundes, ungünstigenfalls in einer Erosion des Untergrundes bestehen können. Auch diese Messungen sind daher regelmäßig, gegebenenfalls automatisiert, durchzuführen.

LITERATURHINWEIS

(1) H. Grengg, "Statistik österreichischer Talsperren"
      Schriftenreihe "Die Talsperren Österreichs", Heft 12, 1964
(2) A. W. Reitz, "Beobachtungseinrichtungen an den Talsperren Salza, Hierz-
      mann, Ranna und Wiederschwing"
      Schriftenreihe "Die Talsperren Österreichs", Heft 1, 1954
(3) A. W. Reitz, "Beobachtungen an der Rannatalsperre 1950 bis 1952 mit be-
      sonderer Berücksichtigung der betrieblichen Erfordernisse"
      Schriftenreihe "Die Talsperren Österreichs", Heft 3, 1954
(4) H. Petzny, "Meßeinrichtungen und Messungen an der Gewölbesperre Dobra"
      Schriftenreihe "Die Talsperren Österreichs", Heft 6, 1957
(5) E. Tremmel, "Limbergsperre, statische Auswertung der Pendelmessungen"
      Schriftenreihe "Die Talsperren Österreichs", Heft 7, 1958
(6) H. Tschada, "Sohlwasserdruckmessungen an der Silvrettasperre"
      Schriftenreihe "Die Talsperren Österreichs", Heft 9, 1959
(7) W. Steinböck, "Die Staumauer am Großen Mühldorfer See"
      Schriftenreihe "Die Talsperren Österreichs", Heft 10, 1959
(8) E. Fischer, "Beobachtungen an der Hierzmannsperre"
      Schriftenreihe "Die Talsperren Österreichs", Heft 11, 1960
(9) A. Orel, "Gesteuerte Dichtungsarbeiten beim Erddamm des Freibachkraft-
      werkes Kärnten"
      Schriftenreihe "Die Talsperren Österreichs", Heft 13, 1964
(10) W. Buchegger, H. Niederl, H. Petzny, R. Widmann, "Neuere Beobachtungen
      an österreichischen Talsperren"
      Schriftenreihe "Die Talsperren Österreichs", Heft 14, 1964
(11) O. Ganser, "Die Meßeinrichtungen der Staumauer Kops 1968"
      Schriftenreihe "Die Talsperren Österreichs", Heft 16, 1968
(12) V. Fischmeister, "Die Auswertung der Messungen und Beobachtungen an
      der Rannatalsperre"
      Österr. Wasserwirtschaft 1963, Heft 11 u. 12
(13) R. Widmann, "Zur Überwachung von Staumauern"
      ÖZE 1964, Heft 11
(14) H. Grengg, "OBSERVATIONS FAITES SUR LES BARRAGES DE L'AUTRICHE"
      HUITIÈME CONGRÈS INTERNATIONAL DES GRANDS BARRAGES,
      ÉDIMBOURG 1964, Q. 29, R. 44
(15) H. Lauffer, W. Schober, "The Gepatsch Rockfill Dam in the Kauner Valley"
      8th INTERNATIONAL CONGRESS ON LARGE DAMS, EDINBURGH
      1964, Q. 31, R. 4
(16) H. Breth, "THE DYNAMICS OF A LANDSLIDE PRODUCED BY FILLING A
      RESERVOIR"
      9th INTERNATIONAL CONGRESS ON LARGE DAMS, ISTANBUL 1967,
      Q. 32, R. 3
(17) H. Lauffer, W. Schober, "UPLIFT RESPONSIBLE FOR SLOPE MOVEMENTS
      DURING THE FILLING OF THE GEPATSCH RESERVOIR"

9th INTERNATIONAL CONGRESS ON LARGE DAMS, ISTANBUL 1967,
Q. 32, R. 41

(18) R. Widmann, "EVALUATION OF DEFORMATION MEASURMENTS PER-
FORMED AT CONCRETE DAMS"
9th INTERNATIONAL CONGRESS ON LARGE DAMS, ISTANBUL 1967,
Q. 34, R. 38

(19) W. Schober, "BEHAVIOUR OF THE GEPATSCH ROCKFILL DAM"
9th INTERNATIONAL CONGRESS ON LARGE DAMS, ISTANBUL 1967,
Q. 34, R. 39

(20) E. Stefko, G. Innerhofer, "THE CONDITION OF THE VERMUNT DAM
AFTER MORE THAN 30 YEAR'S OPERATION"
9th INTERNATIONAL CONGRESS ON LARGE DAMS, ISTANBUL 1967,
Q. 34, R. 36

(21) E. Stefko, "Bautechnische Probleme und Besonderheiten beim Kopswerk der
Vorarlberger Illwerke"
Österr. Wasserwirtschaft 1968, Heft 11 u. 12

(22) "Der Staudamm Durlaßboden"
Sonderheft der Österr. Zeitschrift für Elektrizitätswirtschaft 1968,
Heft 8

(23) H. Breth, "Staudamm Durlaßboden. Das Ergebnis des Teilstaues 1967.
Versuch einer Analyse"
ÖZE 21. Jahrgang, August 1968, Heft 8

(24) H. Breth, K. Günther, "Die Anwendung von Entspannungsbrunnen zur Verhütung von Erosionsschäden beim Erddamm Eberlaste"
Der Bauingenieur 1967, Heft 8

Verzeichnis der Verfasser

Dipl. Ing. Dr. techn. Robert Fenz, Do. K. W.
1010 Wien, Hochhaus Gartenbau, Parkring 12

Dipl. Ing. Otto Ganser, V. I. W.
6780 Schruns

Dipl. Ing. Dr. techn. Herbert Kießling, Kelag
9021 Klagenfurt, Postfach 74

Dipl. Ing. Karl Klemen, Ö. D. K.
9010 Klagenfurt, Postfach 254

Dipl. Ing. Josef G. Kobilka, Do. K. W.
1010 Wien, Hochhaus Gartenbau, Parkring 12

Dipl. Ing. Franz Kropatschek, B. M. f. L. u. F.
1010 Wien, Regierungsgebäude, Stubenring

Dipl. Ing. Dr. techn. Hans Kropatschek †, T. K. W.

Dipl. Ing. Dr. techn. Harald Lauffer, Tiwag
6010 Innsbruck, Postfach 212

Dipl. Ing. Dr. techn. Ehrenfried Magnet, Ö. D. K.
9010 Klagenfurt, Postfach 254

Dr. Friedrich F. Makovec, Do. K. W.
1010 Wien, Hochhaus Gartenbau, Parkring 12

Dipl. Ing. Dr. techn. Rudolf Mußnig, Ö. D. K.
9010 Klagenfurt, Postfach 254

Dipl. Ing. Dr. techn. Hans Petzny, Newag
3400 Klosterneuburg, Biragogasse 14

Ing. Kurt Rienößl, T. K. W.
5020 Salzburg, Rainerstraße 29

Dipl. Ing. Dr. techn. Karl Rudolf, Tiwag
6010 Innsbruck, Postfach 212

Dipl. Ing. Dr. techn. Walter Schober, Tiwag
6010 Innsbruck, Postfach 212

Dipl. Ing. Dr. techn. Erwin Tremmel, T. H. Wien
1040 Wien, Karlsplatz 13

Dipl. Ing. Dr. techn. Richard Widmann, T. K. W.
5020 Salzburg, Rainerstraße 29

Dipl. Ing. Dr. techn. Alfred Wogrin, V. G.
1010 Wien, Am Hof 6a

Schriftenreihe:

Die Talsperren Österreichs